MANUEL COMPLET

DE BOTANIQUE,

DEUXIÈME PARTIE.

—

FLORE FRANÇAISE,

ou

DESCRIPTION SYNOPTIQUE

DE TOUTES LES PLANTES PHANÉROGAMES ET CRYPTOGAMES QUI
CROISSENT NATURELLEMENT SUR LE SOL FRANÇAIS, AVEC LES
CARACTÈRES DES GENRES DES AGAMES, ET L'INDICATION DES
PRINCIPALES ESPÈCES ;

PAR M. J. A. BOISDUVAL,

Membre de plusieurs Sociétés savantes.

TOME PREMIER.

———•◦◦◦•———

PARIS,

RORET, LIBRAIRE, RUE HAUTEFEUILLE,

AU COIN DE CELLE DU BATTOIR.

1828.

DE L'IMPRIMERIE DE CRAPELET,
rue de Vaugirard, n° 9.

À

PROFESSEUR DE BOTANIQUE À L'ÉCOLE DE MÉDECINE ET
A L'ÉCOLE DE PHARMACIE, MEMBRE TITULAIRE DE
L'ACADÉMIE ROYALE DE MÉDECINE, ETC., ETC.,

Comme un gage public de ma reconnaissance et de ma considération.

J. A. Boisduval.

PRÉFACE.

Depuis plusieurs années les sciences naturelles ont fait en France de grands progrès ; non seulement elles sont devenues l'apanage des savans, mais un grand nombre de personnes de tous les rangs y puisent un délassement et y goûtent un bonheur qui les distrait d'opérations plus sérieuses. L'étude de la nature est un champ si vaste à parcourir, qu'il est très difficile, pour ne pas dire impossible, de s'occuper en même temps de toutes les branches qui en font partie. Il en est une qui est plus particulièrement cultivée, soit en raison de son ancienneté, soit par les produits aussi nombreux qu'indispensables que l'homme en retire. Je veux parler de la botanique, cette science de tous les âges et de toutes les conditions, cette science cultivée dès la plus haute antiquité, autant parce que c'est elle qui nous apprend à connaître ces végétaux dont nous retirons notre nourriture, que ceux-là qui nous offrent de si grands secours dans l'état malade, ou qui peuvent avoir un effet nuisible sur notre individu. Je ne parlerai pas de l'excellence du parfum qu'exhalent certaines plantes pour augmenter la somme de nos jouissances ; leurs propriétés sont tellement connues, qu'il serait fastidieux de les énumérer.

Il ne faut donc pas s'étonner, puisque la botanique est une science si utile, et dont les auteurs de toutes les époques se sont occupés, s'il y a sur cette partie de l'histoire naturelle tant de livres.

En effet, il y a des *species* généraux, des Flores de tous les pays ; quelques royaumes en comptent même

déjà plusieurs ; la France est dans ce cas, et possède
de plus un grand nombre de Flores départementales,
matériaux d'une grande valeur pour la rédaction
d'une Flore générale ; mais nous devons dire, sans
parler ici des iconographies faites à grands frais, les
livres de botanique descriptive, en raison de leur
luxe typographique et de leur format, sont d'un
prix trop élevé, pour qu'il soit permis à tout le
monde d'y prétendre, et leur volume est d'ailleurs
trop considérable, pour qu'il soit commode de les
emporter lorsqu'on voyage pour herboriser. M. De
Candolle, pénétré de cette grande vérité, publia
son *Synopsis*, qui, par son format et la bonté de ses
phrases caractéristiques, reçut du public l'accueil
qu'un auteur aussi distingué devait en attendre ; il
rendit un vrai service aux botanistes, et acquit de
plus un nouveau titre à la reconnaissance des savans. Comme parmi ceux qui ont un goût inné pour
la botanique, il y en a beaucoup qui ne jouissent
point de l'avantage de posséder suffisamment le latin, cette langue étant même étrangère aux dames,
dont un grand nombre maintenant trouve un agréable
passe-temps dans l'étude des fleurs, nous croyons
leur faire plaisir en publiant, dans le même genre,
NOTRE FLORE SYNOPTIQUE DE FRANCE, qui pourrait,
à la rigueur, être considérée comme une sorte de tra-
duction de l'ouvrage du grand maître. Étant au ni-
veau de la science, les étudians et autres qui s'occupent de phytologie, pourront, si nous ne nous
trompons pas, y trouver aussi un guide commode.
Combien n'est-il pas désagréable, pour les personnes qui passent à la campagne la belle saison,
de ne pouvoir reconnaître les plantes qu'elles ont
récoltées, si elles n'ont qu'une Flore locale, et
qu'elles aient dépassé de quelques lieues la limite
de leur département ? Il leur faut recourir absolu-
ment à la Flore française, ouvrage trop considérable
pour pouvoir être transporté en voyage. C'est alors

que nous proposerons ce petit abrégé caractéristique
dont nous avons revu et, comparé plusieurs fois
chaque phrase avec un grand soin; nous espérons
qu'il pourra offrir, à ceux qui ne connaissent pas le
latin, le même avantage que le *Synopsis plantarum*,
et de plus des descriptions un peu moins courtes.
Il conviendra également, et à celui qui habite les
bords de la Manche ou de l'Océan, et à celui qui
vit sous le beau ciel de la Provence, de même qu'à
celui qui réside en Corse, dans les Pyrénées, les
Alpes ou les environs de Paris. La France offrant,
pour ainsi dire, tous les sites, elle doit présenter,
à peu de chose près, la végétation de presque toute
l'Europe; c'est ce qui nous a engagé, dans beaucoup de genres, à indiquer quelques espèces propres
à l'Italie, au Piémont, à la Sicile, la Suisse, le Portugal, l'Espagne, l'Angleterre, l'Allemagne, etc.,
afin qu'il puisse en partie servir de *vade-mecum* au
botanophile qui visitera ces contrées. La classifica-
tion suivie dans le plan de cet ouvrage étant à peu
près la même que celle adoptée par M. De Candolle
dans son *Prodromus*, son utilité ne saurait être mise
en doute comme catalogue, devant servir à classer
l'herbier de France.

M'étant voué par goût à l'étude des sciences naturelles depuis près de quinze années, j'ai herborisé
dans beaucoup de départemens; j'ai fait, dans nos
hautes montagnes, l'agréable pélerinage que tout
naturaliste zélé doit entreprendre s'il veut connaître
la nature vivante; mais, je dois l'avouer hautement,
je n'ai point été assez heureux pour voir dans leur
état naturel toutes les plantes que je décris; j'en
ai vu beaucoup de cultivées dans les jardins de botanique; j'en ai reçu une assez grande quantité des
départemens que je n'ai pu visiter; enfin, il en est
que je n'ai jamais vues que dans les herbiers, ou
même que je n'ai pas vues du tout : mais, pour ces
dernières, que je n'ai pu décrire *ex visu*, j'ai em-

prunté leur description à MM. De Candolle, Loi-
seleur, Villars, Allioni, Bastard, Desvaux, etc.,
botanistes dont les noms seuls sont pour moi une
garantie suffisante. J'ai aussi consulté les Flores départementales, lorsqu'une plante y était décrite pour
la première fois, afin d'en connaître la description
dans son état de pureté. (1)

J'ai reçu de l'île de Corse un assez grand nombre
de plantes que M. Loiseleur-Deslonchamps a publiées
dans les *Annales de la Société linnéenne*; je les ai ajou-
tées avec empressement au nombre déjà connu en
France.

Plusieurs personnes ayant étudié la botanique
d'après le système de Linné, nous avons cru devoir
mettre, au commencement de l'ouvrage, le tableau
de tous nos genres, classés suivant cet immortel naturaliste, afin que, d'après l'un ou l'autre système,
on puisse aisément arriver à la détermination des
espèces.

Les travaux de plusieurs botanistes ont beaucoup
accru le nombre des genres et des espèces depuis
quelques années; mais comme ces divisions ne sont
pas encore généralement admises, nous avons cru
qu'il ne nous appartenait nullement de prendre
l'initiative; il en est un très petit nombre cependant
qui nous ont paru tellement tranchés, que nous
nous sommes permis de les adopter.

Pour tout ce qui a rapport aux systèmes, aux
méthodes, à la physiologie, à l'organographie, et
enfin, à tout ce que l'on entend par botanique élé-

---

(1) Il y a quelques espèces que l'on a créées nouvellement
et que je n'ai pas vues en nature, ou que j'ai vues dans un
état si peu complet, que j'ai grand soin de prévenir que je
ne réponds nullement de leur authenticité. Plusieurs même
me paraissent établies sur des bases peu solides. Telles
sont particulièrement *urtica hispida*, *phyteuma globulariæ-
folia*, *eupatorium Soleirolii*, *sium Cordiennii* (*an hujus ge-
neris ?*), etc., etc.

mentaire, nous renvoyons, ainsi que nous l'avons
fait plusieurs fois dans le corps de cet ouvrage, au
Manuel de Botanique, publié dans la collection en-
cyclopédique de M. Roret.

Nous n'avons point décrit ces plantes qui occupent
le dernier rang de l'échelle phytologique; ces petits cryptogames sont encore trop peu connus pour
qu'ils puissent trouver place dans un ouvrage de ce
genre; je veux parler des mousses, des lichens, des
hépatiques, des hypoxylons, des champignons et des
algues. Nous avons seulement fait connaître les caractères des familles, des tribus, des genres, et cité
les espèces les plus communes ou les plus remarquables, souvent avec une phrase diagnostique.

Nous renvoyons, pour ces végétaux, aux ou-
vrages d'*Agarhd*, *Acharius*, *Bridel*, *Lamouroux*, *Bul-*
liard, etc. Quant aux cryptogames plus complets,
c'est-à-dire les characées, les lycopodes, les fou-
gères, les équisétacées, etc., qui sont de véritables monocotylédonés, nous avons cru devoir les
faire suivre après les monocotylédonés phanérogames. Plus tard, cependant, si le public accueille
favorablement cet essaï, nous tâcherons de réunir,
en un volume du même format, les cryptogames
inférieurs (sous le nom de *Manuel de Cryptogamie*),
pour lequel nous avons déjà bon nombre de matériaux, qui, joints aux fascicules que l'on commence
à publier, nous mettront à même de connaître, en
peu d'années, la plus grande partie des cryptogames
qui habitent le sol français.

Nous ne terminerons pas sans prier les botanistes
auxquels nous avons emprunté une partie des idées,
de nous pardonner, si nous ne les avons pas toujours
cités; mais leurs noms sont trop connus dans la
science, pour que ceux qui s'occupent de botanique
depuis quelque temps ne les reconnaissent pas facilement.

Nota. Pour l'intelligence du texte, nous avons cru devoir joindre à cet ouvrage un Atlas de Botanique composé de 120 planches, représentant plus de 200 genres.

TABLEAU DES FAMILLES,

CLASSÉES

SUIVANT LA SÉRIE LINNÉAIRE

PROPOSÉE PAR M. DE CANDOLLE.

I. VÉGÉTAUX VASCULAIRES
OU COTYLÉDONÉS.

† EXOGÈNES OU DICOTYLÉDONÉS.

A. Calice et corolle distincts.

* THALAMIFLORES, *ou à pétales insérés sur le récep-tacle.*

a. *Carpelles nombreux.*

1 Renonculacées.
2 Berbéridées.
3 Nymphéacées.

b. *Carpelles solitaires.*

4 Papavéracées.
5 Fumariées.
6 Crucifères.
7 Capparidées.
8 Violacées.
9 Polygalées.
10 Résédacées.

11 Droséracées.
12 Frankéniacées.
13 Cistinées.

c. *Ovaire solitaire; placenta central.*

14 Caryophyllées.
15 Linées.
16 Malvacées.
17 Tiliacées.
18 Hippocastanées.
19 Acéracées.
20 Hypéricinées.
21 Sarmentacées.

22 Géraniées.   24 Hespéridées.
23 Méliacées.   25 Rutacées.

** CALICIFLORES, *ou à pétales périgynes insérés sur le
calice.*

26 Frangulacées.   40 Crassulacées.
27 Juglandées.   41 Saxifragées.
28 Térébinthacées.   42 Ombellifères.
29 Légumineuses.   43 Caprifoliées.
30 Rosacées.   44 Loranthées.
31 Salicaires.   45 Rubiacées.
32 Tamariscinées.   46 Valérianées.
33 Myrtinées.   47 Dipsacées.
34 Cucurbitacées.   48 Composées.
35 Onagraires.   49 Campanulacées.
36 Ficoïdes.   50 Lobéliacées.
37 Paronychiées.   51 Vacciniées.
38 Portulacées.   52 Ericinées.
39 Groseillers.

*** COROLLIFLORES, *ou à pétales soudés en une corolle
gamopétale insérée sur le réceptacle.*

53 Oléinées.   a. *Monochlamidées.*
54 Jasminées.
55 Apocinées.   69 Plumbaginées.
56 Gentianées.   70 Plantaginées.
57 Polémoniacées.   71 Amaranthacées.
58 Convolvulacées.   72 Chénopodées.
59 Borraginées.   73 Polygonées.
60 Solanées.   74 Laurinées.
61 Antirrhinées.   75 Thymélées.
62 Rhinantacées.   76 Eléagnées.
63 Labiées.   77 Aristoloches.
64 Pyrénacées.   78 Euphorbiacées.
65 Acanthacées.   79 Urticées.
66 Lentibulaires.   80 Amentacées.
67 Primulacées.   81 Conifères.
68 Globulaires.

†† ENDOGÈNES, OU MONOCOTYLÉDONÉS.

A. Phanérogames.

82 Hydrocharidées.	89 Liliacées.
83 Alismacées.	90 Colchicacées.
84 Orchidées.	91 Joncées.
85 Iridées.	92 Typhacées.
86 Amaryllidées.	93 Aroïdes.
87 Hémérocallidées.	94 Cypéracées.
88 Smilacées.	95 Graminées.

B. Cryptogames.

96 Characées.	99 Lycopodiacées.
97 Equisétacées.	100 Fougères.
98 Marsiléacées.	

II. VÉGÉTAUX CELLULAIRES
OU ACOTYLÉDONÉS.

101 Mousses.	104 Hypoxylons.
102 Hépatiques.	105 Champignons.
103 Lichens.	106 Algues.

TABLEAU

DES GENRES DÉCRITS DANS CETTE FLORE,

CLASSÉS

SUIVANT LE SYSTÈME DE LINNÉ.

MONANDRIE.

Monogynie.

Hippuris, II, 168.
Centrathus, II, 62.
Salicornia, II, 352.

Digynie.

Blitum., II, 343.
Corispermum, II, 358.
Callitriche, I, 310.

DIANDRIE.

Monogynie.

Ligustrum, II, 209.
Ornus, II, 210.
Syringa, II, 209.
Jasminum, II, 208.
Circæa, I, 311.
Veronica, II, 273.
Gratiola, II, 260.
Pinguicula, II, 262.
Utricularia, II, 261.

Cunila, II, 289.
Verbena, II, 285.
Lycopus, II, 289.
Rosmarinus, II, 290.
Salvia, II, 286.
Suffrenia.
Olea, II, 208.
Phillyrea, II, 208.

Digynie.

Anthoxanthum, III, 159.

TRIANDRIE.

Monogynie.

Valeriana, II, 60.
Valerianella, II, 63.
Fœdia, II, 68.
Polycnemum, II, 353.
Iris, III, 56.
Schœnus, III, 117.
Cyperus, III, 115.
Scirpus, III, 118.
Eriophorum, III, 122.
Nardus, III, 156.

Rhagadiolus, II, 75.
Chondrilla, II, 77.
Prenanthes, II, 76.
Lactuca, II, 79.
Hieracium, II, 81.
Sonchus, II, 77.
Lapsana, II, 74.
Hyoseris, II, 99.
Atractylis, II, 135.
Carlina, II, 134.
Cirsium, II, 127.
Arctium, II, 113.
Berardia, II, 113.
Carthamus, II, 111.
Cynara, II, 136.
Carduus, II, 124.
Serratula, II, 114.
Cacalia, II, 138.
Chrysocoma, II, 147.
Eupatorium, II, 139.
Santolina, II, 155.
Athanasia, II, 156.
Diotis, *ibid.*
Bidens, II, 187.
Stæhelina, II, 137.
Helminthia, II, 103.
Taraxacum, II, 97.
Barkhausia, II, 95.
Onopordum, II, 111.
Carduncellus, II, 112.

Polygamie superflue.

Artemisia, II, 149.
Carpesium, II, 148.
Tanacetum, II, 147.
Conyza, II, 146.
Gnaphalium, II, 143.
Xeranthemum, II, 141.
Anacyclus, II, 178.
Bellis, II, 173.

Bellium, II, 171.
Matricaria, II, 174.
Chrysanthemum, II, 176.
Doronicum, II, 169.
Arnica, II, 170.
Inula, II, 160.
Erigeron, II, 157.
Solidago, II, 162.
Cineraria, II, 171.
Senecio, II, 162.
Tussilago, II, 140.
Aster, II, 158.
Anthemis, II, 179.
Achillea, II, 182.
Buphthalmum, II, 186.
Pyrethrum, II, 174.

Polygamie frustranée.

Centaurea, II, 115.

Polygamie nécessaire.

Filago, II, 144.
Micropus, II, 154.
Calendula, II, 178.

Polygamie séparée.

Echinops, II, 110.

GYNANDRIE.

Diandrie.

Orchis, III, 41.
Limodorum, III, 55.
Satyrium, III, 47.
Ophrys, III, 48.
Epipactis, III, 52.
Malaxis, III, 54.
Serapias, III, 51.
Cymbidium, III, 55.

ERRATA.

Tome I. Plusieurs signes, dans la première feuille, ont été indiqués — : *lisez* ♃.

Tome II. Page 169, *au lieu de* pardelianches, *lisez* pardalianches.

Tome III. Page 253, ligne 2, *au lieu de* fleurs femelles, *lisez* fleurs mâles.

FLORE FRANÇAISE,

MANUEL DE BOTANIQUE.

VÉGÉTAUX VASCULAIRES

DICOTYLÉDONÉS (EXOGÈNES, DC.).

Calice et corolle distincts.

THALAMIFLORES ou à pétales insérés sur le *réceptacle.*

FAMILLE 1ʳᵉ. RENONCULACÉES (*Ranunculaceæ*, Juss.).

CALICE de trois à six sépales souvent colorés, manquant dans quelques genres; corolle à divisions correspondantes aux sépales du calice, ou bien double et même triple. Les pétales avortent quelquefois par le développement des filets; d'autres fois ils sont formés par le développement des anthères; ils deviennent alors irréguliers; ils ont la forme d'un capuchon, et ont été appelés *nectaires* par plusieurs botanistes. Étamines libres, hypogynes, indéfinies, insérées sous un réceptacle commun ; ovaires tantôt solitaires, tantôt groupés ou soudés ensemble. Les fruits sont presque toujours de petites capsules agrégées, polyspermes, uniloculaires. Périsperme corné ; embryon petit, logé dans une cavité particulière. Plantes âcres, tiges herbacées ou sous-frutescentes.

PREMIÈRE TRIBU. CLÉMATIDÉES (*Clematideæ*).

Calice valvulaire persistant; pétales ovales ou planes; anthères linéaires, externes ; capsules monospermes, surmontées d'une queue produite par le style ; tige sarmenteuse ; feuilles opposées ; racines fibreuses.

Genre CLÉMATITE (*Clematis*, L.).

Calice nul ou réduit à une petite écaille; corolle de quatre pétales ; étamines et pistils nombreux ; graine terminée par une aigrette plumeuse. (Voy. *Atl.*, pl. 72, fig. 2.)

Espèce 1: CLÉMATITE DES HAIES (*Clematis vitalba*, DC. L. sp. 766).

Tige volubile, ligneuse, sarmenteuse ; feuilles pétiolées, glabres, composées de cinq folioles en cœur, pointues, un peu dentées, et dont les pétioles s'entortillent autour des corps voisins ; fleurs blanches. Commune dans les haies, buissons : caustique, vésicatoire; les mendians se frottent avec son suc pour se faire venir des ulcères, ce qui a été cause que cette plante a reçu le nom vulgaire d'*herbe aux gueux.* ♃.

2. CLÉMATITE FLAMME (*C. flammula*, L. sp. 766).

Tige sarmenteuse, rampante ou grimpante; feuilles ailées, à folioles petites, découpées dans le bas de la plante et entières dans le haut ; fleurs paniculées, de couleur blanche, terminales, plus petites que dans la clématite des haies : commune dans les haies et les buissons de la France méridionale. C'est cette espèce que l'on cultive dans les environs d'Aigues-Mortes, pour nourrir les bestiaux avec ses feuilles sèches, tandis que vertes elles les empoisonnent. ♭.

3. Clématite droite (*C. erecta*, L. sp. 767).

Tige droite, garnie de feuilles ; feuilles grandes, ailées, à folioles très entières, ovales pointues, pubescentes en dessous. Fleurs blanches, en panicules terminaux. On trouve cette belle espèce dans les lieux incultes de nos provinces méridionales. ♃.

4. Clématite maritime (*C. maritima*, L. sp. 767).

Tige couchée inférieurement, simple, hexagoné ; feuilles ailées, opposées, à folioles linéaires, un peu pubescentes ; fleurs petites, de couleur blanche. Habite les lieux incultes et maritimes de la Provence, des environs de Montpellier. ♃. Cette espèce a de grands rapports avec la *clématite flammie*, et M. De Candolle est porté à croire qu'elle pourrait bien n'en être qu'une variété.

5. Clématite cirrheuse (*C. cirrhosa*, L. sp. 766).

Tige grimpante à l'aide de vrilles ; feuilles ternées, tripartites, quelquefois simples, à folioles ovales dentées ; fleurs blanches, axillaires ; calice de deux folioles ovales petites. ♃ Croît aux environs de Bonifaccio en Corse (Lois.).

6. Clématite a feuilles entières (*C. integrifolia*, L. sp. 767).

Tige simple, glabre ; feuilles entières, lancéolées, ovales ; pédoncules floraux, axillaires ou terminaux ; fleur grande, pendante, de couleur bleue. On trouve cette belle espèce au Grau d'Olette et à Fontepedrouse, dans les Pyrénées. ♃. La *clematis viticella* croît en Italie.

Genre ATRAGÈNE (*Atragene*, L. Clematis, DC.).

Calice de quatre grandes pièces, dix à douze pétales, fruit en queue comme dans le genre précédent.

Espèce 1. Atragène des Alpes (*Atragene Alpina*, L. sp. 764. Clem. *Alpina*, Lam. Fl. fr. 3. p. 202).

Tige longue, sous-herbacée, sarmenteuse, d'un rouge

foncé ; feuilles pétiolées, deux fois ternées ; folioles ovales lancéolées, pointues, dentées et incisées. Fleur pédonculée, axillaire, grande, de couleur blanche ou bleue. — On trouve cette plante dans les buissons, dans les fentes des rochers en Dauphiné, en Provence, au Mont-Salève.

DEUXIÈME TRIBU. **ANÉMONÉES** (*Anemoneæ*, DC.).

Estivation du calice et de la corolle imbricative ; pétales nuls ou planes ; capsules (*carpelles* DC.) monospermes, indéhiscentes, le plus souvent terminées par une pointe ou une queue ; feuilles alternes ; tiges jamais grimpantes.

Genre PIGAMON (*Thalictrum*, L.).

Calice nul ; corolle de quatre pétales, rarement de cinq, très caducs ; étamines et pistils nombreux ; capsules nombreuses, sillonnées, terminées par une petite pointe un peu oncinée.

Espèce 1. PIGAMON DES ALPES (*Thalictrum Alpinum*, L. sp. 767).

Tige très simple, peu élevée, glabre, presque nue, cannelée ; feuilles naissant de la racine, pétiolées, moitié plus courtes que la tige, deux fois ailées, à folioles cunéiformes. Fleurs peu nombreuses, en grappe simple terminale. ♃. Pyrénées, Alpes.

2. PIGAMON TUBÉREUX (*T. tuberosum*, L. sp. 768).

Tige droite, cannelée, glabre, ainsi que le reste de la plante ; feuilles trois fois ailées, à folioles arrondies, terminées par trois dents ; fleurs très remarquables par leur grandeur, de couleur jaunâtre, réunies trois à quatre sur chaque rameau ; racines composées de fibres offrant à leur origine un tubercule ovoïde. M. De Candolle dit qu'il n'a trouvé cette belle plante que dans les *Corbières*. ♃.

3. PIGAMOM VELU (*T. pubescens*, DC., SCHLEICH.).

Tige grêle, haute de trois à quatre décimètres,

rameuse ; feuilles trois fois ailées, à folioles pointues, pubescentes, éparses sur la tige. Commune aux environs de Briançon, de Montpellier, d'Avignon, de Mende. ♃.

4. PIGAMON-FÉTIDE (*T. fœtidum*, L. sp. 768. DC.).

Cette espèce est très voisine de la précédente ; sa stature est plus petite, ses folioles sont moins pointues ; elles sont également pubescentes, visqueuses et fétides ; sa tige est en outre très rameuse et garnie de feuilles ; fleurs en panicules très lâches, capsules réunies en étoile. — Dans les montagnes du Dauphiné, de la Provence ; je l'ai trouvé abondamment au Bourg-d'Oysans : il se trouve aussi aux environs de Montpellier.

5. PIGAMON NAIN (*T. minus*, L. sp. 769).

Tige haute d'un pied, glabre, rameuse, droite, un peu anguleuse, feuillée seulement vers la racine ; feuilles trois fois ailées, à folioles nombreuses, trilobées, ovales, cunéiformes. Fleurs en panicules très étalées, nues et peu fournies ; fleurs penchées, d'un blanc jaunâtre. — Croît dans les lieux montagneux, au bois de Boulogne, à Saint-Germain, en Alsace, etc.

6. PIGAMON DE ROCHE (*T. saxatile*, DC., SCHLEICH., pl. sèches).

Se distingue du précédent par sa tige, qui n'est pas couverte de poussière glauque, par ses fleurs beaucoup moins lâches et portées sur des pédoncules plus courts, et aussi par ses fruits qui sont rétrécis en pointe à leur base et non obtus. ♃. Se trouve sur les collines de l'Alsace et dans les Pyrénées.

7. PIGAMON PENCHÉ (*T. nutans*, DC., DESF. cat. 123).

Tige de trois à quatre pieds, glabre, d'un vert foncé ; feuilles deux ou trois fois ailées, à folioles cunéiformes, arrondies à leur base, glauques en dessous ; fleurs paniculées, portées sur de longs rameaux grêles et très étalés ; fleurs pendantes, fruits redressés. ♃. Alpes. Rare.

8. Pigamon majeur (*T. majus*, Jacq. aust. 5. 1. 420).

Très-voisin du précédent, s'en distingue par ses folioles, dont les trois lobes sont arrondis et terminés
par une pointe brusque; par sa panicule, qui est entremêlée de feuilles. ♃. Alpes.

9. Pigamon a feuilles étroites (*T. angustifolium*,
L. sp. 769).

Tige de trois à cinq pieds, droite, striée, feuillée,
peu rameuse; folioles longues, étroites, surtout celles
du haut, ridées et luisantes en dessus; fleurs petites,
d'un jaune verdâtre, en panicule longue, terminale et
resserrée. Se trouve dans les prairies des provinces
méridionales de l'Alsace. — Je l'ai récolté abondamment sur les bords du Drac, aux environs de Grenoble.

10. Pigamon galioïde (*T. galioides*, Pers. ench. 2.
p. 101. DC. 4601ª).

Cette espèce, qui a tout-à-fait le port et le *facies* du
galium verum, est extrêmement remarquable par ses
folioles très étroites, linéaires, et par ses feuilles sessiles
dans le haut; sa panicule est roide au lieu d'être rameuse; ses fleurs sont pendantes au lieu d'être droites.
— Cette plante, qui ressemble si bien au caille-lait
jaune, se trouve dans les clairières des bois, aux environs de Strasbourg, où M. Nestler l'a observée le
premier.

11. Pigamon simple (*T. simplex*, L. mant. 78).

Tige feuillée, très simple, anguleuse, haute de deux
pieds, glabre; feuilles ailées, semblables à celles du
thal. flavum, mais beaucoup plus petites : les supérieures sont en outre plus étroites; les fleurs sont disposées en une longue grappe, pendante particulièrement avant la fécondation. — Dans les prés marécageux du Dauphiné, de la Provence.

12. PIGAMON JAUNE (*T. flavum*, L. sp. 770).

Tige haute de deux ou trois pieds, très rameuse, glabre, sillonnée ; feuilles grandes, deux ou trois fois ailées, composées de folioles ovales à trois lobes, nerveuses, ridées, d'un vert pâle en dessus ; glauques en dessous ; panicule dressée, d'abord ramassée, puis très écartée, jaunâtre, portant des capsules sillonnées comme celles de certaines ombellifères : fleurs jaunes. ♃. Croît communément dans les prés humides de presque toute la France.

13. PIGAMON NOIRATRE (*T. nigricans*, JACQ. aust. 5. t. 421. DC. 4602ᵃ).

Cette espèce paraît être une hybride de l'*angustifolium* et du *flavum* ; la tige est droite, sillonnée, glabre ; haute de deux à trois pieds ; les feuilles sont deux ou trois fois ailées, à folioles inférieures, ovales-cunéiformes dans le bas, et à segmens linéaires dans le haut : elle offre du reste les mêmes caractères que les deux précédentes. ♃. Se trouve aux environs de Fréjus, de Toulon, d'Avignon, etc.

14. PIGAMON ÉLÉGANT (*T. speciosum*, DESF. cat. 123. DC. 4604).

Ressemble beaucoup au *flavum*, avec lequel on l'a long-temps confondu ; mais il s'en distingue par sa tige cylindrique, glauque, non sillonnée ; par ses folioles plus glauques en dessous, et toujours divisées en trois lobes marqués d'une ou deux dentelures, et enfin par ses fleurs qui forment une sorte de corymbe. ♃. Croît dans nos départemens les plus méridionaux ; aux environs de Montpellier.

15. PIGAMON A FEUILLES D'ANCOLIE (*T. aquilegifolium*, L. sp. 770).

Tige haute de deux ou trois pieds, cylindrique, légèrement striée, d'un bleu violet ou rougeâtre ; feuilles très grandes, trois fois ailées, composées de folioles larges, ovoïdes, crénelées ou un peu trilobées à leur sommet, d'une couleur glauque ; fleurs en panicules serrées, d'un blanc purpurin. ♃. Dans les montagnes alpines.

Remarque. Le genre *thalictrum* peut former une infinité d'hybrides, à tel point que lorsque l'on cultive une quantité d'espèces et qu'on les propage de graines, il est presque impossible de s'y reconnaître au bout de deux ou trois ans.

Genre ANÉMONE (*Anemone*, HALL.).

Calice nul, remplacé par un involucre à trois feuilles, à une certaine distance des fleurs; corolle de cinq à neuf pétales; étamines et pistils indéfinis; plusieurs graines pédicellées, surmontées d'une pointe ou d'une aigrette plumeuse. (*Voy.* pl. 72, fig. 3.)

Espèce 1. ANÉMONE PRINTANIÈRE (*Anemone vernalis*, L. sp. 759).

Il naît d'une souche ligneuse plusieurs feuilles assez fermes, un peu glabres, ailées, à cinq ou sept folioles cunéiformes, trilobées au sommet; hampe de moitié plus longue que les feuilles, droite et terminée par une fleur solitaire, grande, et d'une couleur blanchâtre. Au moment de la floraison, la fleur est sessile sur l'involucre, mais le pédicelle s'allonge peu à peu, de sorte qu'il est deux fois plus long que l'involucre à la maturité : il est en outre couvert de poils longs et soyeux. ♃. Elle habite les pâturages stériles des Alpes, des Pyrénées, du Cantal, du Mont-d'Or, etc. Je l'ai récoltée sur le Lautaret.

2. ANÉMONE DE HALLER (*A. Halleri*, ALL. ped. n. 1922. DC. 4607).

Haute de huit à dix pouces, couverte d'un duvet soyeux; feuilles radicales plus courtes que la hampe, ailées, à folioles profondément découpées en deux ou trois lobes, qui sont à leur tour divisés en deux ou trois lanières. Hampe droite, terminée par une grande fleur d'un gris violet. Dans les Alpes, près Briançon, dans les montagnes du Queyras, etc.

3. ANÉMONE PULSATILLE (*Anemone pulsatilla*, L. sp. 759).

Cette plante, connue sous les noms de *pulsatille*, de *coquelourde*, a des feuilles radicales bi ou tripinnatifides, à divisions étroites, blanchâtres dans leur jeunesse; sa tige, haute de cinq à six pouces, porte à son sommet une belle fleur violette à pétales droits et oblongs, velus extérieurement. Près de la fleur est une sorte de collerette divisée en lanières étroites, velues. Croît dans les prés montagneux, aux environs de Paris, et dans les lieux secs d'une grande partie de la France. ♃.

4. ANÉMONE DES PRÉS (*A. pratensis*, L. sp. 760).

Cette anémone a de si grands rapports avec la précédente, que plusieurs botanistes l'ont confondue avec elle. Elle en diffère cependant par sa fleur pendante, de moitié plus petite, à pétales réfléchis au sommet. Les feuilles radicales ont aussi leurs pétioles plus longs que dans la pulsatille. ♃. Croît sur les pelouses des montagnes, en Auvergne, en Provence, sur les Alpes du Briançonnais, etc.

5. ANÉMONE DES ALPES (*A. Alpina*, L. sp. 760).

Cette plante a le port de la pulsatille, mais elle en est fort distincte par sa fleur ouverte, blanche ou jaune, par sa collerette de trois grandes feuilles sessiles, amplexicaules, découpées chacune en trois folioles ailées et déchiquetées, par les feuilles radicales dont le pétiole est trichotome. Cette espèce présente plusieurs variétés remarquables : la première est l'*anemone apiifolia*, de Hoppe, qui croît au bord des torrens; elle s'élève jusqu'à un pied et demi; ses feuilles sont à peine velues, à découpures divergentes et pointues : sa fleur est violâtre extérieurement. La seconde est l'*anemone myrrhidifolia*, de Villars. Elle croît dans les prairies; elle s'élève de six à huit pouces; ses feuilles sont moins fermes et ses lobes moins divergens que dans la première variété; sa fleur est de la même couleur, mais les pétales sont plus larges et plus rapprochés. La troisième, ou *anemone sulphurea*, de Linné, mant. 78, se reconnaît facilement à sa fleur jaune et à ses feuilles velues. A l'exemple de De Candolle nous avons réuni ces trois plantes sous un même nom ; mais je suis persuadé qu'elles forment des espèces séparées. Alpes, Vosges, Pyrénées. ♃.

6. Anémone étoilée (*A. stellata*, Lam. dict. 1. p. 166. *A. hortensis*, L. sp. 761).

Racine formée de plusieurs tubérosités appelées *griffes*; tige haute de huit à quinze pouces, pubescente, uniflore; feuilles radicales portées sur de longs pétioles digités et formés de trois folioles à incisions profondes ; collerette de trois folioles sessiles à peine découpées; fleur purpurine, grande, terminale, de neuf pétales longs, étroits. ♃. Cette plante, qui croît naturellement aux environs de Nîmes et de Toulon, est cultivée comme plante d'ornement dans nos jardins.

7. Anémone pavonine (*A. pavonina*, Lam. dict. 1. p. 166. DC. 4611ª).

Très voisine de la précédente ; s'en distingue à ses pétales lancéolés d'un beau rouge, très pointus, tandis que la précédente les a obtus. ♃. Environs de Dax.

8. Anémone couronnée (*A. coronaria*, L. sp. 760).

Tige ou hampe droite, glabre, haute de dix à quinze pouces, velue au-dessus de la collerette ; celle-ci est formée de trois folioles verticillées à découpures profondes; feuilles radicales, glabres, pétiolées, palmées, trilobées, à lanières divergentes étroites; fleur solitaire, rouge ou bleue. ♃. Croît naturellement aux environs de Montpellier. Par la culture on obtient une grande quantité de variétés.

9. Anémone palmée (*A. palmata*, L. sp. 758).

Hampe uniflore, à involucre de deux à trois feuilles sessiles, trilobées et déchiquetées; feuilles radicales, pétiolées, arrondies, obcordées, le plus souvent divisées en trois ou cinq lobes dentés; fleur solitaire, jaune, velue extérieurement. ♃. Environs d'Hyères.

10. ANÉMONE DU BALDO (*A. baldensis*, L. mant. 78).

Hampe droite, de deux à quatre pouces, garnie de poils épars; collerette placée vers le milieu de la hampe, loin de la fleur, souvent se confondant avec les feuilles radicales; celles-ci partent d'une souche rampante; elles sont pétiolées, divisées en trois parties pétiolées, et découpées une ou deux fois en segmens oblongs et linéaires. Fleur blanche, solitaire; semence réunie en une tête laineuse. ♃. Alpes de Provence, du Dauphiné, du Briançonnais. Je l'ai observée sur le Galibier et à Villars-Eymond.

11. ANÉMONE SAUVAGE (*A. sylvestris*, L. sp. 761).

Tige s'élevant de huit pouces à un pied, dressée; collerette ordinairement de trois à cinq folioles pétiolées, trilobées ou quinquelobées, incisées, dentées, pubescentes, à trois ou quatre pouces de la racine; feuilles radicales, à pétioles velus, composées de trois à cinq folioles trifides, incisées, dentées et pubescentes; racine fibreuse; fleur blanche, solitaire, de six pétales ovales oblongs; graine formant une tête laineuse. ♃. Croît dans les bois en Alsace, en Lorraine, aux environs de Lyon, d'Abbeville; dans la forêt de Fontainebleau, de Senlis, etc.

12. ANÉMONE TRIFOLIÉE (*A. trifolia*, L. sp. 762).

Hampe de sept à huit pouces, grêle, cylindrique; collerette composée de trois feuilles pétiolées, disposées en verticille, et formées chacune de trois folioles ovales, pointues et dentées; feuilles radicales, pétiolées, composées de trois folioles dentées en scie; fleur solitaire, blanche ou purpurine. ♃. Trouvée en Anjou par Bastard.

13. ANÉMONE SYLVIE (*A. nemorosa*, L. sp. 762).

Hampe un peu poilue, haute d'environ six pouces, portant une collerette de trois feuilles pétiolées, di-

visées en trois folioles ovales découpées et incisées.
Fleur solitaire, d'un blanc rougeâtre en dehors. Très
commune dans tous les bois au printemps. 2⁄. La variété *cœrulea* a la fleur d'un beau bleu, comme *l'anemone apennina*, L. Cette jolie variété est commune
dans le département des Landes.

14. ANÉMONE RENONCULE (*A. ranunculoides*, L.
sp. 762).

Hampe glabre, haute de six à dix pouces, portant
une collerette de trois feuilles presque sessiles, à folioles ternées, allongées, cunéiformes, légèrement
trifides, un peu velues. Feuilles radicales, portées sur
de longs pétioles, à cinq à sept lobes digités; fleur
jaune, à pétales obtus. 2⁄. Croît dans les bois couverts:
on la trouve aux environs de Paris.

15. ANÉMONE NARCISSE (*A. narcissiflora*, L. sp. 763).

Tige s'élevant d'un à deux pieds et même au-delà,
velue, terminée par trois à six fleurs blanches, sou-
tenues par des pédicelles courts; collerette de trois
feuilles sessiles, petites, découpées et presque palmées; feuilles radicales, pétiolées, arrondies, divisées
en trois ou cinq lobes bifides ou trifides. 2⁄. Croît dans
les prairies sèches des Alpes, du Jura et des Vosges.
Je l'ai trouvée communément sur le Lautaret.

Genre HÉPATIQUE (*Hepatica*, DILL. HALL. DC.
Anemone, L.).

Calice de trois folioles persistantes; corolle de six
pétales; étamines et styles nombreux; plusieurs graines sessiles et indéhiscentes.

Espèce 1. HÉPATIQUE TRILOBÉE (*Hepatica triloba*, DC.
4616. *Anemone hepatica*, L.).

Pédoncule floral, partant de la racine, long de un
à deux pouces, grêle, faible, terminé par une fleur
bleue, rouge ou blanche; feuilles radicales très nombreuses, simples, trilobées, coriaces, portées sur des pétioles plus longs que les fleurs. 2⁄. Se trouve dans les

lieux ombragés des montagnes : fleurit au printemps : on la cultive dans les jardins. Elle passe pour tonique, vulnéraire et astringente.

TROISIÈME TRIBU. **RENONCULÉES** (*Ranunculeæ*, DC.).

Estivation du calice et de la corolle; pétales bilabiés ou munis d'écailles à leur base; fruits monospermes, indéhiscens. Semence dressée; feuilles radicales ou alternes.

Genre FICAIRE (*Ficaria*, DILL. HALL. DC. *Ranunculus*, L.).

Calice caduc, de trois sépales; corolle de huit à neuf pétales, ayant chacun une écaille à leur base; étamines et pistils indéfinis; fruits nombreux, globuleux, indéhiscens, obtus.

Espèce I. FICAIRE RENONCULOÏDE (*Ficaria ranunculoides*, DC. 4620. *R. ficaria*, L.).

Pédoncules naissant d'une racine composée de tubercules agglomérés, longs de quatre à six pouces, et portant chacun une belle fleur d'un jaune d'or; feuilles radicales, glabres, pétiolées, cordiformes, obtuses, crénelées, anguleuses. ♃. Fleurit au commencement du printemps, dans tous les bois et les prés ombragés. On mange, dans quelques cantons, ses feuilles, sous le nom de *petite chélidoine*.

Genre ADONIS (*Adonis*, LIN.).

Calice de cinq sépales; corolle de cinq à huit pétales; réceptacle accrescent.

Espèce I. ADONIS ANNUEL (*Adonis annua*, MILL. dict. n. I. *A. autumnalis et æstivalis*, L. sp. 771).

Tige haute d'un pied et plus, droite, rameuse, glabre; feuilles très découpées, à lobes capillaires; fleurs axillaires; corolle de cinq à huit pétales; carpelles nombreux, ovoïdes, sillonnés ou ridés; fleur tantôt rouge minium, tantôt rouge pourpre, et tantôt couleur de feu. ☉. L'*Adonis flava*, DC. prod. , paraît être une variété à fleur jaune, de même que l'*Adonis citrina*, Hoff., qui a les fleurs jaunes, assez petites, tachées de noir sur l'onglet. Ces deux espèces ou variétés se trouvent dans beaucoup de localités.

2. ADONIS PRINTANIER (*A. vernalis*, L. sp. 771).

Tige droite, haute d'un pied, ordinairement simple, terminée par une grande fleur et munie de branches stériles ; feuilles nombreuses, sessiles, finement découpées, entourant la tige au moyen d'une gaîne fort remarquable ; souvent les feuilles radicales avortent, de sorte qu'en bas de la tige on ne trouve que la gaîne : fleur très grande, jaune, composée de douze à quinze pétales oblongs ; capsules velues, réunies en tête. Hautes-Alpes ; à l'Esperou ; dans la Lozère. ♃.

3. ADONIS DES PYRÉNÉES (*A. Pyrenaica*, DC. suppl. 4623).

De Candolle a décrit, dans la Flore française, cette plante comme l'*adonis apennina* de Linné ; mais, dans son supplément, il a rectifié cette erreur. Elle a quelque rapport avec la précédente, dont elle se distingue par sa tige plus élevée et d'une consistance plus ferme, par ses feuilles radicales, longuement pétiolées, à découpures plus larges, par ses fleurs, qui sont portées sur un pédoncule strié, et enfin par ses carpelles glabres. ♃. Vallée d'Eynès dans les Pyrénées orientales.

Genre RENONCULE (*Ranunculus*, L.).

Calice caduc, de cinq sépales ; corolle de cinq pétales munis d'une écaille à leur base ; étamines et pistils nombreux ; carpelles surmontés d'une petite pointe lisse ou munie de tubercules ou d'épines.

† *Fleurs blanches.*

Espèce 1. RENONCULE DES PYRÉNÉES (*Ranunculus Pyrenæus*, L. mant. 248).

Tige droite, grêle, souvent simple et uniflore ; pédoncules floraux garnis vers leur sommet par des poils blanchâtres ; sépales oblongs ; fleur blanche ; feuilles radicales rétrécies en pétioles, les supérieures plus étroites, demi-amplexicaules. Elle offre une variété qui se distingue en ce que la tige est terminée par trois ou quatre fleurs. ♃. Croît dans les Pyrénées.

2. RENONCULE A FEUILLES ÉTROITES (*R. angustifolius,* DC. suppl. 4624ª).

Cette espèce, découverte par De Candolle, ressemble beaucoup à la précédente et à la suivante ; elle se distingue de la première par son pédoncule entièrement glabre, et de la seconde par ses feuilles linéaires et non ovales. Environs de Mont-Louis. ♃.

3. RENONCULE AMPLEXICAULE (*R. amplexicaulis*, LIN. sp. 774).

Tige haute de huit à dix pouces, droite, lisse, garnie de quelques feuilles, terminée par de trois à six fleurs blanches pédonculées ; feuilles glabres, marquées de nervures, les radicales pétiolées, les caulinaires embrassantes. ♃. Prairies des montagnes ; Pyrénées.

4. RENONCULE A FEUILLES DE PARNASSIE (*R. parnassifolius*, L. 4784).

Tige haute de trois à quatre pouces, portant quatre fleurs disposées en corymbe, d'un blanc nuancé de rouge ; sépales larges, arrondis, membraneux ; feuilles radicales pétiolées, subcordiformes, obtuses, coriaces ; caulinaires sessiles, lancéolées. ♃ Mont-Perdu, Canigou ; Mont de Lans près le Bourg-d'Oysans.

5. RENONCULE A FEUILLES D'ACONIT (*R. aconitifolius*, L. sp. 776).

Tige haute d'un pied et demi et au-delà, droite, lisse, creuse, rameuse ; feuilles glabres, palmées, anguleuses, de trois à cinq lobes pointus et dentés en scie ; calice petit, très caduc ; fleurs blanches : elle présente une variété que Linné avait donnée sous le nom de *ranunculus platanifolius*. Elle diffère par ses feuilles moins lobées. Commune sur les hautes montagnes. ♃.

6. RENONCULE DÉCHIRÉE (*R. lacerus*, BELL. act. tur. 5. p. 233. DC. 4628).

Tige cylindrique, tortueuse, glabre, garnie de quelques feuilles avortées, linéaires, simples, bilobées ou trilobées ; feuilles radicales pétiolées, élargies à la base, assez grandes, cunéiformes, incisées au sommet en plusieurs lobes inégaux et pointus ; fleurs blanches, terminales, portées sur de longs pédicelles. ♃. Environs de Grenoble et de Gap.

7. RENONCULE DES GLACIERS (*R. glacialis*, L. sp. 777).

Tige longue de 3 ou 4 pouces, peu fournie de feuilles, ordinairement simple, portant souvent deux fleurs assez grandes, blanches intérieurement, purpurines à l'extérieur ; sépales couverts de poils roussâtres ; feuilles radicales longuement pétiolées, très découpées, d'une consistance un peu épaisse et charnue ; la racine est composée de fibres qui partent d'une espèce de bulbe. ♃. Se trouve près des neiges fondantes, sur le Galibier, au Mont-Perdu, etc. Les montagnards lui donnent le nom de *caroline glaciale*.

8. RENONCULE DES ALPES (*R. alpestris*, L. sp. 778).

Tige haute de 3 à 5 pouces, munie de deux feuilles ordinairement entières ; fleur solitaire, assez grande, blanche ; calice glabre ; feuilles radicales pétiolées, arrondies, lobées, incisées ou dentées, très lisses. Commune sur le sommet des hautes montagnes. ♃.

9. RENONCULE DE SÉGUIER (*R. Seguieri*, VILL. dauph. 4. p. 737. DC. 4632).

Ressemblé beaucoup à la précédente ; mais elle en est certainement distincte par sa tige plus rameuse, par ses feuilles portées sur de longs pétioles, découpées jusqu'à la base, et d'une consistance charnue, tantôt glabres, tantôt poilues. ♃. Au bord des torrens, à la Moucherolle ; sur le Mont-Pilat ; etc..

10. RENONCULE A FEUILLES DE RUE (*R. rutæfolius*, L. sp. 777).

Cette espèce est fort remarquable par ses feuilles repliées en dedans à la manière des *thalictrum*, et par ses pétales au nombre de neuf à dix, et dont les nectaires sont à peine distincts ; par ses carpelles peu nombreux et assez gros. Fleurs blanches ou rougeâtres ; feuilles radicales ailées, à pinnules palmées et divisées en lobes divergens. Au Villard de Lans, sur le Ballon, à Rotabac, etc. ♃. Rare.

11. RENONCULE A FEUILLES DE LIERRE (*R. hederaceus*, L. sp. 781).

Tiges nombreuses, longues de 2 à 5 pouces ; feuilles subréniformes, à trois et cinq lobes arrondis, peu profonds, glabres ; fleurs très petites, blanches, solitaires, à pétales ovales pointus. ♃. A Fontainebleau, Saint-Léger, dans les Ardennes, et dans beaucoup d'autres lieux humides et tourbeux.

12. RENONCULE AQUATIQUE (*R. aquatilis*, L. sp. 781).

Cette espèce est un véritable protée ; aussi quelques botanistes ont-ils fait autant d'espèces qu'elle présente de variétés : la tige varie extraordinairement pour la taille ; les feuilles qui sont plongées dans l'eau sont capillaires, celles qui sont à sa surface sont trilobées ou quinquelobées, cunéiformes ; mais elle se distingue aisément de toutes les autres espèces par ses carpelles striés transversalement. Parmi les nombreuses variétés, je citerai la *ranunculus hederaceus*, Poir., qui croît au bord des eaux ; ses feuilles n'étant pas submergées, elles sont toutes arrondies et trilobées. La *ranunculus capillaceus*, Th., croît dans les eaux profondes et tranquilles ; toutes ses feuilles sont arrondies et découpées jusqu'à la base. La *ranunculus cæspitosus*, Thuil., a la tige dressée, très rameuse, courte ; toutes ses feuilles sont tripinnées, à divisions linéaires. Croît d'abord dans les lieux inondés ; et ensuite, se trouvant à sec, elle conserve sa forme primitive. La *ranunculus peucedanifolius*, All., naît dans les eaux profondes et courantes ; elle prend beaucoup d'allongement, de sorte que les lanières paraissent parallèles. ♃.

13. Renoncule tripartite (*R. tripartitus*, DC. ic. gall, rar. 1. p. 15).

Tige longue de 4 à 5 pouces, glabre, légèrement pubescente vers le haut ; feuilles inférieures capillaires, multifides ; supérieures trilobées, à divisions cunéiformes, trifides au sommet. Cette espèce est tellement intermédiaire entre l'*aquatilis* et l'*hederaceus*, qu'il serait peut-être possible que ces trois plantes ne fussent que des variétés l'une de l'autre. ☉

†† *Fleurs jaunes ; feuilles découpées.*

14. Renoncule de montagne (*R. montanus*, Wild. sp. 2. p. 1321. DC. 4636).

Tige haute de 4 à 8 pouces, glabre dans le bas, pubescente dans le haut ; feuilles radicales pétiolées, glabres, un peu luisantes, divisées en 3 ou 5 lobes profonds, s'élargissant à leur sommet, où ils sont dentés ; feuilles caulinaires sessiles, découpées en 3-7 divisions digitées ; fleur assez grande, d'un jaune doré, à pétales larges, obtus, luisans. ♃. Sur le Lantaret, près Gap, Briançon, etc.

15. Renoncule de Villars (*R. Villarsii*, DC. 4637).

Voisine de la précédente ; s'en distingue par ses feuilles pubescentes ou velues, par sa fleur de moitié plus petite, par sa tige ne portant qu'une seule feuille caulinaire, découpée jusqu'à la base en 3 ou 5 lobes linéaires. ♃. En Oysans, sur le Glandaz, et généralement dans la plupart des Hautes-Alpes.

16. Renoncule de gouan (*R. gouani*, Wild. DC. 4638).

Tige velue, uniflore ; feuilles radicales pétiolées, orbiculaires, découpées jusqu'au milieu, en 5 ou 7 lobes digités et dentés ; feuilles caulinaires sessiles, palmées, à divisions lancéolées et dentées ; fleur

grande, d'un jaune doré luisant. ♃. Mont Llaurenti
dans les Pyrénées.

17. RENONCULE SCÉLÉRATE (*R. sceleratus*, LIN. sp. 776).

Tige haute de 12 à 18 pouces, droite, rameuse,
grosse, charnue, glabre; feuilles radicales pétiolées,
semi - trilobées, incisées, crénelées; feuilles caulinaires à découpures profondes, palmées et digitées;
fleurs nombreuses, pédonculées, terminales et très
petites, d'un jaune un peu verdâtre; ovaire accrescent
et formant une tête oblongue. ☉. Commune dans les
marais, au bord des eaux.

18. RENONCULE DORÉE (*R. auricomus*, L. sp. 775).

Tige haute de 6 à 10 pouces, branchue, dressée,
faible, glabre; feuilles radicales pétiolées, simples, réniformes, crénelées; caulinaires palmées et incisées,
supérieures digitées et profondément découpées; fleurs
terminales peu nombreuses, se développant successi-
vement. ♃. Commune au printemps dans les bois ombragés.

19. RENONCULE DE CORSE (*R. corsicus*, DC. suppl.
4640ᵃ).

Tige droite, d'un vert foncé presque glabre; feuilles
radicales longuement pétiolées, arrondies, échancrées
en cœur, divisées jusqu'à la base en trois lobes trifides; feuilles florales à trois divisions linéaires; fruits
comprimés lisses; fleurs jaunes. Corse. ♃.

20. RENONCULE CORDIGÈRE (*R. cordigerus*, VIV. fl.
Cors. p. 8).

Racine fasciculée; hampe nue ou munie de 1-2 folioles; feuilles cordiformes, arrondies, velues, soyeuses, crénelées, entières ou lobées; fleur de 1-2, jaunes,
terminales; calice réfléchi. ♃. Croît en Corse (Lois.).

21. RENONCULE RAMPANTE (*R. repens*, L. sp. 779).

Tige dressée, de 8-15 pouces, légèrement velue;
jets rampans, partant de la base, portant des feuilles

et des fleurs; feuilles grandes, pétiolées, velues, à
folioles anguleuses, lobées et incisées, souvent parsemées de taches blanches; feuilles supérieures divisées
en lobes, lancéolées, linéaires; fleurs jaunes, terminales, à pédoncules sillonnés. ♃. Commune dans les
lieux ombragés et cultivés.

22. RENONCULE ACRE (*R. acris*; L. sp. 779).

Tige s'élevant d'un à deux pieds, droite, glabre,
presque nue; feuilles radicales pétiolées, un peu
velues, à cinq lobes principaux, trifides, incisées et
dentées; caulinaires sessiles, à 3-5 divisions linéaires,
entières; fleurs jaunes, à calice ouvert, garni de poils
couchés, et supporté par un pédoncule sillonné. ♃.
Dans toutes les prairies humides.

23. RENONCULE MULTIFLORE (*R. polyanthemos*, L.
sp. 779).

Très voisine de la précédente; s'en distingue cependant par ses feuilles moins découpées, par sa tige
plus velue, par son calice hérissé de poils étalés, par
ses carpelles beaucoup moins nombreux; ceux-ci ne
sont jamais terminés par une pointe crochue, ce qui
sert encore à la distinguer de quelques variétés du *Ranunculus lanuginosus*. ♃. Croît parmi les buissons, à
Vervins et dans plusieurs autres localités.

24. RENONCULE LAINEUSE (*R. lanuginosus*, L.
sp. 779).

Tige dressée, velue, rameuse, solide, feuillée, s'é-
levant jusqu'à deux pieds; feuilles lanugineuses, surtout en dessous, d'un vert obscur en dessus, grandes,
trifides, à lobes pointus; calice velu, étalé; fleurs
jaunes, carpelles glabres. ♃. Dans les prairies montueuses; elle est aussi indiquée aux environs de Paris.

25. RENONCULE DE MONTPELLIER (*R. Monspeliacus*,
DC. 4644).

Tige haute d'un pied à un pied et demi, extrêmement garnie de poils blancs laineux, couchée; ra-

meuse; feuilles radicales pétiolées, deux fois trilobées; lobules oblongs et entiers; feuilles caulinaires
peu nombreuses, presque sessiles, partagées jusqu'à
leur base en 3 segmens linéaires; fleurs jaunes, à calice réfléchi et velu. ♃. Environs de Montpellier.

26. RENONCULE EN FAUX (*R. falcatus*, L. sp. 781).

Cette petite espèce est remarquable par ses hampes
nues très grêles, cotonneuses, portant plusieurs fleurs;
ses feuilles radicales sont pétiolées, presque palmées,
divisées en découpures linéaires, rameuses et un peu
courtes; fleurs jaunes, petites; carpelles disposés en
épi, et terminés par une longue pointe comprimée et
courbée en faucille. ♃. Languedoc, Provence.

27. RENONCULE CERFEUIL (*R. chærophyllos*, L.
sp. 780).

Racine un peu tuberculeuse; tige haute de 8 à 10
pouces, dressée, velue, presque nue; feuilles radicales multifides; caulinaires en très petit nombre,
souvent nulles; fleur solitaire, terminale, d'un beau
jaune; carpelles disposés en un épi accrescent, et terminés chacun par une pointe courbe assez longue. ♃.
Environs de Paris, de Montpellier, etc.

28. RENONCULE BULBEUSE (*R. bulbosus*, L. sp. 778).

Racine formée par un bulbe arrondi; tige haute
d'un pied et plus, dressée, un peu velue, rameuse;
feuilles inférieures pétiolées, trilobées, crénelées,
incisées, d'un vert noir, souvent tachées de blanc;
caulinaires à divisions étroites; fleurs terminales, jaunes, à pédoncule sillonné, velu; calice réfléchi. ♃. Très
commune dans les parcs et les jardins au printemps.
Les *R. cassubicus*, *illyricus*, *creticus* et *lapponicus*, ne
croissent point en France.

29. RENONCULE DES MARES (*R. philonotis*, RETZ. DC.
4649. *R. parviflorus*, L. VAR.).

Racine fibreuse; tige haute de 8 à 10 pouces; port
de la précédente; feuilles comme dans le *bulbosus*;
fleurs terminales, portées par des pédoncules sillonnés,

velus; calice réfléchi, velu. ♃ Commune sur le bord des mares et des fossés qui bordent les routes. J'y rapporte comme variété la *Ranunculus parviflorus* de Linné ; elle en diffère par des tiges couchées et des fleurs plus petites. Les carpelles sont, comme dans le *philonotis*, comprimés et garnis de petits tubercules. ♃.

3o. RENONCULE A TROIS LOBES (*R. trilobus*, DESF. DC. suppl. 4649ª).

Racine fibreuse ; tige glabre, dressée, striée, peu rameuse ; feuilles inférieures pétiolées, trilobées, à lobes pinnatifides ; pédoncules striés, portant une fleur solitaire assez petite ; calice dressé, plus court que les pétales ; carpelles garnis de tubercules saillans, et réunis en tête ovoïde. ♃. Basses-Pyrénées, Provence.

3r. RENONCULE HÉRISSÉE (*R. muricatus*, L. sp. 780).

Tige haute de 6 à 8 pouces, dressée, glabre, peu rameuse ; feuilles larges, glabres, presque rondes, divisées en trois lobes incisés et dentés ; fleurs jaunes, portées sur de longs pétioles velus ; carpelles peu nombreux, très hérissés de pointes latérales. ⊙. Provence.

32. RENONCULE DES CHAMPS (*R. arvensis*, L. sp. 780).

Tige haute de 8 pouces à un pied, droite, rameuse, plus ou moins velue ; feuilles trilobées, à segmens pinnatifides, et confluens, glabres ; fleurs axillaires ou terminales en petit nombre ; pédoncule légèrement sillonné ; carpelles hérissés de pointes longues et latérales ; fleur petite, jaune. Commune dans les champs parmi les moissons. ⊙.

††† *Fleurs jaunes ; feuilles entières.*

33. RENONCULE BULLÉE (*R. bullatus*, L. sp. 774).

Tige ou hampe haute de 4 à six pouces ; feuilles radicales rétrécies en pétioles, subovales, fortement dentées et très velues sur les nervures, avec la surface bosselée : racine composée de fibres fasciculées ; fleurs jaunes, terminales. ♃. Corse.

34. RENONCULE THORA (*R. thora*, L. sp. 775).

Tige s'élevant de 6 à 10 pouces, simple, glabre, portant deux feuilles réniformes, glabres et assez grandes, veinées et coriaces ; fleurs petites, terminales, jaunes, au nombre de deux ou trois. ♃. Cette belle espèce croît dans les Alpes et les montagnes du Jura. Passe pour très vénéneuse. La *R. plantaginifolius* croît en Russie.

35. RENONCULE NODIFLORE (*R. nodiflorus*, L. sp. 773. ♃).

Tige rameuse de 4 à 5 pouces, glabre ; feuilles subovales, entières, pétiolées à la base et rétrécies en pétioles sur la tige ; racine formée de fibres menues et fasciculées ; fleurs axillaires, sessiles aux nœuds de la tige. Se trouve au bord des mares de Franchart, dans la forêt de Fontainebleau. ☉

36. RENONCULE A FEUILLES DE GRAMEN (*R. gramineus*, L. sp. 773).

Tige droite, haute d'un pied à 18 pouces, glabre, presque nue ; feuilles allongées, linéaires, étroites, nerveuses, ressemblant à celles de plusieurs graminées ; fleurs jaunes, terminales, grandes ; racine fibreuse. ♃. Croît dans les lieux sablonneux à Fontainebleau, Montpellier, etc.

37. RENONCULE LINGUIFORME (*R. lingua*, L. sp. 773).

Tige droite, velue, presque simple ; s'élevant à 2 ou 3 pieds ; garnie d'un assez grand nombre de feuilles dentelées inégalement, longues, pointues, légèrement velues et engaînantes ; fleurs jaunes, grandes, peu nombreuses, à calice velu. ♃. Se trouve communément dans les fossés inondés.

38. RENONCULE FLAMMULE (*R. flammula*, L. sp. 772).

Tige haute d'un pied, entièrement glabre, quelquefois rampante ou traçante ; feuilles inférieures ovales, lancéolées, légèrement denticulées et pétiolées ; supérieures lancéolées, allongées et atténuées en pétiole court ; fleurs jaunes , terminales. Commune dans les marais. ♃. Cette espèce offre deux variétés remarquables : l'une qui a les feuilles très dentées, l'autre qui a toutes les feuilles ovales et la tige rampante.

39. RENONCULE OPHIOGLOSSE (*R. ophioglossifolius*, VILL. DAUPH. 4. p. 731. t. 49. DC. sup. 4658ᵃ).

Ressemble extrêmement aux variétés de la *flammula*, mais se reconnaît à ses feuilles inférieures échancrées en cœur à leur base. Ses fleurs sont petites et terminales. ⊙.

40. RENONCULE RAMPANTE (*R. reptans*, L. sp. 773).

Ressemble au moins autant à une variété que la précédente ; elle ne s'en distingue guère que parce que sa tige pousse des racines à chaque nœud , et que toutes ses feuilles sont linéaires. ♃. Habite autour des lacs, des montagnes.

Genre RATONCULE (*Myosurus*, LIN.).

Calice de cinq sépales colorés , caducs, prolongés au-dessous de leur insertion ; corolle nulle ; nectaires pétaloïdes ; cinq étamines ; pistils nombreux ; carpelles nombreux , portés sur un réceptacle accrescent.

Espèce. RATONCULE TRÈS-PETIT (*Myosurus minimus*, L. sp. 407).

Plante s'élevant à 3 ou 4 pouces, garnie de feuilles à sa base ; feuilles linéaires, longues, glabres, étalées ; fleurs très petites, verdâtres ; réceptacle s'allongeant en forme de queue de rat. ⊙. Croît dans les endroits sablonneux et inondés pendant l'hiver.

QUATRIÈME TRIBU. HELLÉBORÉES (*Helleboreæ*, DC.).

Carpelles capsulaires, polyspermes, déhiscens ; estivation du calice et de la corolle imbricative ; pétales tantôt nuls , tantôt irréguliers, bilabiés ou nectarifères.

Genre TROLLE (*Trollius*, Lin.).

Calice de 14 sépales colorés ; pétales de 8 à 9, tubuleux, plus courts que le calice ; carpelles nombreux, déhiscens, polyspermes.

Espèce. Trolle d'Europe (*Trollius Europæus*, L. sp. 782).

Tige haute de 1 pied à 18 pouces, simple, uniflore ; feuilles palmées, à cinq lobes pointus, dentés et incisés ; fleur grande, terminale. ♃ Croît dans les prairies des hautes montagnes des Alpes, du Jura, des Vosges, des Pyrénées, etc.

Genre HELLÉBORE (*Helleborus*, Lin.).

Calice de cinq sépales caducs ou persistans, souvent colorés et pétaloïdes ; pétales plus courts que le calice, à 2 lèvres ou à 3 lobes ; carpelles au nombre de 3, comprimés et pointus. (Voy. *Atl.*, pl. 72, fig. 4.)

Espèce 1. Hellébore fétide (*Helleborus fœtidus*, L. sp. 784).

Cette plante, appelée vulgairement *pied de griffon*, a une tige dressée, épaisse, dure et feuillée, haute de 18 pouces à 2 pieds et demi ; feuilles coriaces, glabres, digitées, d'un vert obscur, à digitations dentées, pointues ; les folioles du calice sont jaunâtres ou verdâtres, teintées de rouge sur les bords. ♃. Croît dans les lieux stériles et pierreux, sur le bord des routes : fleurit au printemps.

2. Hellébore livide (*H. lividus*, act. Kew. 2. p. 272).

Plante s'élevant un peu moins que la précédente ; à tige dressée, feuillée, presque simple, glabre : feuilles d'un vert livide, luisantes, alternes, pétiolées, formées par trois folioles lancéolées, ovales, grandes, pointues, à dentelures écartées et très prononcées ; feuilles florales entières, ovales, sessiles ; les fleurs sont

terminales, supportées sur des pédoncules courts. ♃.
Croît en Corse.

3. Hellébore noir (*H. niger*, L. sp. 783).

Connue sous le nom de *rose de Noël*, cette plante
pousse, du collet de sa racine, une hampe et quelques feuilles roulées avant leur développement, comme
un bourgeon ; la hampe porte d'une à deux fleurs
assez grandes, d'un blanc plus ou moins lavé de rose ;
les feuilles sont pétiolées, de la longueur de la hampe,
divisées en 7 ou 8 lobes pédalés, pointus, glabres,
dentés en scie. ♃. Croît dans divers lieux frais aux environs de Briançon, de Colmar, de Montauban, etc.

4. Hellébore vert (*H. viridis*, L. sp. 784).

Tige haute de huit à dix pouces, nue, rameuse à
son sommet, glabre ; feuilles glabres, peu consistantes,
divisées en 7 à 9 lobes oblongs, dentées, pétiolées ;
feuilles caulinaires sessiles ; fleurs verdâtres, naissant
à l'extrémité et réfléchies ; pétales plus courts que les
sépales. ♃ Se trouve aux environs du Mans, de Montpellier, d'Abbéville, etc.

5. Hellébore d'hiver (*H. hyemalis*, L. sp. 783).

Cette plante diffère des vrais hellébores par les sépales caducs et pétaloïdes : M. Biria en a formé un
nouveau genre, sous le nom de *kœllœa*, que nous n'a-
doptons pas, parce qu'il n'est pas suffisamment carac-
térisé. Hampe droite, s'élevant à 3 ou 4 pouces ; une
seule feuille, naissant de la racine, accompagne la
hampe : elle est peltée, partagée en 7 lobes cunéiformes
incisés au sommet ; calice à six folioles oblongues,
jaunes, caduques, pétaloïdes ; pétales petits, tubuleux, variables en nombre : fleurit à la fin de l'hiver.
♃. Croît dans les Alpes, le Jura, aux environs d'Orléans, dans les Vosges, à la Queue, en Brie, etc.

6. Hellébore thalictroïde (*H. thalictroides*, Lam. dict. 3. p. 99 ; *isopyrum thalictroides*, L. sp. 783).

Linné avait fait de cette plante le genre *isopyrum*,

parce qu'il avait cru qu'elle n'avait pas de calice, tandis que ce sont les pétales qui sont très petits et peu distincts. MM. de Lamarck et Dé Candolle l'ont réunie aux hellébores ; mais elle devra peut-être un jour former, ainsi que la précédente, un genre propre. Tige grêle, d'un vert glauque, haute de 6 à 7 pouces, presque simple et très peu garnie de feuilles ; feuilles pétiolées, une ou deux fois ternées, à folioles ovales, un peu trilobées, tendres et d'un vert glauque ; fleurs blanches, solitaires ; capsules de 2 à 3, arquées. ♃. Fleurit au commencement du printemps, dans les lieux ombragés, en Auvergne, aux environs d'Angers, de Lyon, de Grenoble, etc. Il a été indiqué aux environs de Paris ; mais il y avait probablement été semé. L'*isopyrum fumarioides* et *aquilegioides* de Linné ne se trouvent pas en France.

Genre NIGELLE (*Nigella*, TOURN., LIN.).

Calice très grand, pétaloïde, à 5 sépales pédiculés ; pétales plus courts que le calice, de 5 à 8, labiés ; carpelles de 5 à 10, déhiscens, oblongs, pointus, terminés par une arête.

Espèce 1. NIGELLE DE DAMAS (*Nigella Damascena*, L. sp. 753).

Tige droite, striée, glabre, feuillée, rameuse, s'élevant à un pied et plus ; feuilles alternes, sessiles, finement découpées ; fleurs grandes, d'un bleu d'azur et entourées par une grande collerette multifide. Cette plante, appelée vulgairement *cheveux de Vénus*, *barbe de capucin*, etc., croît dans la France méridionale : on la cultive aussi dans les jardins. ☉.

2. NIGELLE DES CHAMPS (*Nigella arvensis*, L. sp. 753).

Plus petite que la précédente ; à tige haute de 6 à 10 pouces, rameuse, souvent étalée ; feuilles multifides, à divisions capillaires glabres ; fleurs peu nombreuses, terminales, d'un blanc bleuâtre. Sa capsule est oblongue et profondément divisée, tandis que dans la *damascena* elle est presque entière. Croît dans les lieux sablonneux. ☉. La *nigella sativa*, que l'on cultive sous le nom de *quatre épices*, n'est point indigène de France.

Genre GARIDELLE (*Garidella*, Tourn., Lin.).

Calice plus petit que la corolle ; capsules au nombre de trois, presque réunies. Il offre, pour le reste, les caractères des nigelles.

Espèce 1. GARIDELLE FAUSSE NIGELLE (*Garidella nigellastrum*, L. sp. 608).

Tige d'un à deux pieds et plus, grêlé, rameuse, dressée, presque nue dans le haut ; feuilles radicales longues, ailées, multifides ; caulinaires en petit nombre, formées de 3 à 5 divisions linéaires ; fleurs petites, terminales, rougeâtres. ☉. Croît en Provence parmi les vignes et les oliviers.

Genre ANCOLIE (*Aquilegia*, Tourn., Lin.).

Calice pétaloïde, coloré, de 5 sépales ; pétales au nombre de 5, roulés en cornets et se terminant par un éperon recourbé à son extrémité ; carpelles réunis par la base et surmontés d'une pointe.

Espèce 1. ANCOLIE VULGAIRE (*Aquilegia vulgaris*, L. sp. 752).

Tige droite, un peu rameuse, de 2 à 3 pieds ; feuilles radicales longuement pétiolées, trichotomes ; chaque foliole trilobée, cunéiforme, arrondie au sommet ; fleurs bleues, quelquefois blanches ou rouges. ♃. Croît dans les bois ombragés ; on la cultive dans les jardins sous le nom de *gants de Notre-Dame*.

2. ANCOLIE VISQUEUSE (*A. viscosa*, Lin., Mant. 77).

Tige dressée, peu rameuse, haute de 1 à 2 pieds, garnie, surtout inférieurement, de poils visqueux, et chargée de 2 ou 3 feuilles, dont l'inférieure à 3 folioles et les supérieures à une seule ; feuilles radicales longuement pétiolées, trichotomes ; chaque foliole a 3 lobes plus petits que dans la précédente ; fleurs bleues, grandes, pédonculées. ♃. Alpes et Pyrénées : je l'ai trouvée sur le Lantaret.

3. ANCOLIE DES PYRÉNÉES (*A. Pyrenaica*, LAM. dict. 1. p. 150. DC. suppl. 4673ª).

Tige dressée, haute d'un pied, nue; feuilles toutes radicales, longuement pétiolées; fleurs terminales, bleues, folioles du calice ovales, rétrécies aux deux extrémités; limbe des pétales obtus; éperon entièrement droit et de la longueur du limbe. ♃. Se trouve à Gavarnie et dans plusieurs autres localités des Hautes-Pyrénées.

4. ANCOLIE DES ALPES (*A. Alpina*, LIN., sp. 752).

Tige haute d'un à deux pieds, pubescente et un peu visqueuse au sommet; feuilles comme dans l'ancolie vulgaire, mais sessiles sur les pétioles; feuilles caulinaires pétiolées; fleurs bleues, au nombre de deux ou trois, à éperons presque droits, de moitié plus courts que le limbe. ♃. Hautes-Alpes : rare.

Genre PIED D'ALOUETTE (*Delphinium*, TOURN., LIN.).

Calice coloré, pétaloïde, de 5-6 pièces, dont la supérieure se termine inférieurement par un éperon; pétales de 2 à 4, irréguliers; carpelles déhiscens, solitaires, ou réunis 3 à 3, siliquéformes.

Espèce 1. PIED D'ALOUETTE CONSOUDE (*Delph. consolida*, L. sp. 748).

Tige droite, rameuse, légèrement pubescente, haute d'un pied; feuilles sessiles, à divisions capillaires; fleurs bleues, en panicules lâches sur chaque rameau; une seule capsule pubescente. ☉. Le *delphinium ajacis*, qui est l'espèce cultivée dans les jardins, n'est point indigène de France.

2. PIED D'ALOUETTE PUBESCENT (*D. pubescens*, DC., suppl. 4674).

Voisin du précédent, sa tige droite est rameuse dans le haut et couverte de poils courts; ses feuilles sont plus découpées que dans le *consolida*; fleurs petites, serrées; une seule capsule. Commun dans la France la plus méridionale. ⊙.

3. Pied d'alouette étranger (*D. peregrinum*, L. sp. 749).

Tige droite, peu rameuse; feuilles variables, tantôt très découpées, avec les supérieures linéaires; tantôt toutes découpées, quelquefois toutes entières; fleurs bleues, à éperons plus longs que la fleur : trois capsules. Croît en Languedoc, aux environs de Montauban et dans les Pyrénées orientales. ⊙.

4. Pied d'alouette de montagne (*D. montanum*, Lam. dict. 2. p. 265. DC. supp. 4676ª).

Tige dressée, haute de 2 pieds, coriace, feuillée, couverte de duvet ainsi que toute la plante, portant dans le haut quelques rameaux stériles; feuilles pétiolées, palmées, quinquelobées, à divisions dentées, incisées, pointues; fleurs bleues, en grappe, chacune munie d'un éperon droit, dégénérant en crochet brusque à son extrémité; carpelles velus. ♃. Au Val d'Eynès; dans les Pyrénées orientales.

5. Pied d'alouette élevé (*D. elatum*, L. sp. 749).

Tige dressée, haute de 2 à 3 pieds, simple; feuilles nombreuses, à petioles velus, arrondis, divisées en cinq lobes dont chaque se subdivise en lanières pointues; fleurs bleues, en épi terminal; éperon droit, plus long que la fleur : carpelles au nombre de 3. ♃. Croît sur le Mont-Vizo, sur les montagnes de Queyras.

6. Pied d'alouette de Requien (*D. Requieni*, DC. suppl. 4677ª).

Tige droite, simple, pubescente dans le bas, hérissée de poils mous dans le haut, ainsi que toute la plante; feuilles pétiolées, à limbe presque glabre, divisées en cinq lobes cunéiformes, incisés, dentés et pointus; lobes des feuilles supérieures linéaires; fleurs bleuâtres, en grappe terminale; pédicelles munis dans leur milieu de deux bractées linéaires. ⊙. Iles d'Hyères.

7. Pied d'alouette staphisaigre (*D. staphisagria*, L. sp. 750).

Tige droite, cylindrique, presque haute de 2 à 3 pieds ; feuilles pétiolées, palmées, à lobes obtus ; fleurs grandes, en grappe, simple ou rameuse, d'un bleu plus ou moins foncé ; pédicelles munis de 3 bractées ; éperon plus court que la fleur. ⊙. Croît aux environs de Montpellier, en Provence et en Languedoc.

Genre ACONIT (*Aconitum*; Tourn. , Lin.).

Calice de 5 sépales pétaloïdes, le supérieur concave, en forme de casque ; pétales nombreux et en forme d'écailles ; carpelles au nombre de 3, déhiscens, oblongs et terminés en pointe. (Voy. *Atl.*, pl. 73.)

Espèce 1. Aconit tue-loup (*Aconitum lycoctonum* , L. sp. 750).

Tige haute de 2 ou 3 pieds, feuillée, peu rameuse ; feuilles palmées, pubescentes, à divisions trifides et dentées ; fleurs terminales, d'un blanc jaunâtre, disposées en grappe ; calice allongé, en forme de toque. ♃. Commun dans les forêts des montagnes.

2. Aconit des Pyrénées (*A. Pyrenaicum*, DC. fl. fr. 4680).

Ressemble beaucoup au précédent ; s'en distingue cependant par ses feuilles inférieures qui sont beaucoup plus grandes, découpées en 7-11 lobes n'allant pas jusqu'au pétiole, chaque lobe divisé en 3-5 découpures palmées, incisées ; par ses fleurs plus grandes, plus serrées, en grappe rameuse à la base. ♃. Pyrénées.

3. Aconit anthora (*A. anthora*, L. sp. 751).

Tige dressée, branchue, haute de 1 à 2 pieds ; feuilles palmées, à 5-7 lobes divisés en segmens profonds, multifides, linéaires ; fleurs jaunes, en grappe, au sommet de la tige ; casque très convexe, se prolongeant à l'extrémité en un bec pointu. ♃. Croît dans les

Hautes-Alpes, parmi les pierres : je l'ai observé sur le Galibier et dans le Queyras.

4. ACONIT NAPEL (*A. napellus* , L. sp. 751) .

Tige droite, simple ou rameuse, haute de 2 ou 3 pieds et plus, feuillée; feuilles pétiolées, palmées, multifides, à segmens linéaires, luisantes, glabres, à pédicelles pubescens ; racine bulbeuse ; fleurs en épi serré, d'un bleu violet. ♃. Croît dans les lieux humides des montagnes : je l'ai trouvé très abondamment au bord de quelques rivières du département de l'Orne.

5. ACONIT PANICULÉ (*A. paniculatum* , LAM. , DC. 1. p. 33).

Tige dressée, rougeâtre, haute de 2 à 3 pieds; rameuse, à feuilles pétiolées inférieurement et sessiles dans le haut; toutes sont palmées, à 5 lobes divisés jusqu'au pétiole, pinnatifides, pointus ; fleurs grandes, d'un bleu violet, plus ouvertes et moins serrées que dans le précédent, en panicules lâches, portées sur des pédicelles légèrement velus. ♃. Croît au Mont-d'Or; et dans les montagnes de Seyne, selon M. le professeur Clarion.

Genre POPULAGE (*Caltha* , LIN.).

Calice nul ; pétales au moins au nombre de cinq; carpelles déhiscens, de 5-12, comprimés, pointus. (Voy. *Atl.* , pl. 72, fig. 1.)

Espèce. POPULAGE DES MARAIS (*Caltha palustris* , L. sp. 784).

Tiges droites, presque simples, glabres, hautes de 10 à 12 pouces; feuilles radicales pétiolées, réniformes, ou un peu en cœur, glabres, crénelées ; fleurs grandes, d'un beau jaune, contenant un grand nombre d'étamines et de 10 à 12 pistils, devenant des carpelles polyspermes. Très commun dans les marais et les prés humides. ♃.

CINQUIÈME TRIBU. **PÉONIÉES** (*Pæonieæ*).

Cette tribu se distingue de toutes les autres par ses anthères intorses.

Genre PIVOINE (*Pæonia*, Tourn., Lin.).

Calice persistant, de 5 sépales; corolle au moins de 5 pétales grands et arrondis; ovaires de 2-5, à stigmates épais; capsules oblongues, ventrues; graines lisses, arrondies.

Espèce 1. PIVOINE OFFICINALE (*Pæonia officinalis*, L. DC. fl. fr. 4685. Var. a. L.).

Tiges hautes de 1 à 2 pieds, rameuses; feuilles deux fois ailées, divisées en lobes oblongs, elliptiques, incisées surtout à leur extrémité; racine tubéreuse, d'une odeur nauseuse; fleurs grandes, d'un beau rouge. ♃. Montpellier, Embrun. On la cultive dans les jardins.

2. PIVOINE ÉTRANGÈRE (*P. peregrina*, DC. suppl. 4685).

Se distingue de la précédente, parce que tous ses segmens sont velus en dessous et toujours lobés. ♃. Croît dans les environs de Montpellier.

3. PIVOINE CORALLINE (*P. corallina*, DC. suppl. 4685).

Se distingue de l'officinale par les segmens de ses feuilles qui sont oblongs, jamais divisés, par ses fruits divergens à leur base, par sa tige rougeâtre et par sa fleur d'un rouge plus vif. ♃. Trouvée aux environs d'Orléans et d'Alais. C'est plus particulièrement cette espèce que l'on cultive dans les jardins comme *la pivoine mâle* des anciens, tandis que l'officinale est leur *pivoine femelle*. ♃.

Genre ACTÉE (*Actæa*, L.).

Calice de 4 sépales, caducs; 4 pétales; un seul ovaire; un style; un fruit bacciforme, uniloculaire, polysperme.

Espèce. ACTÉE EN ÉPI (*Actœa spicata* , L. sp. 722).

Tige droite, haute de 2 à 3 pieds, glabre, rameuse; feuilles deux ou trois fois ailées, vertes, glabres; folioles.ovales, pointues, dentées en scie; fleurs petites, blanches, en épi ovale; étamines plus longues que la corolle. Dans les taillis montueux aux environs de Paris, et presque par toute la France. ♃.

Genre PARNASSIE (*Parnassia* , LIN.).

Calice à cinq divisions, persistant; corolle de 5 pétales; 5 nectaires en cœur, bordés de cils, insérés sur l'onglet des pétales; capsule à 4 pans, à 4 valves, qui s'ouvrent au sommet.

Espèce. PARNASSIE DES MARAIS (*Parnassia palustris*, L. Fl. D. t. 584).

Tige portant une seule feuille au milieu, uniflore, haute de 4-10 pouces; feuilles radicales pétiolées, glabres, cordiformes; fleur blanche. ♃. Se trouve dans les marais en automne.

FAMILLE 2. BERBÉRIDÉES (*Berberideæ*).

Calice formé de 3-4 et souvent de 6 sépales; pétales en nombre égal, souvent placés vis-à-vis d'eux, nus ou écailleux-à leur base; autant de lames que de pétales placées devant eux; anthères adnées sur la face interne du filet; ovaire supère; style simple ou nul; fruit capsulaire ou bacciforme, uniloculaire, polyspermé. Plantes herbacées ou ligneuses; à feuilles souvent alternes, simples ou composées.

Genre BERBERIS (*Berberis* , LIN.).

Calice de 6 sépales, muni de 3 bractées; 6 pétales munis de 2 glandes; stigmate sessile, persistant; fruit bacciforme, ovale, un peu cylindrique, uniloculaire, contenant deux ou trois graines. (Voy. *Atl.* , pl. 93.)

BERBERIS COMMUN (*Berberis vulgaris* , L. sp. 471).

Arbrisseau de taille variable, à feuilles réunies trois

ou quatre ensemble, ovales - renversées, dégénérant en pétiole, dentées sur leur bord; fleurs jaunes, en grappes pendantes; baie rouge, ovoïde, d'une saveur acide. ♄. Croît dans les haies. Il est connu sous le nom d'*épine vinette*.

Genre ÉPIMÈDE (*Epimedium*, L.).

Calice de 4 sépales ouverts, caducs, dont deux munis d'une petite bractée; corolle de 4 pétales munis chacun d'une écaille pétaloïde; style latéral; stigmate simple, capsule siliquéforme, bivalve, uniloculaire, polysperme.

Espèce. Epimède des Alpes (*Epimedium alpinum*, L. sp. 171).

Tige cylindrique, écailleuse à la base, haute de 1 pied; feuilles pétiolées, partagées en 3 folioles cordiformes; fleur d'un rouge foncé, avec des espèces de cornets jaunâtres. Habite les lieux ombragés des montagnes. ♃. Il croît aussi aux environs de Dijon.

Famille 3. NYMPHÉACÉES (*Nymphæaceæ*, Salisb.).

Fleurs solitaires; périgone coloré, pétaloïde, formé de beaucoup de folioles disposées sur plusieurs rangées; les plus extérieures semblent constituer un calice, et les plus intérieures une corolle; étamines nombreuses, à anthères tournées vers le centre de la fleur; ovaire simple, globuleux, à plusieurs loges, contenant chacune un grand nombre d'ovules; stigmate rayonnant, pelté, sessile; fruit ressemblant extérieurement à une capsule de pavot, indéhiscent, à plusieurs loges; graines nombreuses, empâtées dans une pulpe. Plantes herbacées aquatiques.

Genre NÉNUPHAR (*Nymphœa*, Lin.).

Calice de 4 folioles; pétales sur plusieurs rangs, de la longueur du calice; étamines nombreuses; un stigmate.

Espèce 1. NÉNUPHAR BLANC (*Nymphœa alba*, L.
sp. 729).

Rhizome gros, noùeux, écailleux ; pétioles cylindriques, glabres, s'allongeant jusqu'à la surface de l'eau ; feuilles épaisses, très grandes, arrondies, échancrées en cœur à leur base ; fleurs grandes, d'un blanc éclatant, s'épanouissant à la surface de l'eau. ♃. Fleurit en été dans les étangs et les rivières.

Genre NUPHAR (*Nuphar,* SMITH. *Nymphœa,* LIN.).

Calice de cinq folioles ; pétales sur un seul rang, plus courts que le calice.

Espèce 1. NUPHAR JAUNE (*Nuphar lutœa*, SMITH. *Nymphœa lutœa*, L. sp. 729).

Cette plante a tellement le port de la précédente, qu'on ne peut guère la distinguer que lorsqu'elle est en fleur ; cependant ses feuilles sont un peu plus ovales. Fleurs jaunes, s'élevant de quelques pouces au-dessus de la surface de l'eau. ♃. Croît dans les mares, les fossés et les étangs. Le *Nuphar pumila* est indiqué dans les Vosges.

FAMILLE 4. PAPAVÉRACÉES. (*Papaveraceœ*).

Calice de 2 sépales caducs ; corolle rarement nulle, de 4 pétales, rarement de 5 à 8, à estivation chiffonnée ; étamines ordinairement en grand nombre, quelquefois monadelphes ; ovaire simple et libre, à une seule loge, presque toujours à stigmates sessiles rayonnés ; fruit capsulaire, polysperme, s'ouvrant par des valves ou par des trous qui se pratiquent sous les lobes du stigmate ; graines attachées à un placenta latéral ; feuilles alternes, lactescentes. Plantes herbacées ou sous-frutescentes.

Genre PAVOT (*Papaver,* TOURN., LIN.).

Calice caduc, de 2 sépales ; 4 pétales ; stigmates de 6-12, rayonnés ; capsule oblongue, globuleuse, s'ouvrant par des trous qui se forment sous la couronne du stigmate. (Voy. *Atl.*, pl. 74, fig. 2.)

Capsules hérissées.

Espèce 1. Pavot hybride (*Papaver hybridum*, L. sp. 725).

Tige droite, rameuse, légèrement velue, haute de 1 à 2 pieds; feuilles bi ou tripinnatifides, à divisions linéaires; fleurs rouges, solitaires, terminales; capsules hérissées de poils oncinés. Commun dans les moissons. ☉.

2. Pavot argemone (*P. argemone*, L. sp. 725).

Tige un peu velue, ainsi que toute la plante, haute de 8 pouces à 1 pied; feuilles bi ou tripinnatifides; fleurs rouges, solitaires; capsule à six valves, en massue, garnie de poils roides et droits : dans les moissons. ☉.

3. Pavot des Alpes (*P. alpinum*, L. sp. 725).

Tiges peu élevées, quelquefois à fleur de terre; feuilles glabres, presque radicales, pétiolées, réunies en touffes, bipinnatifides; pédoncules droits, grêles, uniflores, un peu velus; fleurs grandes, d'un blanc jaunâtre, avec l'onglet plus foncé; capsule à 5 rayons, ovale, hérissée. Habite les Alpes, les Pyrénées et les environs de Montpellier. ♃.

** *Capsules glabres.*

4. Pavot coquelicot (*P. rhœas*, L. sp. 726).

Tige de 1 à 2 pieds, dressée, hispide, rameuse; feuilles hispides, pinnatifides, à segmens linéaires lacinés et terminés par un poil; fleurs rouges, ayant souvent l'onglet taché de noir, solitaires, terminales; capsules globuleuses, glabres. ☉..

5. Pavot de roubieu (*P. roubiæi*, DC. suppl. 4090ᵃ).

Tige haute d'un demi-pied, très velue, feuillée à sa base, donnant naissance à plusieurs pédoncules grêles, uniflores; feuilles divisées jusqu'à la côte en lobes pinnatifides, à segmens linéaires; fleurs rouges comme dans l'espèce précédente; capsule glabre, arrondie. ☉.

Le *pavot somnifère*, qui est celui que l'on cultive dans les jardins, n'est point indigène de France. Les *Pap. orientale* et *bracteatum* habitent l'Europe la plus orientale.

6. PAVOT SÉTIGÈRE (*P. setigerum*, DC. suppl. 4091ᵃ).

Cette espèce ressemble beaucoup au pavot somnifère; mais, suivant De Candolle, elle s'en distingue par les dentelures de ses feuilles, qui se terminent toutes par une soie roide, par ses feuilles plus étroites et plus pointues; ses fleurs sont violettes; la capsule ovale, avec un plateau de 6 à 8 rayons.

Genre MÉCONOPSIDE (*Meconopsis*, DC. suppl.).

Calice caduc de 2 sépales; corolle de 4 pétales; style court; stygmates persistans, rayonnés, libres, non sessiles sur l'ovaire; capsule uniloculaire, avec des cloisons incomplètes, s'ouvrant rarement en autant de valves qu'il y a de stygmates.

Espèce 1. MÉCONOPSIDE DE GALLES (*Meconopsis Cambrica*, DC. suppl. *Pap. Cambricum*, L. sp. 727).

Tige droite, feuillée inférieurement, haute de 1 pied; feuilles ailées, un peu velues, à folioles incisées, pinnatifides et un peu décurrentes; fleurs d'un jaune-soufre; assez grandes, portées sur de longs pédoncules; capsules ovales. Habite les Pyrénées, les montagnes d'Auvergne et du Lyonnais. ♃.

Genre CHELIDOINE (*Chelidonium*, LIN.).

Calice caduc de 2 sépales; 4 pétales; stygmate en tête, bilobé; capsule allongée, siliquéforme, à 2 ou 3 valves. (Voyez *Atl.*, pl. 74, fig. 3.)

Espèce 1. CHELIDOINE MAJEURE (*Chelidonium majus*, L. sp. 723).

Tige dressée, rameuse, faible, haute de 1 à 2 pieds; feuilles minces, glabres, ailées, pinnatifides, à folioles ovales et à lobes arrondis, ainsi que les lacininres; fleurs axillaires ou terminales , presque ombellées, jaunes; fruit long de 1 pouce, siliquéforme : cette plante, connue sous le nom d'*éclaire*, rend un suc jaune abondant. Croît dans les murs , les décombres , les haies, etc. ♃. Le *ch. quercifolium* de Thuillier n'en est qu'une variété à feuilles et à pétales laciniés.

2. CHELIDOINE GLAUQUÉ (*C. glaucium* , L. sp. 724. *Glaucium*, TOURN.).

Tige dressée, rameuse, haute de 1 pied à 18 pouces; feuilles glauques, épaisses, pinnatifides, glabres ou hispides, incisées, lobées, arrondies, alternes; fleurs jaunes, grandes, semblables à celles des pavots; fruits longs de 6 à 8 pouces, rudes, subépineux. Croît en Normandie, en Bretagne, au bord de la mer; au bois de Boulogne, en Provence, etc. ☉.

3. CHELIDOINE CORNUE (*C. corniculatum* ; L. sp. 724).

Tiges rameuses, couvertes de poils blancs, hautes de 1 pied à 18 pouces; feuilles sessiles, semi-amplexicaules; tache noirâtre sur l'onglet des pétales; fruits allongés, grêles. Croît en Provence et aux environs de Montpellier, parmi les moissons. ☉.

4. CHELIDOINE BÂTARDE (*C. hybridum*, L. sp. 724).

Tige rameuse, lisse, garnie de quelques poils rares, haute de 18 pouces à 2 pieds; feuilles alternes, sessiles, très découpées, deux ou trois fois pinnatifides, à pinnules étroites, pointues, linéaires; fleurs grandes, d'un brun violet, avec une tache noire sur l'onglet; capsule à trois valves. Croît parmi les moissons, en Provence et en Languedoc. ☉.

FAMILLE 5. **FUMARIÉES** (*Fumarieæ* , DC.).

Calice membraneux de 2 sépales caducs ; corolle irrégulière, de 4 pétales inégaux, libres ou soudés, le supérieur se terminant par un éperon plus ou moins saillant; six étamines diadelphes ou libres ; ovaire

libre, supère, surmonté d'un style filiforme ; fruit sec,
siliqueux, bivalve, polysperme et déhiscent ; graines
ovales ou globuleuses ; périsperme charnu ; plantes
herbacées non lactescentes.

Genre CORYDALIS (*Corydalis*, VENT. DC. *Fumaria*, L.)

Calice très petit ; corolle éperonnée, de 4 pétales irréguliers ; étamines diadelphes ; capsule siliquéforme,
uniloculaire, bivalve, polysperme ; semences attachées
à un placenta sutural.

Espèce 1. CORYDALIS TUBÉREUSE (*Corydalis tuberosa*,
DC. fl. fr. 4097). °

Racine tubéreuse, grosse, creuse, donnant naissance
à une tige simple, droite, s'élevant de 6 à 10 pouces,
glabre ; feuilles radicales au nombre de 2-3, caulinaires peu nombreuses. Toutes sont pétiolées 3 fois,
divisées en 3 branches, à folioles larges, cunéiformes,
divisées en 3 lobes incisés, glauques ; fleurs blanches
ou purpurines, assez grandes, à éperon courbé en
crosse à son sommet, munies de bractées entières,
ovales-lancéolées. Croît dans les bois ombragés au
premier printemps. ♃

2. CORYDALIS FÈVE (*C. fabacea*, DC. suppl. 4098a).

Elle est intermédiaire entre la précédente et la suivante. Elle diffère de la première, parce qu'elle est
moitié plus petite et qu'elle ne porte qu'un petit nombre de fleurs ; et de la seconde, parce qu'elle a la racine creuse et les bractées entières comme la tubéreuse. Habite les Alpes et la forêt de Compiègne.
♃. Rare.

3. CORYDALIS BULBEUSE (*C. bulbosa*, L. sp. 983).

Racine formée d'un bulbe solide sphérique ; tige
simple, dressée, faible, glabre, s'élevant de 4-6 pouces,
chargée de 3-4 feuilles, divisées 3 fois en 3 branches, à folioles oblongues, souvent entières, quelquefois trifides ; fleurs purpurines, en grappe simple ; brac-

tées grandes, découpées en 5-7 lobes linéaires. Croît
dans les lieux ombragés et couverts: Linné avait réuni
ces trois espèces sous le nom de *fumaria bulbosa*, en
regardant les deux précédentes comme variétés. ♃.

4. CORYDALIS JAUNE (*C. lutea*, DC. 4099. *Fum. lutea* L.).

Racine fibreuse; tiges menues, très tendres, hautes
d'un pied; feuilles très découpées, à ramifications terminées par des folioles élargies, incisées et obtuses;
fleurs jaunes, en grappe courte; bractées petites, très
pointues; capsule plus courte que la corolle. Croît
dans les lieux montueux de la France la plus méridionale. ♃. La *Fum. capnoides*, L., ne croît pas en
France.

5. CORYDALIS A VRILLES (*C. claviculata*, L. sp. 985).

Tige très faible, tombante ou grimpante, longue de
2 pieds; feuilles à pétioles rameux, se terminant par
une vrille rameuse, munie de 2-4 branches opposées
2 à 2, séparées en 3 lobes oblongs rétrécis en pétiole,
ressemblant à de vraies folioles. Pédoncules axillaires
portant 7-8 fleurs petites, jaunâtres. Croît dans les
lieux pierreux, aux environs de Rennes, de Nantes,
de Falaise, du Mans, de Montpellier, etc.

6. CORYDALIS A NEUF FOLIOLES (*C. enneaphylla*,
L. sp. 984).

Tiges grêles, faibles, naissant d'une petite touffe;
feuilles pétiolées, divisées en 3 branches trifides; chaque segment ou foliole est arrondi, obtus et entier;
fleurs d'un blanc jaune, avec le sommet pourpre, assez
grandes. Habite les fentes des rochers dans les Pyrénées
et en Roussillon. ♃.

Genre FUMETERRE (*Fumaria*, LIN.).

Calice très petit; corolle de 4 pétales irréguliers,
dont le supérieur se termine en éperon; étamines diadelphes; fruit sphérique, uniloculaire, monosperme;
graine attachée, par le podosperme, à la paroi interne
du fruit.

Espèce 1. FUMETERRE GRIMPANTE (*Fumaria capreo-*
lata, L. sp. 985).

Tige diffuse, rameuse, s'accrochant aux corps voisins, longue de 2 ou 3 pieds, très faible, tendre ;
feuilles bi ou tripinnées, multifides, à folioles cunéiformes, ovales, glauques, à découpures peu prononcées ; pétioles se roulant autour des corps voisins ;
fleurs assez grandes, en petit nombre, en épi court ;
fleurs blanches, avec le sommet noirâtre ; capsules
lisses. Croît dans les lieux cultivés, aux environs de
Paris, en Languedoc, en Provence, etc. ⊙.

2. FUMETERRE DE VAILLANT (*F. Vaillantii*, Lois.
not. 102).

Tige longue de 6 à 8 pouces, dressée ; feuilles décomposées, à divisions linéaires, planes, glabres, glauques ; fleurs petites, en épi très court, purpurines, avec
le sommet noirâtre. Commune dans les champs sablonneux, aux environs de Paris, etc. La *fumaria par-*
viflora, Lam. D. 2. p. 567, ne paraît être qu'une variété
de celle-ci : elle est remarquable par ses tiges couchées, par les lobes de ses feuilles un peu plus étroits
et creusés un peu en gouttière, et par ses fleurs d'un
blanc verdâtre, avec le sommet noirâtre. Elle croît
dans les mêmes localités. ⊙.

3. FUMETERRE OFFICINALE (*F. officinalis*, L. sp. 984).

Tige rameuse, tendre, un peu glauque, ainsi que
toute la plante ; feuilles très divisées, à découpures
un peu cunéiformes, planes, jamais capillaires ; fleurs
en épis peu serrés, rougeâtres ou purpurines, avec le
sommet plus foncé ; calices dentelés ; capsules un peu
échancrées au sommet, jamais tuberculeuses. Croît
dans les champs et les jardins : employée en médecine
dans le traitement des maladies de la peau. La *fu-*
maria media, Lois. not. 101, en est une variété, dont
les pétioles s'entortillent autour des corps voisins et
dont les segmens sont linéaires et les fleurs d'un blanc
purpurin. Croît dans les mêmes lieux. ⊙.

4. FUMETERRE EN ÉPI (*F. spicata*, L. sp. 985).

Tiges droites, diffuses, lisses, hautes de 8 pouces
à 1 pied ; feuilles glauques, découpées en segmens
capillaires ; fleurs rouges, avec le sommet noirâtre,
pendantes, en épis courts ; capsules ovales, à rebord
calleux: Croît dans les départemens les plus méridionaux. ☉

5. FUMETERRE DENSIFLORE (*F. densiflora*, DC.
suppl. 4103ᵃ).

Tiges nombreuses, droites ; peu rameuses ; feuilles
découpées, très minces, à lobes linéaires un peu épais,
plus courts que dans les autres fumeterres ; fleurs en
épis serrés, comme dans la précédente, placées vis-à-
vis des feuilles supérieures ; calices denticulés ; capsules entièrement globuleuses. Cette plante, pour le
port, tient le milieu entre la fumeterre en épi et l'officinale. Habite les environs de Toulon, de Montpellier. ☉

Genre HYPÉCOUM (*Hypecoum*, TOURN., L.).

Calice très petit, de 2 sépales, 4 pétales trilobés,
dont les deux intérieurs plus petits et rapprochés ; 4
étamines, 2 styles courts ; capsule allongée, siliquéforme, à articulations transverses.

Espèce 1. HYPÉCOUM COUCHÉ (*Hypecoum procumbens*, L. sp. 181).

Tiges ou plutôt hampes étalées, un peu couchées,
lisses, hautes de 4 à 6 pouces ; se ramifiant à leur
sommet en 3 ou 4 pédoncules uniflores, portant une
espèce d'involucre découpé très menu ; feuilles radicales, grandes, moins longues que les tiges, ailées, à
pinnules multifides, surcomposées, glauques ; fleurs
jaunes ; fruits allongés, comprimés et articulés, un
peu pendans. Croît dans les moissons aux environs de
Paris, et dans la plupart de nos départemens méridionaux. L'*hypecoum pendulum*, L., sp. 181, n'est
peut-être qu'une variété locale, à tige plus petite, à

siliques arrondies et pendantes. Elle croît dans les environs de Montpellier et en Provence. Rare. Ces deux plantes sont appelées vulgairement *cumin cornu*. ⊙.

FAMILLE 6. CRUCIFÈRES (*Cruciferæ*, Juss.).

Les plantes de cette famille sont ainsi appelées, parce qu'elles ont 4 pétales en croix : leurs fleurs sont en corymbe ou en panicule; calice de 4 sépales caducs; corolle de 4 pétales disposés en croix et alternant avec les sépales ; 6 étamines tétradynames, 2 petites, insérées chacune sur une glande opposée aux valves ; 4 grandes, disposées par paire, opposées au placenta; ovaire supère surmonté d'un style unique que termine un stygmate simple ou bilobé ; le fruit est toujours une silique ou une silicule rarement indéhiscente, biloculaire, polysperme; semences globuleuses, planes ou membraneuses; embryon huileux; cotylédons opposés. Plantes herbacées, très rarement frutescentes; feuilles alternes. De Candolle a créé cinq ordres dans cette famille, qu'il subdivise ensuite en vingt-une tribus ; mais comme plusieurs de ses tribus ne comprennent que des genres exotiques., nous diviserons les crucifères de France en deux sections, d'après la forme du fruit, comme on l'a fait jusqu'à ces derniers temps.

Section première. SILIQUEUSES (*Siliquosæ*).

Genre RADIS (*Raphanus*, L. Juss.).

Calice connivent; disque de l'ovaire portant 4 glandes; silique tantôt à plusieurs loges disposées sur deux rangs et indéhiscentes, tantôt à plusieurs loges sur un même rang et déhiscentes.

Espèce 1. Radis maritime (*Raphanus maritimus*, Lois. fl. gall. 730).

Feuilles radicales pinnatifides, pétiolées, lyrées, hérissées de poils; lobes inférieurs oblongs, dentés; siliques de 1-2 articles, monospermes, ovales arrondies, lisses, striées et terminées par une pointe subulée.

Habite au bord de la mer en Bretagne. ♃. Le radis, que l'on cultive dans les jardins et qui présente une infinité de formes et de couleurs, n'est point indigène de France.

2. Radis sauvage (*R. raphanistrum*, L. sp. 935).

Cette plante, appelée *ravenelle*, a une tige dressée, un peu rameuse, hispide ou velue, haute de 12-18 pouces; feuilles lyrées, à lobes inégaux, arrondis, pinnés et denticulés; fleurs grandes, en grappe courte, jaunes ou blanches, avec des lignes violettes; silique glabre, cylindrique, articulée, à une seule loge, contenant souvent une seule graine. Commun dans les moissons. ☉.

Genre MOUTARDE (*Sinapis*, Tourn., L.).

Calice très ouvert, disque de l'ovaire portant 4 glandes; silique se terminant par un bec aigu et saillant.

Espèce 1. Moutarde noire (*Sinapis nigra*, L. sp. 933).

Tige rameuse, droite, de 3-4 pieds; feuilles radicales garnies de quelques poils, lobées, pinnatifides, dentées, caulinaires, glabres, linéaires, lancéolées, presque entières; fleurs petites, jaunes; siliques glabres, tétragones, serrées contre la tige, terminées par un bec court. Dans les moissons. ☉.

2. Moutarde roquette (*S. erucoides*, L. sp. 934).

Tige haute de 1-2 pieds, droite, peu rameuse, presque glabre; feuilles oblongues, obtuses, lyrées; caulinaires seulement, pinnées à leur lobe; fleurs blanches, disposées en grappes; calice velu; siliques écartées de la tige, droites, lisses, polyspermes, et terminées par un bec court. Habite nos départemens méridionaux. ☉.

3. Moutarde des champs (*S. arvensis*, L. sp. 933).

Tige de 2 pieds et plus, coriace, rameuse, velue inférieurement; feuilles larges, presque glabres, n'ayant souvent que deux pinnules à leur base; fleurs jaunes, assez grandes; siliques presque sessiles, glabres, anguleuses, écartées de la tige, se terminant par un bec élargi. Très commune dans les champs. Elle porte les noms vulgaires de *sénevé*, de *guélos*, etc. ⊙. Le *sinapis orientalis*, L., ne croît point en France.

4. MOUTARDE BLANCHE (*S. alba*, L. 933).

Tige haute de 2-3 pieds, un peu velue, striée, cylindrique, presque simple; feuilles pétiolées, ailées à la base, avec un lobe terminal, grand, denté et pointu, quelquefois trilobé; fleurs d'un jaune pâle; siliques hispides à la base, gibbeuses, raccourcies, redressées, écartées de la tige, se terminant par une languette courte, pubescente. Dans les moissons. ⊙.

5. MOUTARDE BLANCHATRE (*S. incana*, L. sp. 934).

Tige de 2 à 3 pieds, ferme, rameuse, hispide, rude au toucher; feuilles radicales, lyrées, pinnatifides, très velues, blanchâtres; caulinaires, lancéolées, entières; siliques grêles, lisses, serrées contre l'axe. Habite les lieux pierreux de la France méridionale. ⊙. Les *Sin. hispanica*, *pubescens* et *lævigata* que Linné a mis dans ce genre, sont des plantes d'Espagne.

Genre CHOU (*Brassica*, L., Juss., DC.).

Calice fermé, bossu à sa base; disque de l'ovaire portant 4 glandes; siliques cylindriques, comprimées ou tétragones; graines sphériques. (V. *Atl.*, pl. 75, fig. 3.)

† *Siliques sans corne.*

Espèce 1. CHOU PERFOLIÉ (*Brassica perfoliata*, LAM. D. 1. p. 748. *B. orientalis*, L. sp. 931).

Tige droite, de 1 à 2 pieds; feuilles amplexicaules, oblongues, spatulées, lisses, quelquefois un peu charnues; fleurs en longues grappes au sommet des rameaux, d'un blanc jaunâtre. Croît parmi les blés en

Normandie, en Lorraine, en Alsace, en Dauphiné, Orléanais, Provence, etc. ⊙

2. Chou des champs (*B. arvensis*, L. mant. 95).

Ressemble par le port au précédent ; sa tige est rameuse, glabre, haute de 1 à 2 pieds ; feuilles entières ou un peu pinnées, amplexicaules, spatulées inférieurement, arrondies au sommet, cordiformes dans le haut de la plante. Fleurs grandes, violettes ; calice coloré ; siliques grêles, tétragones. Croît en Provence, parmi les moissons (rare). ♃.

3. Chou alpin (*B. alpina*, L. mant. 95).

Très voisin du *perfoliata*, mais distinct par sa tige simple, sa racine vivace, ses feuilles radicales oblongues, ses fleurs plus blanches, plus petites, et ses siliques plus courtes. Croît dans les bois des montagnes alpines. ♃.

4. Chou potager (*B. oleracea*, L. sp. 932).

Tige s'élevant de 2-4 pieds, et quelquefois plus, naissant sur une espèce de souche, persistante et chargée de feuilles vertes ou violettes, glabres, pétiolées, ridées, sinueuses sur leurs bords ; feuilles caulinaires, petites, embrassantes, entières ; fleurs blanches ou jaunes ; siliques cylindriques. Par la culture, on a obtenu une infinité de variétés, qui sont en quelque sorte devenues autant d'espèces particulières ; les principales sont le *chou-fleur*, le *chou de Bruxelles*, le *chou de Milan*, le *chou-pomme*, le *chou vert*, le *chou-rave*, le *chou-navet*, le *chou colzat*, etc.

5. Le navet (*B. napus*, L. sp. 931 ; *B. asperifolia*, DC. fl. fr. 4119).

Racine grosse, charnue, turbinée, donnant naissance à des feuilles hérissées de poils, découpées en lyre ; tige droite, rameuse, s'élevant de 3-4 pieds, munie de petites feuilles entières, glabres, oblongues, échancrées en cœur. Cultivé comme alimentaire dans tous les jardins. La *navette*, que l'on cultive pour faire de l'huile, avec ses semences, en est une variété à racine fibreuse.

6. CHOU DE RICHER (*B. Richerii*, VILL. dauph. 3. p. 331. t. 46).

Tige presque nue, large de 12 à 18 pouces, naissant d'une souche dure et raboteuse; feuilles pétiolées, oblongues, dentées inégalement, glabres; fleurs jaunâtres, assez grandes; siliques droites, tétragones, étalées, pointues aux deux extrémités. ♃. Habite les montagnes du Dauphiné, de la Provence, le mont Vizo. Je l'ai recueilli sur le Lautaret, en face l'hospice.

7. CHOU DES BALÉARES (*B. Balearica*, PERS. synop. 2. p. 206).

Tige un peu frutescente à la base, rameuse; feuilles sinuées ou lyrées, très glabres, un peu charnues, d'un vert glauque; fleur d'un jaune clair; siliques dressées, cinq fois plus longues que le bec. ♃. Croît aux environs de Toulon. (Robert.)

†† *Siliques terminées par une espèce de bec.*

8. CHOU ROQUETTE (*B. eruca*, L. sp. 932).

Tige de 1 à 2 pieds, rameuse, diffuse, velue; feuilles longues, pétiolées, lyrées, à lobe terminal grand, obtus; fleurs d'un jaune pâle, veinées de noirâtre; siliques droites, dressées le long de l'axe, glabres, terminées par un bec qui fait presque la moitié de leur longueur. Habite les lieux incultes des provinces les plus méridionales. ☉.

9. CHOU FAUSSE ROQUETTE (*B. eruscatrum*, L. sp. 932).

Tige de 18 pouces à 2 pieds, grêle, rameuse, rude; feuilles allongées, lyrées ou pinnatifides, à découpures étroites et dentées; fleurs jaunes, assez grandes; siliques lisses, redressées le long de la tige. Croît sur les vieux murs et dans les lieux incultes. ☉.

10. CHOU GIROFLÉE (*B. cheiranthus*, VILL. dauph. 3. p. 332. t. 36. var. *a*).

Tige droite, presque simple, hérissée de poils rudes,

haute de 1 pied ; feuilles pétiolées, pinnatifides, dentées, plus ou moins hérissées de poils ; caulinaires à
lobes étroits, linéaires ; fleurs jaunes, en grappe ; siliques un peu bossues, glabres, se terminant en une
corne plane, contenant une graine à son origine. Croît
dans les lieux sablonneux, en Alsace, en Dauphiné,
au bois de Boulogne, etc. ♃.

11. Chou de montagne (*B. montana*, DC. fl. fr.
4124).

Ressemble tellement au précédent, que Villars n'en
avait fait qu'une variété ; il en diffère cependant par
sa taille plus petite, par ses tiges nombreuses presque
nues, par ses feuilles radicales à lobes triangulaires,
par ses fleurs d'un jaune plus foncé, et par ses siliques
plus courtes. Croît dans les Pyrénées, les montagnes
du Valgaudemar, etc. ♃.

Genre JULIENNE (*Hesperis*, Desfont.).

Calice serré, de 4 sépales, dont 2 gibbeux à leur
base ; pétales souvent obliques ; disque de l'ovaire
portant 2 glandes ; stygmate à 2 lames ; silique cylindrique ou comprimée ; graine sans rebord.

Espèce 1. Julienne alliaire (*Hesperis alliaria*, DC.
fl. fr. 4125. *Erys. all.* Lin.).

Tige simple, légèrement velue, haute de 2 à 3
pieds ; feuilles pétiolées, alternes, glabres, cordiformes, dentées ; fleurs en corymbe, blanches ; siliques longues, très grêles. Commune dans les buissons
et les lieux ombragés. ♂. Cette plante répand une
odeur d'ail quand on la froisse.

2. Julienne des dames (*H. matronalis*, L. sp. 927).

Tige de 2 à 2 pieds et demi, rameuse, velue, cylindrique ; feuilles ovales lancéolées, denticulées, brièvc-
ment pétiolées ; fleurs terminales, blanches ou purpurines ; pétales échancrés légèrement au sommet, et
ayant l'onglet plus long que le calice. Croît dans les

lieux couverts des départemens méridionaux. ♂. On en cultive deux variétés à fleurs doubles.

3. JULIENNE INODORE (*H. inodora*, L. sp. 927).

Tige droite, simple, s'élevant à 1 à 2 pieds, légèrement velue; feuilles ovales lancéolées, denticulées, atténuées en pétioles; fleurs terminales, grandes, d'un blanc violet, à pétales obtus. Croît dans les lieux ombragés et couverts. Se trouve aux environs de Paris. ♃.

4. JULIENNE LACINIÉE (*H. laciniata*, ALL. ped. n. 985. t. 62. f. 2).

Tige droite, presque simple, hérissée à sa base; feuilles presque glabres, pétiolées, ovales, oblongues, dentées vers leur sommet; supérieures, sessiles, ovales lancéolées, dentées vers leur base; fleurs d'un jaune soufre, en grappes lâches; pétales à onglet plus long que le calice; siliques grêles, velues et étalées. ♂. Environs de Digne.

5. JULIENNE AFRICAINE (*H. africana*, L. sp. 928).

Tige très rameuse, diffuse, rude au toucher; feuilles lancéolées, pétiolées, garnies de quelques dents; fleurs petites, presque sessiles, terminales, blanches ou purpurines; siliques et calice chargés de poils roides, blanchâtres. ⊙. Environs de Digne, Aix, Montpellier, Avignon.

6. JULIENNE PRINTANIÈRE (*H. verna*, L. sp. 928).

Tige droite, un peu velue, simple ou rameuse, presque nue; feuilles radicales, ovales, spatulées, dentées et étalées par terre; caulinaires cordiformes, amplexicaules, dentées et velues; fleurs petites, de couleur purpurine ou violette; siliques droites, comprimées. ⊙. Lieux ombragés de la Provence méridionale et du Languedoc.

7. JULIENNE MARITIME (*H. maritima*, DC. fl. fr. 4130. *Cheiranthus*, L.).

Tiges diffuses, inclinées, dures, velues supérieurement, longues de 6 pouces à 1 pied ; feuilles elliptiques, spatulées, obtuses, un peu velues, à peine dentées ; fleurs d'un rouge violet, à pétales échancrés en cœur. ☉. Commune sur tout le littoral de la Méditerranée : on la cultive sous le nom de *giroflée de Mahon*.

8.º JULIENNE PARVIFLORE (*H. parviflora*, DC. fl. fr. 4131).

Tige très courte ; feuilles en rosette à la surface de la terre, oblongues, obtuses, légèrement sinuées et tomenteuses ; fleurs en grappes terminales, presque sessiles, d'un rouge violet ; siliques pubescentes, grêles, terminées par un petit bec glabre. ☉. Croît sur les sables maritimes de la Provence et de la Corse.

Genre GIROFLÉE (*Cheiranthus*, L. , DESF.).

Calice serré, de 4 sépales, dont 2 gibbeux à leur base ; ovaire portant sur son disque 2 petites glandes ; stygmate bifide ; silique longue, comprimée, quelquefois un peu tétragone ; graines entourées d'un rebord membraneux. (Voyez *Atl.*, pl. 75, fig. 2.)

Espèce. 1. GIROFLÉE A TROIS POINTES (*Cheiranthus tricuspidatûs*, L. sp. 926).

Tige de 1 pied à 18 pouces, presque simple, cotonneuse ; feuilles allongées, sinuées, pinnatifides, cotonneuses ; fleurs d'un violet purpurin ; calice cotonneux, de même que les siliques qui se terminent par trois pointes divergentes. ☉. Sables de la Provence, de la Corse et de la Bretagne.

2. GIROFLÉE TRISTE (*C. tristis*, L. sp. 925).

Tige droite, blanchâtre, quelquefois cotonneuse, longue de 1 pied à 18 pouces ; feuilles longues, linéaires, un peu sinuées, pointues, blanchâtres ; fleurs presque sessiles, ferrugineuses, en forme de grappes lâches ; siliques grêles, linéaires, un peu cotonneuses, terminées par un stygmate bilobé. ♃. Croît dans les lieux pierreux et stériles de la France méridionale.

3. Giroflée littorale (*C. litttoreus*, L. sp. 925).

Tige de 8 à 10 pouces, grêle, rameuse, cotonneuse, un peu blanchâtre ; feuilles lancéolées, un peu dentées, cotonneuses ; fleurs rouges, à pétales échrancrés ; siliques grêles, cotonneuses, terminées par une pointe acérée. ♃. Croît au bord de la mer, depuis Aix jusqu'à Nantes.

4. Giroflée annuelle (*C. annuus*, L. sp. 925).

Tige de 8 à 10 pouces ; feuilles lancéolées, un peu dentées, cotonneuses, légèrement charnues ; fleurs rouges, à pétales échancrés ; siliques cotonneuses, terminées par un bec glabre. ⊙. Au bord de la mer, en Languedoc : c'est la *quarantaine* ou *giroflée d'été* des jardiniers.

5. Giroflée blanche (*C. incanus*, L. sp. 724).

Tige haute de 1 à 2 pieds, un peu ligneuse, rameuse ; feuilles lancéolées, très entières, obtuses, blanchâtres, molles ; fleurs rouges, blanches ou violettes, à pétales entiers ; siliques tomenteuses, comprimées et tronquées au sommet. ♄. Croît au bord de la mer, en Languedoc, en Provence. On cultive dans les jardins de belles variétés à fleurs doubles, sous le nom de *giroflée*.

6. Giroflée sinuée (*C. sinuatus*, L. sp. 926).

Tige haute de 1 pied, rameuse, tomenteuse ; feuilles cotonneuses, les radicales sinuées, les supérieures très entières ; fleurs purpurines ; siliques très longues, comprimées, hérissées et tomenteuses. ♂. Croît sur les bords de la mer dans nos départemens méridionaux et en Bretagne.

7. Giroflée jaune (*C. cheiri*, L. sp. 924).

Tige presque ligneuse, rameuse, haute de 1 à 2 pieds et plus ; feuilles lancéolées, glabres ; aiguës ; fleurs d'un jaune rouille, très odorantes ; siliques longues, comprimées. ♂♄. Commune sur les vieux murs.

On en cultive, sous le nom de *ravenelle* et de *giroflée jaune*, de belles variétés à fleurs doubles, qui sont devenues vivaces. Les *Ch. fruticulosus* et *Chius*, L., habitent l'Italie et l'Archipel grec.

Genre VELAR (*Erysimum*, L., Juss.).

Calice serré, fermé; disque de l'ovaire portant 2 glandes; stigmate en tête, silique un peu quadrangulaire (plantes à fleurs jaunes).

Espèce 1. VELAR DES MURS (*Erysimum murale*, DESF. cat. 129; *Ch. erysimoides*, L.).

Tiges simples, couvertes de quelques poils rares et appliqués, hautes de 1 à 2 pieds; feuilles lancéolées, légèrement dentées, presque glabres; fleurs jaunes; pétales un peu échancrés. ♂. Croît dans les lieux pierreux, en Bourgogne, en Lorraine, en Dauphiné, en Provence et aux environs de Paris.

2. VELAR SUISSE (*E. helveticum*, JACQ. vind. t. 9).

Se distingue du précédent par ses feuilles étroites, linéaires, par ses fleurs plus petites, à pétales non échancrés, par ses siliques demi-étalées, roides et tétragones. ♂. Croît dans les Alpes et les Pyrénées.

3. VELAR JAUNATRE (*E. ochroleucum*, DC. fl. fr. 4141).

Tiges faibles, couchées, glabres, feuillées, longues de 1 pied; feuilles lancéolées, presque glabres, à dents écartées; fleurs en grappe droite, d'un jaune clair; pétales à onglet plus long que le calice; siliques droites, pubescentes, surmontées par le style. ♃. Habite le Jura, le Dauphiné; au Creux du Vent.

4. VELAR GIROFLÉE (*E. cheiranthoides*, L. sp. 923).

Tige dressée, rameuse ou simple, anguleuse, haute de 1 à 2 pieds, garnie de poils qui la rendent rude au toucher; feuilles lancéolées, très entières, chargées de poils appliqués; fleurs jaunes, en grappe; siliques droites, glabres, étalées, menues, tétragones. ☉. Assez commun dans les champs sablonneux.

5. **Velar épervière** (*E. hieracifolium*, L. sp. 923).

Tige dressée, peu rameuse, glabre, blanchâtre, tétragone, haute de 12-18 pouces; feuilles presque linéaires, sessiles, dentées, un peu ondulées, rudes,
glabres; fleurs jaunes; siliques garnies de poils courts,
rudes et rayonnans, et terminées par un petit bec qui
soutient un stygmate bilobé. ♂. Croît dans les mêmes
lieux que le précédent.

6. **Vélar effilé** (*E. virgatum*, Roth. cat. 1. p. 75).

Se distingue du précédent par ses fleurs plus grandes, par sa tige effilée, et principalement par ses siliques moitié plus longues, et serrées contre la tige. ♂.
Alpes.

7. **Velar sinué** (*E. repandum*, L. sp. 923).

Tige glabre, branchue ou simple, anguleuse, haute
de 8 à 10 pouces; feuilles lancéolées et dentées; rameaux opposés aux feuilles; fleurs petites, d'un jaune
pâle; siliques droites, horizontales, filiformes et presque sessiles. ⊙. Alpes.

8. **Velar de Sainte-Barbe** (*E. Barbarea*, L. sp. 922).

Tige haute de 1 à 3 pieds, simple ou rameuse,
glabre, striée; feuilles radicales, rondes, échancrées
à leur base; les suivantes sont lyrées, avec le lobe
terminal, grand et arrondi; les supérieures sont obovales, dentées; fleurs petites, en grappes allongées,
jaunes; siliques grêles terminées par un style long. ♃.
Commun le long des fossés humides.

9. **Velar précoce** (*E. præcox*, Smith., Fl., Brit. 707).

Diffère du précédent par ses feuilles supérieures
pinnatifides, à segmens entiers et opposés, par ses
fleurs plus pâles et par ses siliques trois fois plus longues. Croît dans les mêmes localités. ⊙.

Genre SISYMBRE (*Sisymbrium*, L., Juss.).

Calice ouvert ou fermé; corolle ouverte; pétales à

onglet court ; un seul stygmate obtus ; silique longue, cylindrique, dépourvue de bec à son sommet.

† *Silique courte, ovoïde.*

Espèce 1. Sisymbre cresson (*Sisymb. nasturtium*, L. sp. 916).

Tiges rameuses, creuses, cannelées, longues de 12 à 18 pouces, glabres ; feuilles ailées, avec impaire, formées de folioles elliptiques, avec la terminale plus grande ; fleurs petites, blanches, en grappes courtes ; siliques courtes, ovales, à peine de la longueur du pédicelle. ♃. Commun dans les ruisseaux et les fontaines. Le cresson est fort employé en médecine comme antiscorbutique et dépuratif.

2. Sisymbre sauvage (*S. sylvestre*, L. sp. 916).

Tige droite, branchue, diffuse, glabre, un peu étalée ; feuilles pinnées, à folioles lancéolées et dentées ; racine rampante ; fleurs jaunes ; silique courte, presque droite. ♃. Commun dans les lieux sablonneux où l'eau a séjourné pendant l'hiver.

3. Sisymbre des marais (*S. palustre*, Willd. sp. 3. p. 490).

Se distingue du précédent par sa tige moins grande, par ses siliques courbes renflées et moitié plus courtes ; fleurs semblables. ♃. Se trouve dans les mêmes endroits.

4. Sisymbre amphibie (*S. amphibium*, L. sp.)

Tiges dressées, flexueuses, munies de radicelles, sillonnées, longues de 1 à 2 pieds ; feuilles oblongues, lancéolées, pinnatifides ou dentées, déchiquetées, lorsqu'elles croissent dans l'eau ; fleurs jaunes, en grappe ; pétales plus longs que le calice ; siliques oblongues, ovales, s'écartant de l'axe à la maturité. ♃. Commun dans les eaux stagnantes.

5. SISYMBRE DES PYRÉNÉES (*S. Pyrenaicum*, L. sp. 916).

Tige dressée, presque simple, légèrement pubescente, haute de 1 à 2 pieds; feuilles radicales, lyrées; caulinaires découpées jusqu'à la côte en segmens linéaires entiers ou divisés; fleurs jaunes, en grappe; pétales oblongs, à peine plus longs que le calice qui est coloré; siliques ovales, oblongues, surmontées par le style. ♃. Pyrénées, Cévennes, Vosges, montagnes du Lyonnais, etc.

6. SISYMBRE A FEUILLES DE TANAISIE (*S. tanacetifolium*, L. sp. 916).

Tige dressée, à peine rameuse, garnie de quelques poils courts, longue de 1 à 2 pieds; feuilles pinnées, à folioles lancéolées, incisées, dentées; fleurs d'un beau jaune, disposées en corymbe; siliques grêles, lisses, surmontées par le style. ♃. Habite les hautes montagnes du Queyras, du Valgaudemar, etc.

†† *Siliques linéaires.*

7. SISYMBRE DES MURS (*S. murale*, L. sp. 918).

Tiges branchues, droites, feuillées seulement inférieurement, hautes de 10-18 pouces; feuilles radicales nombreuses, très dentées, rétrécies en pétioles, élargies au sommet où elles sont un peu spatulées; fleurs jaunes, terminales; siliques longues, grêles. On en trouve une variété à feuilles presque pinnatifides. ☉. Croît sur les murs et les décombres.

8. SISYMBRE DES ROCHERS (*S. saxatile*, DC. fl. fr. 4155: *S. monense*, L. sp.).

Hampe nue, grêle, glabre, haute de 10-12 pouces; feuilles pinnatifides, linéaires, un peu velues, à lobes obtus et éloignés; fleurs jaunes, pédonculées; siliques un peu tétragones. ♃. Montagne Sainte-Victoire. (Rare.)

9. SISYMBRE SINUÉ (*S. repandum*, L. sp. 919).

Petite plante acaule, à hampes nues, haute de 2 à 4 pouces ; feuilles étalées en rosette, étroites, oblongues, sinuées; fleurs jaunes, assez grandes ; siliques un peu tétragones. ♃. Se trouve près des neiges fondantes dans le Quéyras. Je l'ai trouvé sur le sommet de la Tête-Noire.

10. SISYMBRE DES VIGNES (*S. vimineum*, L. sp. 919).

Petite plante acaule, à hampes nues, haute de 1 à 6 pouces, grêles, inclinées; feuilles radicales, en rosette, étroites, lisses et lyrées; fleurs jaunes, très petites; pétales de la longueur du calice; silique grêle. ☉. Croît dans les vignes aux environs de Paris, d'Orléans, de Montauban, d'Argenteuil, etc.

11. SISYMBRE DES SABLES (*S. arenosum*, L. sp. 919).

Tige haute de 10-18 pouces, velue ainsi que toute la plante, rameuse, grêle; feuilles lyrées, garnies de chaque côté de dents cunéiformes; fleurs violettes ; siliques grêles, droites, écartées de l'axe. ☉. Croît dans les lieux sablonneux et arides aux environs de Paris, de Roüen, d'Abbeville, en Bourgogne, dans le Lyonnais et les Vosges.

††† *Tiges garnies de feuilles.*

12. SISYMBRE A PETITES FEUILLES (*S. tenuifolium*, L. sp. 917).

Cette plante, d'une odeur désagréable, pousse des tiges rameuses, diffuses, feuillées, lisses ; ses feuilles radicales sont pinnatifides et bipinnées, glabres ; les caulinaires sont entières, d'un vert glauque; fleurs grandes, jaunes; siliques droites, longuement pédonculées. ♃. Commun au pied des murs et dans les lieux incultes et sablonneux.

13. SISYMBRE CORNU (*S. polyceratium*, L. sp. 918).

Tiges hautes de 1-2 pieds, glabres, simples, feuillées; feuilles sinuoso-dentées, un peu lyrées; fleurs axillaires d'un jaune pâle; siliques renflées inférieurement, imitant des petits becs placés dans les aisselles des feuilles. ☉. Sur les vieux murs, à Narbonne, Montpellier, Montauban, etc. ⚲

14. SISYMBRE PINNATIFIDE (*S. pinnatifidum*, DC. 4161).

Tige dure, ligneuse, rameuse où simple, haute de 4-6 pouces, pubescente; feuilles nombreuses, petites, pinnatifides, glabres, à lobes terminaux plus grands et obtus; radicales pétiolées, entières ou lyrées; fleurs blanches, en grappes courtes; siliques droites, grêles. ♃. Habite les prairies des hautes montagnes.

15. SISYMBRE BOURSE-A-PASTEUR (*S. bursæfolium*, L. sp. 918).

Tige anguleuse, droite, rameuse, glabre, haute de 12 à 18 pouces; feuilles rétrécies en pétiole, pinnatifides, à lobe terminal plus grand; feuilles supérieures presque entières; fleurs blanches, disposées en grappes; siliques droites, écartées horizontalement. ☉. Pyrénées.

16. SISYMBRE COUCHÉ (*S. supinum*, L. sp. 917)?

Tiges couchées, longues de 12-18 pouces, velues, grêles, un peu rameuses; feuilles dentées, sinuées, lyrées; fleurs blanches, très petites, à pédoncules axillaires; siliques un peu courbées, presque sessiles, solitaires. ☉. Habite les bords de la Seine, du Rhône, et le mont Bayard, près Gap. (Rare.)

17. SISYMBRE RUDE (*S. asperum*, L. sp. 920).

Tige simple, branchue au sommet, haute de 6-8 pouces; feuilles pinnatifides, à pinnules linéaires, lancéolées, dentées; fleurs jaunes, terminales, portées sur des pédoncules courts; siliques chargées de petites aspérités. ♃. Habite les lieux inondés, pendant l'hiver, dans le Champsaur, l'Auvergne, la Provence, les environs de Montpellier, etc.

18. SISYMBRE DES SAGES (*S. sophia*, L. sp. 922).

Tige de 1 à 2 pieds, et quelquefois plus, rameuse, presque ligneuse, pubescente ; feuilles décomposées, à segmens capillaires ; fleurs très petites, jaunes, à pétales plus courts que le calice ; siliques longues, grêles, cylindriques. ⊙. Très commun sur les murs et dans les décombres de presque toute la France.

19. SISYMBRE IRIO (*S. irio*, L. sp. 921).

Tige glabre, dressée, branchue, haute de 1 à 2 pieds ; feuilles pétiolées, glabres, roncinées, dentées, à lobes pointus ; lobe terminal, sagitté ; fleurs jaunes, nombreuses, à calice glabre, coloré ; siliques longues, dressées. ⊙. Commun le long des vieux murs.

20. SISYMBRE DE COLUMNA (*S. Columnæ*, JACQ. aust. 4. t. 323).

Ressemble beaucoup au précédent, mais il en est certainement distinct par ses feuilles et sa tige, couverts de poils grisâtres. ⊙. Habite l'Alsace, près Colmar. (Nestl.)

21. SISYMBRE DE LOESEL (*S. Lœselii*, L. sp. 921).

Tige dressée, cylindrique, hérissée de poils mous et nombreux, ainsi que toute la plante, ce qui lui donne une teinte grisâtre ; feuilles pétiolées, lyrées, à lobes inférieurs petits, et à supérieurs plus grands, aigus et dentés ; fleurs jaunes ; siliques grêles, demi-étalées, pubescentes. ⊙. Croît aux environs de Paris et en Provence.

22. SISYMBRE TRÈS ÉLEVÉ (*S. altissimum*, L. sp. 920).

Tige velue dans le bas, glabre dans le haut, haute de 3-4 pieds ; feuilles radicales très grandes, roncinées, à 5-6 lobes grands, de chaque côté ; caulinaires plus étroites et à lobes pointus ; florales entières, lancéolées ; fleurs petites, d'un jaune pâle ; siliques un peu striées, très longues et écartées. ⊙. Montpellier, Perpignan, Beaucaire, etc.

23. SISYMBRE DENT DE LION (*S. taraxacifolium*, DC.
fl. fr. 4168. Icon. p. g. r. 1. p. 11. t. 37).

Tige dressée, simple, légèrement velue à la base,
haute de 12-18 pouces; feuilles en rosettes, roncinées
et ciliées; caulinaires glabres, à découpures linéaires,
appliquées contre la tige; fleurs jaunes, en grappes
terminales; siliques grêles, étalées et déjetées. Habite
les Alpes de Seyne, où il a été découvert par M. Clarion.

24. SISYMBRE DE HONGRIE (*S. pannonicum*, JACQ.
coll. 1. p. 70).

Tige dressée, peu branchue, légèrement velue inférieurement, feuillée, haute de 1 à 2 pieds; feuilles
lobées jusqu'à la côte; radicales, à lobes oblongs, dentés, tandis que les lobes des supérieures sont linéaires
et entiers; fleurs d'un jaune soufre; siliques très allongées, horizontales. ⊙. Strasbourg, Alpes.

25. SISYMBRE A ANGLES AIGUS (*S. acutangulum*, DC.
fl. fr. 4169. *Sinapis pyrenaica*, L. sp. 934).

Tige dressée, presque simple, à peine pubescente,
haute de 12-18 pouces; feuilles roncinées, à lobes
très aigus, avec le lobe terminal sagitté; fleurs jaunes,
petites, à calice lâche; siliques grêles, garnies de
petits poils. ♃. Pyrénées, Valgaudemar, Queyras,
Champsaur, Briançonnais.

26. SISYMBRE VELAR (*S. erysimifolium*, DC. fl. fr.
4170).

Quoique voisin du précédent, il en est très distinct,
parce qu'il est entièrement glabre, ainsi que ses siliques qui sont tétragones, et parce que ses feuilles sont
plus étroites et découpées moins profondément. ⊙.
Alpes, Pyrénées. (Rare.)

27. SISYMBRE A ANGLES OBTUS (*S. obtusangulum*,
SCHL. cat. p. 48).

Tige munie de poils extrêmement courts, bran-

chue, haute de 12-18 pouces; feuilles radicales pinnatifides, obtuses, élargies au sommet; caulinaires
embrassantes, toutes pinnatifides; fleurs jaunes, à
calice coloré; pétales à onglets très étroits; siliques
très grêles, glabres, redressées. ⊙. Environs de Paris,
de Strasbourg, Pyrénées, Languedoc, etc.

28. SISYMBRE OFFICINAL (*S. officinale*, DC. fl. fr.
Erys. officinale, L. sp. 922).

Tige droite, rameuse, pubescente, blanchâtre,
haute de 1 à 2 pieds, à rameaux écartés; feuilles roncinées, à lobes aigus, le terminal plus grand; fleurs
jaunes, très petites; siliques presque sessiles, courtes,
redressées et velues. ⊙. Commun au bord des chemins. C'est cette plante qu'on emploie en médecine
comme incisive sous le nom d'*erysimum*, d'*herbe au
chantre*, etc.

29. SISYMBRE ROIDE (*S. strictissimum*, L. sp.).

Tige très droite, rameuse, glabre ou pubescente,
haute de 2 à 6 pieds; feuilles grandes, oblongues, lancéolées, pubescentes, souvent dentées; fleurs d'un
jaune vif, nombreuses, presque en corymbe; siliques
roides, grêles, étalées. ♃. Cette belle plante croît dans
les lieux pierreux des hautes montagnes. Au mont de
Lans, dans le Queyras, je l'ai trouvée en pleine fleur
au mois d'août, dans les Alpes de Villars Eymond.
Les *Sis. catholicum*, *valentinum* et *barrelieri*, L., ne
croissent point en France.

Genre ARABETTE (*Arabis*, DC. *Arab.* et *Turritis*, L.).

Calice serré, ayant deux sépales plus grands que les
deux autres, gibbeux à leur base; disque de l'ovaire
nu ou portant quatre glandes; siliques longues, grêles,
linéaires et dressées.

Espèce 1. ARABETTE PERFOLIÉE (*Arabis·perfoliata*,
DC. fl. fr. 4174. *T. glabra*, L. sp. 930).

Tige dressée, très simple, feuillée dans toute sa
longueur; feuilles radicales en rosette, dentées, his-

pides ; caulinaires très entières, glabres et amplexi-caules ; fleurs blanches ; siliques droites, roides, très glabres, comprimées. ☉. Dans les lieux arides et sablonneux.

2. ARABETTE AURICULÉE (*A. auriculata*, DC. fl. fr. 4175).

Tige simple, dressée, hérissée de poils roides, haute de 8 à 12 pouces ; feuilles radicales étalées, lancéolées, hispides ; caulinaires embrassantes, prolongées sur la tige en deux oreillettes ; fleurs blanches, petites, disposées en grappe ; siliques axillaires, sessiles, cylindriques et six fois plus longues que le pédicelle. ☉. Croît sur les murailles et les rochers dans les environs de Grenoble, etc.

3. ARABETTE DE ROCHE (*A. saxatilis*, ALL. ped. n. 973).

Tige droite, simple, hérissée, haute de 8 à 12 pouces ; feuilles radicales étalées, velues ; caulinaires embrassantes et prolongées en deux oreillettes aiguës ; fleurs blanches ; siliques un peu tétragones, droites, très longues ; pédicelles atteignant la longueur des siliques. ♂. Dans les montagnes pierreuses du Dauphiné.

4. ARABETTE DES ALPES (*A. Alpina*, L. sp. 928).

Tige simple ou rameuse, de 1 à 2 pieds, hérissée de poils mous ; feuilles blanchâtres, oblongues, lancéolées, embrassantes, à dents aiguës ; fleurs blanches, à calice pubescent ; siliques droites, comprimées. ♃. Commun parmi les fentes des rochers, dans les Alpes, le Jura, les Vosges et les Pyrénées.

5. ARABETTE TOURRETTE (*A. turrita*, L. sp. 930).

Tige légèrement simple ou peu branchue, haute de 1 pied ; feuilles radicales longues, elliptiques et dentées ; caulinaires embrassantes, lancéolées, dentées ; fleurs blanchâtres ; siliques droites, longues et comprimées. ♃. Au bord des haies, dans les pays de montagnes : habite aussi les environs de Paris.

6. Arabette sagittée (*A. sagittata*, DC. suppl. 4179ᵃ).

C'est cette plante que tous les auteurs des flores départementales ont prise pour le *turritis hirsuta* de Linné. Tige simple, droite, velue, ainsi que toute la plante ; feuilles velues, les caulinaires embrassantes, auriculées, spatulées et obtuses au sommet ; fleurs blanches ; siliques comprimées, longues·, grêles et dressées contre la tige. Je ne sache pas que l'on ait encore trouvé, en France, l'*arabis hirsuta*. ⊙. Commune dans les lieux incultes et sablonneux.

7. Arabette d'Allioni (*A. Allionii*, DC. fl. fr. 4180. *Tur. stricta*, All.·

Tige simple, droite, lisse, glabre ; feuilles luisantes, glabres ; les radicales ovales, un peu dentées ; les caulinaires demi-embrassantes, lancéolées, découpées, à dents aiguës ; fleurs blanches ; siliques grêles, planes, linéaires, droites, serrées contre la tige. Alpes voisines du Piémont.

8. Arabette paquerette (*A. bellidifolia*, L. mant. 94).

Tige simple, droite, haute de 4 à 6 pouces ; feuilles en rosette, un peu dentées ; les radicales ovales, les caulinaires lancéolées, entières ; fleurs blanches, en grappe, à calice glabre ; siliques droites, comprimées, linéaires. ♃. Croît au bord des glaciers et des torrens, dans les Alpes voisines du Piémont. Je l'ai recueilli, au pied de la Tête-Noire, dans les prés humides.

9. Arabette rude (*A. scabra*, All. ped. n. 974).

Tige simple, dressée, haute de 4 à 6 pouces ; feuilles en rosette, un peu dentées, hispides, à poils épais, simples ou bifurqués ; caulinaires lancéolées ; fleurs blanches ; siliques droites, linéaires, comprimées, roides. ♃. Alpes voisines du Piémont, Pyrénées. (Lois.)

10. Arabette des murs (*A. muralis*, Berthol. dec. ital. 2. p. 37).

Tige petite, faible, dressée, pubescente ; feuilles

inférieures en rosette, blanchâtres, tomenteuses, dentées ou pinnées, rétrécies en pétioles, ovales, obtuses ; caulinaires ovales, oblongues, demi-amplexicaules ; fleurs blanches, petites, terminales ; siliques dressées, glabres, roides, linéaires, comprimées. ♃. M. De Candolle l'a découverte autour de la fontaine de Vaucluse.

11. ARABETTE ROIDE (*A. stricta*, Huds. angl. 292. DC. fl. fr. 4183).

Tiges droites, simples ou rameuses à la base, hautes de 8 pouces ; feuilles roides, dentées, hispides, obtuses ; les radicales un peu lyrées, garnies de poils souvent bifurqués ; les caulinaires hispides, sessiles ; fleurs blanches, à pétales droits et oblongs ; siliques linéaires, comprimées, serrées contre la tige. ♃. Croît parmi les rochers calcaires des Alpes et des Pyrénées.

12. ARABETTE DE THALLE (*A. thaliana*, L. sp. 929).

Tige grêle, rameuse, haute de 10-18 pouces, velue à sa base ; feuilles ciliées, les radicales oblongues, pétiolées, légèrement dentées ; caulinaires lancéolées, sessiles ; fleurs blanches, petites, terminales ; siliques très grêles. ☉. Commune au printemps dans les lieux sablonneux.

13. ARABETTE A FEUILLES DE SERPOLET (*A. serpyllifolia*, Vill. dauph. 3. p. 318. t. 37.

Tiges faibles, grêles, très peu rameuses, inclinées, longues de 4 à 5 pouces, un peu velues ; feuilles petites, très entières, étalées en rosette, elliptiques ; fleurs blanches ; calice glabre, ayant deux sépales bossus à leur base ; siliques droites, étroites, glabres, comprimées. ☉. Habite au milieu des rocailles dans les Alpes du mont de Lans et dans les Pyrénées.

14. ARABETTE BLEUE (*A. cærulea*, DC. fl. fr. 4186).

Tige très simple, presque nue, haute de 3-6 pouces, glabre ; feuilles étalées en rosette, ovales, légèrement

dentées au sommet; caulinaires d'une à deux, sessiles,
ovales oblongues; fleurs bleuâtres, en petites grappes,
penchées ou dressées; siliques grêles. ♃. Croît près
la limite des neiges éternelles, dans les Alpes voisines
du Piémont. Je l'ai trouvée au pied du Galibier, der-
rière le Lautaret.

15. ARABETTE DES PIERRES (*A. petræa*, DC. fl. fr.
Cardam. petræa, L.).

Tige haute de 6 à 8 pouces, glabre, simple; feuilles
étalées en rosette, radicales, glabres, petiolées, lyrées,
pinnatifides, à lobes obtus entiers; fleurs blanches, en
grappes terminales, ayant à leur base deux feuilles
oblongues entières. Siliques droites comprimées. ♃.
Croît sur les pentes arides des montagnes de l'Auvergne.

16. ARABETTE DE HALLER (*A. Halleri*, L. sp. 929).

Tige grêle, rameuse, blanchâtre, hérissée de poils
mous, haute de 12 à 18 pouces; feuilles presque
glabres, les inférieures pétiolées, lyrées, les caulinaires sessiles, lancéolées, incisées; fleurs blanches,
terminales, portées sur de longs pédicelles; siliques
grêles, droites, étalées. ♂. Habite les lieux humides
des hautes montagnes. Rare.

Genre CARDAMINE (*Cardamine*, L. JUSS.).

Calice petit, entr'ouvert; corolle ouverte, à onglets longs et dressés; siliques linéaires, s'ouvrant avec
élasticité; valves se roulant de la base au sommet, de
la longueur de la cloison.

Espèce 1. CARDAMINE DES ALPES (*Cardamine Alpina*,
WILLD. sp. 3. p. 481).

Tige dressée, haute de 1 à 2 pouces, rameuse à la
base; feuilles simples, ovales, oblongues, glabres,
très entières, sessiles; fleurs blanches, nombreuses;
siliques grêles, droites, linéaires, de couleur foncée. ♃.
Cette petite crucifère n'est pas rare sur les hautes
montagnes, dans les lieux baignés par les neiges fondantes.

2. CARDAMINE A FEUILLES DE RÉSÉDA (*C. resedifolia*, L. sp. 913).

Tige variable en hauteur, suivant l'élévation où elle croît; le plus souvent elle est haute de 2-3 pouces, presque simple, glabre, délicate, quelquefois un peu coriace; feuilles inférieures entières, ovales, pétiolées; caulinaires primitives à 3-7 lobes; fleurs blanches, plus grandes que dans l'espèce précédente; siliques grêles, droites. ♃. Croît dans les lieux humides et ombragés des hautes montagnes.

3. CARDAMINE THALICTROÏDE (*C. thalictroides*, ALL. ped. n. 951.)

Tige faible, grêle, légèrement branchue, longue de 12-18 pouces; feuilles rares, pétiolées, simples pinnées, à cinq divisions arrondies, partagées en trois lobes obtus; fleurs blanches, assez grandes, en grappe courte; siliques étalées. ♂. Dans les bois des montagnes du Dauphiné, à la Grande-Chartreuse.

4. CARDAMINE ASARUM (*C. asarifolia*, L. sp. 913).

Tige rameuse, dressée, haute de 1 à 2 pieds, épaisse; feuilles pétiolées, éparses, toutes échancrées en cœur, arrondies, à peine pinnées; fleurs blanches, portées sur de longs pédicelles; siliques lisses, linéaires, comprimées. ♃. Alpes voisines du Piémont, au bord des torrens.

5. CARDAMINE TRIFOLIÉE (*C. trifolia*, L. sp. 913).

Tiges presque nues, simples; feuilles radicales nombreuses, longuement pétiolées, divisées en 3 folioles ovoïdes, obtuses; fleurs terminales, blanches ou purpurines; siliques grêles, allongées. ♃. Bois ombragés du Cantal et du Jura. Rare.

6. CARDAMINE GRANULÉE (*C. granulata*, ALL. auct. p. 116).

Racine formée de petits tubercules oblongs; tige dressée, simple, haute de 12-15 pouces, munie de quelques feuilles éparses; feuilles radicales très longuement pétiolées, arrondies, entières; caulinaires pinnatifides, à folioles lancéolées ; fleurs blanches ; siliques grêles, serrées contre la tige. ♃. Alpes de Provence.

7. CARDAMINE GRECQUE (*C. græca*, L. sp. 915).

Tige dressée, simple ou branchue, haute de 6-8 pouces ; feuilles pétiolées, pinnatifides, à lobes palmés égaux ; fleurs blanches, petites ; siliques grosses, allongées. ⊙. Ile de Corse.

8. CARDAMINE A LARGES FEUILLES (*C. latifolia*, VAHL. symb. 2. p. 77).

Tige dressée, striée, glabre, garnie de quelques feuilles, haute de 12-18 pouces ; feuilles radicales étalées en rosette, pétiolées, à cinq folioles, dont la terminale très grande, ovale ; caulinaires plus petites, ternées ; fleurs violettes, assez grandes, en corymbe ; siliques droites, roides, comprimées. ⊙. Commune au bord des ruisseaux, à Barèges et à Bagnères.

9. CARDAMINE AMÈRE (*C. amara*, L. sp. 915).

Tige droite, glabre, haute de 1 pied à 15 pouces, poussant des jets stériles ; feuilles pinnées ; les radicales à folioles grandes, ovales, lancéolées ; feuilles supérieures à folioles plus étroites ; fleurs blanches, terminales ; siliques linéaires, glabres. ♃. Croît dans les lieux ombragés et humides aux environs de Paris, en Auvergne et dans les Alpes.

10. CARDAMINE DES PRÉS (*C. pratensis*, L. sp. 915).

Tige droite, glauque, peu rameuse, haute de 12-18 pouces ; feuilles pinnées ; les radicales à folioles arrondies, anguleuses, avec le lobe terminal plus grand ; les caulinaires à folioles linéaires ; fleurs violettes, assez grandes, en corymbe ; siliques linéaires, grêles. ♃. Commune au printemps, dans les prés humides de toute la France.

11. CARDAMINE PARVIFLORE (*C. parviflora*, L. sp. 919).

Tige droite, feuillée, presque simple, glabre, haute de 6-8 pouces ; feuilles pinnées ; les inférieures à folioles sessiles, arrondies ; les caulinaires à folioles linéaires très entières ; fleurs très petites, blanches ; siliques presque droites. ⊙. Habite les prés humides de la France méridionale.

12. CARDAMINE VELUE (*C. hirsuta*, L. sp. 915).

Tige droite, feuillée, presque simple, velue, haute de 6-8 pouces ; feuilles pinnées ; les radicales à folioles petites, pétiolées, un peu anguleuses ; les supérieures à lobes oblongs, linéaires ; fleurs blanches, terminales, petites ; siliques presque droites. ⊙. Assez commune dans les lieux humides et couverts.

13. CARDAMINE IMPATIENTE (*C. impatiens*, L. sp. 914).

Tige droite, rameuse, haute de 12-15 pouces ; feuilles glabres, pinnées, ayant un prolongement membraneux à la base du pétiole ; les inférieures à folioles trilobées, cunéiformes ; les caulinaires à folioles allongées, presque entières ; fleurs terminales, blanches, très petites ; siliques linéaires, très grêles. ♂. Cette plante croît dans les lieux ombragés et humides, aux environs de Paris, et çà et là par toute la France. La *Card. chelidonia*, L., en est voisine ; elle habite l'Italie.

Genre DENTAIRE (*Dentaria*, TOURN., L.)

Calice oblong, serré ; stygmate échancré ; silique s'ouvrant avec élasticité ; valves se roulant de la base au sommet ; cloisons un peu plus longues que les valves.

Espèce 1. DENTAIRE TERNÉE (*Dentaria enneaphylla*, L. sp. 912).

Tige presque nue, portant seulement deux ou trois feuilles au sommet en forme de collerette, longue de 12-15 pouces ; feuilles pétiolées, ternées, à folioles ovales ; fleurs blanches ; étamines aussi longues que les pétales. ⊙. Croît dans les bois ombragés des montagnes de l'Auvergne. Rare.

2. DENTAIRE DIGITÉE (*Dentaria digitata*, LAM. D. *D. pentaphyllos*, L.).

Tige presque toujours simple, haute de 12-15 pou-

ces; feuilles alternes, digitées; folioles lancéolées et
dentées; fleurs blanches, rougeâtres en dehors, souvent purpurines; siliques longues, comprimées, cunéiformes. ♃. Lieux ombragés et montueux du Jura et
des Alpes.

3. DENTAIRE PENNÉE (*Dentaria pinnata*, LAM. dict.
D. pentaphyllos, L.).

Tige presque toujours simple, haute de 12 à 18
pouces; feuilles alternes, pennées et non digitées, à
folioles lancéolées, dentées également; fleurs blanches
ou violettes; siliques comprimées, cunéiformes. ♃.
Commune dans les bois des montagnes.

4. DENTAIRE BULBIFÈRE (*Dentaria bulbifera*, L.
sp. 912).

Tige dressée, simple, haute de 12-18 pouces; feuilles éparses, garnies d'un petit bulbe à leur aisselle;
les inférieures pétiolées, partagées en 7 folioles aiguës;
supérieures simples, sessiles; fleurs blanches, en petit nombre. ♃. Croît en Picardie, en Alsace, aux environs de Rouen, de Paris. (Rare).

SECTION DEUXIÈME. SILICULEUSES (*Siliculosæ*).

Genre LUNAIRE (*Lunaria*, TOURN., L., JUSS.).

Calice serré, ayant 2 sépales gibbeux à la base; silicules grandes, entières, elliptiques, planes, comprimées, pédicellées, à valves minces, de la grandeur
de la cloison; graines en petit nombre, comprimées;
fleurs blanches ou violettes.

Espèce 1. LUNAIRE ANNUELLE (*Lunaria annua*, L.
sp. 911).

Tige velue, branchue, haute de 2-3 pieds; feuilles
pétiolées, opposées, cordiformes, pointues, dentées
en scie; supérieures sessiles; fleurs violettes, terminales; silicules obtuses des deux bouts, elliptiques.
♂. Croît dans les lieux montagneux et ombragés.

2. LUNAIRE VIVACE (*Lunaria rediviva*, L. sp. 911).

Tige velue, branchue, haute de 2-3 pieds; toutes les feuilles pétiolées, alternes, cordiformes, très pointues; fleurs violettes, terminales, odorantes; silicules lancéolées, étroites, pointues. ♃. Croît dans les bois montueux des Vosges, du Jura, des Pyrénées; des Alpes : je l'ai observée à la Grande-Chartreuse.

Genre BISCUTELLE (*Biscutella*, L., Juss).

Calice serré, coloré, ayant 2 sépales gibbeux à la base; pétales oblongs, ouverts au sommet; silicules comprimées, planes, orbiculaires, oligospermes.

Espèce 1. BISCUTELLE AURICULÉE (*Biscutella auriculata*, L. sp. 911).

Tige dressée, velue, branchue vers le sommet, s'élevant jusqu'à 2 pieds; feuilles radicales longues, sinuées ou garnies de dents rares; caulinaires sessiles, entières, pointues, étroites; fleurs jaunes, grandes, terminales; calice auriculé à sa base; silicule grande, hérissée de tubercules saillans. ☉. Croît dans les lieux incultes des Alpes.

2. BISCUTELLE LISSE (*B. lævigata*, L. mant. 255).

Tige simple ou peu rameuse, dure, haute de 1-2 pieds, velue; feuilles oblongues, droites, velues, dentées, rétrécies en pétioles; caulinaires aiguës, en très petit nombre; fleurs jaunes, terminales, à sépales auriculés à leur base; silicules lisses et entièrement glabres. ♃. Commune dans les rocailles des Alpes.

3. BISCUTELLE HISPIDE (*B. hispida*, DC. suppl. 4208ª).

Tige droite, velue, de 1 à 2 pieds; feuilles radicales longues, sinuées ou dentées; caulinaires sessiles et aiguës; fleurs jaunes, à sépales auriculés; silicules scabres, échancrées à leur sommet, de sorte que le style sort du milieu de l'échancrure. ☉. Alpes de Provence.

4. BISCUTELLE CHICORÉE (*B. cichoriifolia*, LOIS. not. 167).

Tige dressée, rameuse, garnie de poils mous, haute de 2 à 3 pieds, feuillée; feuilles allongées, lyrées, pinnatifides, obtuses; fleurs grandes, en longues grappes, à sépales auriculés; silicules échancrées au sommet, glabres, avec des points proéminens. ♃. Environs de Bagnères de Luchon.

5. BISCUTELLE DES ROCHERS (*B. saxatilis*, DC. fl. fr. 4810).

Très voisine de la biscutelle lisse, et n'en est peut-être qu'une simple variété qui se distingue par ses silicules qui sont chargées de petits tubercules épais; les feuilles sont entières ou incisées. Croît dans les lieux secs des Alpes et des Pyrénées. ♃.

6. BISCUTELLE AMBIGUE (*B. ambigua*, DC. suppl. 4210ᵃ).

Cette espèce ressemble beaucoup aussi à la biscutelle lisse et à celle des rochers, mais elle se distingue de la première par des feuilles plus dentées, et surtout par les caulinaires qui sont échancrées en cœur et demi-amplexicaules, et de là seconde par son fruit lisse. ♃. Habite les lieux montueux du midi de la France.

7. BISCUTELLE CORNE DE CERF (*B. coronopifolia*, DC.).

Tige droite, hispide, feuillée dans toute sa longueur; feuilles fortement dentées et hérissées; fleurs jaunes, assez grandes; silicules lisses, bordées par une rangée de poils blanchâtres. ☉. Croît dans les Alpes et les Pyrénées. Les *Bisc. apula* et *sempervirens*, L., habitent l'Italie.

Genre CLYPÉOLE (*Clypeola*, LINNÉ).

Calice droit; pétales oblongs, entiers; silicules planes, arrondies, orbiculaires, comprimées, uniloculaires, monospermes, à deux valves membraneuses.

Espèce 1. CLYPÉOLE JONTHLASPI (*Clypeola Jonthlaspi*, L. sp. 910).

Tiges grêles, rameuses ou simples, blanchâtres;
feuilles petites, oblongues, spatulées, blanchâtres,
tomenteuses; fleurs jaunes, très petites; silicules entièrement orbiculaires, un peu échancrées au sommet. ⊙. Croît dans les lieux sablonneux et sur les
murs près Grenoble et en Provence. Le *clypeola al-
liacea* de Lamarck ne croît point dans les Alpes de
France. Jussieu en avait fait le genre *Peltaria*.

Genre ALYSSE (*Alyssum*, TOURN. DC. *Alyss*. et
Clyp., LINNÉ).

Calice fermé; pétales ouverts au sommet; silicule
orbiculaire, comprimée, oligosperme.

† *Fleurs blanches.*

Espèce 1. ALYSSE MARITIME (*Alyssum maritimum*,
LAM. dict. 1. p. 98. *Clyp. maritima*, L.).

Tige presque ligneuse, grêle, rameuse, tombante,
haute de 12-18 pouces; feuilles linéaires, lancéolées,
un peu blanchâtres; fleurs blanches, pédonculées; silicules ovales, partagées en deux lobes par une cloison
mitoyenne. ♃. Bord de la Méditerranée.

2. ALYSSE ÉPINEUX (*A. spinosum*, L. sp. 907).

Tige rameuse, ligneuse, diffuse, blanchâtre, portant des rameaux floraux, pointus comme des épines
après la floraison; feuilles allongées, rétrécies à leur
base, blanchâtres sur les deux faces; fleurs blanches,
en grappe terminale; graines entourées d'un rebord
calleux. ♃. Languedoc, Provence et forêt de Ram-
bouillet.

3. ALYSSE HALIME (*A. halimifolium*, L. sp. 907).

Tiges demi-ligneuses, tombantes; feuilles oblongues, spatulées, blanchâtres en dessous; rameaux floraux, non épineux après la floraison; fleurs blanches;
graine à rebord membraneux. ♃. Pyrénées orientales.

4. ALYSSE A GROS FRUIT (*A. macrocarpum*, DC. Syst.
2. p. 321).

Tiges rameuses, ligneuses, légèrement épineuses ;
feuilles obtuses, d'un blanc soyeux ; fleurs blanches ;
silicules obovales, arrondies, un peu échancrées,
glabres, surmontées par le style. ♄ . Montagnes du
Midi.

5. ALYSSE DES PYRÉNÉES (*A. pyrenaicum*, LAP.
abr. 371).

Tiges dressées, rameuses, ligneuses ; feuilles blanches, très soyeuses, ovales, atténuées en pétiole ;
fleurs blanches ; silicules velues, surmontées par un
style long. ♃. Pyrénées. Rare.

6. ALYSSE BLANCHATRE (*A. incanum*, L. sp. 908).

Tiges peu rameuses, dures, grêles, hautes de 1 à
2 pieds ; feuilles lancéolées, blanchâtres, très entières ; fleurs blanches, en corymbe ; pétales bifides. ♃.
Croît en Provence, en Alsace et en Auvergne.

†† *Fleurs jaunes.*

7. ALYSSE ARGENTÉ (*A. argenteum*, WILD. sp. 3.
p. 461).

Tiges dressées, demi-ligneuses, un peu couchées à
leur base ; feuilles spatulées-oblongues, blanches en
dessous, vertes en dessus ; fleurs petites, jaunes ; silicules elliptiques, couvertes d'un duvet blanc. ♃.
Alpes voisines du Piémont. Rare.

8. ALYSSE DE BERTOLONI (*A. Bertolonii*, DESV. journ.
bot. 3. p. 185).

Tige sous-ligneuse, rameuse ; feuilles ovales-oblongues, atténuées à la base, blanches en dessous ; fleurs
jaunes, en corymbe ; silicules très glabres, ovales,
très entières, surmontées par le style. ♃. Je l'ai reçu
de Corse.

9. ALYSSE DES ALPES (*A. Alpestre*, L. mant. 92).

Tiges petites, demi-ligneuses, diffuses, étalées, longues de 2 à 4 pouces, blanchâtres dans le haut ; feuilles arrondies-spatulées, blanchâtres ; fleurs jaunes, en corymbe ; silicules elliptiques, surmontées par le style. ♃. Alpes voisines du Piémont. Je l'ai trouvé sur le sommet du Galibier.

10. ALYSSE DE MONTAGNE (*A. montanum*, L. sp. 907).

Tiges couchées, redressées, rameuses, diffuses, légèrement velues ; feuilles du bas elliptiques, blanchâtres ; supérieures, lancéolées, pointues : toutes sont blanchâtres, parsemées de points rudes ; fleurs jaunes, terminales, à étamines membraneuses, dentées ; silicules blanchâtres, très légèrement échancrées. ♃. Croît dans les lieux arides des montagnes. On le retrouve assez communément à Fontainebleau.

11. ALYSSE CALICINAL (*A. calycinum*, L. sp. 908).

Tige branchue, étalée, rameuse, longue de 6 à 10 pouces, pubescente ainsi que toute la plante ; feuilles lancéolées, obtuses, entières ; fleurs en grappe, d'un jaune pâle, à étamines dentées ; calice persistant ; silicules orbiculaires, un peu échancrées. ⊙. Commun dans les lieux secs et sablonneux.

12. ALYSSE DES CHAMPS (*A. campestre*, L. sp. 909).

Tige verdâtre, herbacée, munie de poils étoilés ; feuilles oblongues, obtuses, un peu blanchâtres ; fleurs d'un jaune pâle ; silicules arrondies, entières, velues, surmontées par le style. ⊙. Habite les lieux sablonneux de la France méridionale ; se trouve aussi aux environs de Paris.

13. ALYSSE DIFFUS (*A. diffusum*, TEN. app. h. neap. p. 58).

Ressemble un peu au *montanum* ; tiges rameuses, très diffuses, blanchâtres ; les inférieures ovales, les supérieures lancéolées ; fleurs jaunes ; silicules ovales,

légèrement échancrées, surmontées d'un style très
long. ♃. Pyrénées, à Cambre-d'Aze. Très rare.

14. ALYSSE A BOUCLIER (*A. clypeatum*, L. sp. 909).

Tige dressée, presque simple, garnie de duvet
blanchâtre, haute de 2 pieds et au-delà ; feuilles
oblongues, tomenteuses, légèrement dentées ; silicules oblongues, comprimées, planes ; fleurs jaunâtres.
♂. Bord de la mer en Languedoc. Les *Alys. mini-
mum* et *saxatile* ne croissent pas en France.

Genre VÉSICAIRE (*Vesicaria*, LAM. *Alyssum*, LIN.).

Calice serré ; pétales ouverts au sommet ; silicules
globuleuses, enflées, à deux valves minces, elliptiques ; graines planes et entourées d'un rebord.

Espèce 1. VÉSICAIRE RENFLÉE (*Vesicaria utriculata*,
DC. *Alyss. utriculatum*, L.).

Tiges simples, dressées, ligueuses à la base, glabres, hautes de 1 pied ; feuilles glabres, lancéolées,
très entières, étalées en rosette ; fleurs grandes,
jaunes, semblables à celles des giroflées ; silicules
renflées, globuleuses. ♃. Habite les rochers exposés
au soleil, au mont de Lans, à Vizille et au bourg
d'Oysans, où je l'ai trouvée abondamment. Les *Alys.
sinuatum* d'Espagne, *creticum* et *utriculatum* ; L.,
appartiennent à ce genre.

Genre DRAVE (*Draba*, L. JUSS.)

Calice droit ; pétales oblongs, demi-ouverts, à onglet court, tantôt entiers, tantôt échancrés ou bifides ; style très court ; silicule ovale, oblongue, entière, comprimée ou contournée ; valves planes ;
graines sans rebord. (Voyez *Atl.*, pl. 75, fig. 1.)

Espèce 1. DRAVE AÏZOON (*Draba aizoides*, LIN.
mant. 91).

Petite plante à hampe nue, simple, haute de 3-6
pouces ; feuilles radicales, étalées en rosette ou for-

mant un petit gazon serré, linéaires, roides, pointues, glabres, bordées de cils roides ; fleurs jaunes, en
grappe courte; pétales échancrés au sommet; silicule
ovale, lancéolée, glabre ou ciliée. ♃. Sur les rochers
découverts des Alpes, du Jura, des Monts-d'Or et des
Pyrénées.

2. DRAVE CILIÉE (*D. ciliaris*, L. mant. 91).

Hampe nue, haute de 2-4 pouces ; feuilles en rosette, roides, linéaires, bordées de cils; fleurs blanches, en grappe courte, et à pétales entiers. ♃. Alpes
de Provence.

3. DRAVE DES PYRÉNÉES (*D. Pyrenaica*, L. sp. 896).

Hampe nue, rameuse, très courte ; feuilles cunéiformes, palmées, trilobées , un peu rudes ; fleurs au
nombre de 4-5, rougeâtres. ♃. Alpes du Dauphiné
et Pyrénées.

4. DRAVE ROIDE (*D. rigida*, WILD. sp. 3. p. 425).

Hampe nue, simple, velue; feuilles glabres, linéaires, ciliées sur les bords ; fleurs blanches, en
petit corymbe; pétales de la longueur du calice; silicules ovales, cotonneuses. ♃. Corse.

5. DRAVE PRINTANIÈRE (*D. verna*, L. sp. 896).

Petite plante haute de 1 à quatre pouces, à hampe
nue ; feuilles oblongues, un peu dentées et aiguës, légèrement velues; fleurs blanches; pétales bifides. ⊙.
Très commune à la fin de l'hiver sur les murs et dans
les lieux sablonneux.

6. DRAVE SUBULAIRE (*D. subularia*, DC. supp. *Subularia aquatica*, L. DC. syst.).

Très petite herbe à hampe grêle ; feuilles radicales,
glabres, menues, subulées, moins longues que la
hampe; fleurs blanches, très petites, à pétales ovales,
obtus ; silicules comme dans l'espèce précédente ;
graines comprimées. ⊙. Vosges ? Très rare.

7. DRAVE TOMENTEUSE (*D. tomentosa* , DC. syst.
2. p. 346).

Hampe grêle , velue, portant 2-3 petites feuilles ;
les radicales en rosette, ovales-oblongues , couvertes
d'un duvet court , étoilé ; fleurs petites , blanchâtres ;
silicules ovales, ciliées. ♃. Pyrénées. Rare.

8. DRAVE ÉTOILÉE (*D. stellata* , WILD. sp. 3. p. 427).

Hampes grêles , faibles , droites , hautes de 2-3
pouces , munies d'une feuille ; feuilles radicales en rosette ou en gazon serré, persistantes, oblongues, entières ou dentées , blanchâtres , pubescentes , à poils
en étoiles ; fleurs petites , blanches ; silicules dressées , un peu contournées. ♃. Habite les plus hautes
sommités des Alpes et des Pyrénées. Je l'ai récoltée
sur le haut Richard , en face le Lautaret.

9. DRAVE DES NEIGES (*D. nivalis* , DC. fl. fr. 4230).

Diffère de la précédente par ses feuilles plus lancéolées, moins blanchâtres, par ses calices qui sont
presque glabres et ses silicules plus contournées. ♃.
Habite les mêmes lieux. Plus rare.

10. DRAVE GRÊLE (*D. lœvipes* , DC. syst. 2. p. 346).

Hampes très grêles , aphylles, pubescentes ; feuilles
radicales en rosette, ovales , couvertes d'un duvet
court, étoilé ; silicules grêles, ovales, glabres, ainsi
que les pédicelles. ♃. Pyrénées. Rare.

11. DRAVE CONTOURNÉE (*D. contorta* , EHR. beit.
7. p. 155).

Tige branchue , feuillée, couverte d'un duvet étoilé ;
feuilles ovales , dentées ; fleurs blanches ; silicules
oblongues, glabres, contournées. ⊙. Pyrénées.

12. DRAVE DES BOIS (*D. nemoralis*, EHR. beit. 7. p. 154).

Tiges pubescentes , branchues, feuillées; feuilles
ovales, dentées ; fleurs blanches, très petites ; silicules

oblongues, elliptiques, polyspermes, velues. ♃. Pyrénées au Canigou.

13. DRAVE DES MURS (*D. muralis*, L. sp. 897).

Tige peu rameuse, velue, garnie de feuilles, s'élevant de 6-8 pouces; feuilles radicales, ovales, cunéiformes, dentées; caulinaires sessiles, embrassantes;
fleurs blanches, petites; silicules glabres, portées
sur des pédicelles étalés. ⊙. Croît sur les murs et dans
les lieux humides.

14. DRAVE BLANCHATRE (*D. incana*, L. sp. 897).

Tige branchue, feuillée, tomenteuse inférieurement,
velue dans le haut, longue de 8-10 pouces; feuilles
blanchâtres, ovales, allongées, pointues; caulinaires
nombreuses; fleurs blanches, en épi; silicules oblongues, obliques et presque sessiles. Environs de Montpellier?

Genre COCHLÉARIA (*Cochlearia*, L. Juss.)

Calice entr'ouvert, à sépales concaves; pétales ouverts; style court; silicules entières, globuleuses ou
ovales, biloculaires, bivalves, à valves gibbeuses;
graines bordées.

Espèce 1. COCHLÉARIA OFFICINAL (*Cochlearia officinalis*, L. sp. 903).

Tiges tendres, faibles, dressées ou inclinées, longues de 12-15 pouces; feuilles glabres; les radicales
cordiformes, arrondies; les caulinaires oblongues et un
peu sinuées; fleurs blanches, terminales; silicules globuleuses. ♂. Habite les lieux humides au bord de la
mer et dans les hautes montagnes. Le cochléaria est
cultivé dans les jardins : très employé en médecine
comme antiscorbutique.

2. COCHLÉARIA DE DANEMARCK (*C. Danica*, L. sp. 903).

Espèce qu'on devra peut-être réunir à la précédente;
ses feuilles sont toutes pétiolées, deltoïdes, et ses silicules ellipsoïdes. ⊙. Croît au bord de la mer en Bretagne.

3. Cochléaria des Pyrénées (*Cochléaria Pyrenaica;*
DC. syst. 2. p. 365).

Diffère de l'*officinalis* par ses feuilles radicales,
presque réniformes, et par ses silicules aussi longues
que les pédicelles. ♃. Pyrénées.

4. Cochléaria d'Angleterre (*C. anglica*, L.
sp. 903).

Diffère de l'*officinalis* par ses feuilles caulinaires
entières, et par ses silicules moins globuleuses; veinées et réticulées. ♃. Croît au bord de la mer, en
Normandie et en Bretagne.

5. Cochléaria armorique (*C. armoracia*, L. sp. 904).

Tige s'élevant à 3-4 pieds, dressée, rameuse, dans
le haut; feuilles radicales très grandes, ovales, oblongues, pétiolées, crénelées, glabres; caulinaires incisées ou pinnatifides, ciliées; fleurs blanches, terminales; silicules ovoïdes. ♃. Croît dans les lieux humides
d'une grande partie de la France orientale. Cette
plante est cultivée, et on fait en médecine un fréquent usage de sa racine sous le nom de *raifort, cran,*
etc., comme d'un excellent antiscorbutique.

6. Cochléaria pastel (*C. glastifolia*, L. sp. 904).

Tige dressée, peu rameuse, feuillée, glabre, ainsi
que toute la plante; feuilles radicales, ovales, oblongues, à pétioles courts; caulinaires amplexicaules,
sagittées-cordiformes; fleurs blanches, terminales; silicules ovoïdes, à style nul. ♂. Croît en Provence,
dans l'île de Corse.

7. Cochléaria drave (*C. draba*, L. sp. 904).

Tige droite, simple, pubescente, haute de 8-15
pouces; feuilles ovales, lancéolées, embrassantes,
dentées, presque glabres; fleurs blanches, terminales;
silicules presque cordiformes. ♃. Croît dans les lieux
cultivés aux environs de Paris, de Grenoble, de
Montpellier, etc.

Genre SENEBIERE (*Senebiera*, DC. *Lepidium*, L.).

Calice entr'ouvert; silicules échancrées, didymes, bivalves; valves rugueuses, ne s'ouvrant point à la maturité; graines solitaires, nues; valves plus longues que la cloison.

Espèce 1. SENEBIÈRE PINNATIFIDE (*Senebiera pinnatifida*, DC. fl. fr. *Lep. didymum*, L.).

Tiges tombantes, couchées, rameuses, légèrement velues, longues de 10-15 pouces; feuilles pinnatifides, ressemblant à celles de la corne de cerf; fleurs petites, blanchâtres, latérales. ⊙. Croît dans les lieux ombragés et cultivés, aux environs de Bordeaux, de Dax et en Bretagne.

Genre CORNE DE CERF (*Coronopus*, DESF. *Cochlearia*, L.).

Silicule presque orbiculaire, entière, comprimée, rugueuse, biloculaire, bivalve, ne s'ouvrant pas à la maturité; valves égales à la cloison.

Espèce 1. CORNE DE CERF VULGAIRE (*Coronopus vulgaris*, DESF. cat. 132. *Cochl. coronopus*, L.

Tige rameuse, couchée par terre, étalée, longue de 4-6 pouces; feuilles bipinnatifides, glabres; fleurs blanches, très petites, en grappes axillaires. ⊙. Commun partout dans les endroits frais et un peu humides.

Genre PASSE-RAGE (*Lepidium*, LIN.).

Calice de 4 sépales; corolle de 4 pétales égaux; silicule comprimée, ovale, à valves carénées, à deux loges monospermes; graines pendantes.

Espèce 1. PASSE-RAGE A LARGES FEUILLES (*Lepidium latifolium*, L. sp. 899).

Tige droite, glabre, légèrement glauque, haute de 2-3 pieds; feuilles ovales, lancéolées, dentées en scie, pointues; fleurs blanches, petites; silicules ovales, arrondies, pubescentes, terminées par le stigmate. ♃. Lieux couverts et humides.

2. PASSE-RAGE IBÉRIDE (*L. iberis*, L. sp. 900).

Tiges glabres, diffuses, rameuses, demi-ligneuses, hautes de 2 pieds et plus; feuilles inférieures lancéolées, dentées; supérieures, linéaires, très entières; fleurs blanches, petites; silicules ovales, aiguës, glabres. ♃. Commun au bord des fossés et des chemins arides et sablonneux.

3. PASSE-RAGE A FEUILLES RONDES (*L. rotundifolium*, DC. *Ib. rotundifolia*, L.).

Tiges faibles, couchées, presque nues dans leur partie supérieure; feuilles un peu charnues, obtuses; inférieures, pétiolées, ovales-arrondies; caulinaires oblongues, embrassantes; fleurs blanches ou violettes, en grappes courtes; silicules ovales, oblongues, pointues aux deux bouts. ♃. Cette jolie plante croît dans le voisinage des glaciers éternels. Le *Hutchinsia pygmea*, Viv., est voisin de cette espèce; ses feuilles sont un peu dentées, toutes pétiolées, et ses silicules sont surmontées d'un style très court. Habite les montagnes de la Corse.

Silicules échancrées.

4. PASSE-RAGE DES DÉCOMBRES (*L. ruderale*, L. sp. 900).

Tige droite, branchue, glabre, haute de 4-8 pouces; feuilles radicales nombreuses, ailées dans leur moitié supérieure, à pinnules alternes, finement découpées; caulinaires petites, linéaires; fleurs très petites, en grappes terminales; silicules très petites, ovales, un peu échancrées. ⊙. Habite les lieux stériles, sablonneux et les décombres.

5. PASSE-RAGE CULTIVÉE (*L. sativum*, L. sp. 899).

Tige peu rameuse, droite, glabre, haute d'un pied; feuilles multifides, oblongues; fleurs blanches, termi-

nales ; silicules arrondies , glabres, échancrées et surmontées par le style. ⊙. Cette plante , d'une origine
inconnue, est cultivée dans les jardins, et est comme
naturalisée dans beaucoup de localités.

6. **Passe-rage des champs** (*L. campestre*, Mérat.
Thlaspi campestre, L. sp. 902).

Tige d'un pied , pubescente ; feuilles radicales roncinées ; caulinaires nombreuses, embrassantes, sagittées, lancéolées, à peine dentées ; fleurs petites, blanchâtres, en grappes ombellées ; silicules surmontées
par le stylet. ⊙ Très commune dans les lieux secs.

7. **Passe-rage hérissée** (*L. hirtum*, Smith. *Thlaspi
hirtum*, L. sp. 901).

Diffère de la précédente par ses feuilles caulinaires
velues, presque entières, et par ses silicules hérissées. ⊙. Départemens les plus méridionaux.

8. **Passe-rage étalée** (*L. humifusum*, Req. an. s.
nat. 385.).

Tiges velues , rameuses, couchées ; feuilles radicales lyrées ; caulinaires sagittées, entières ; fleurs
petites, blanches ; silicules ailées , glabres. ♃. Montagnes de la Corse. (Req.)

Genre HUTCHINSIE (*Hutchinsia*, Aiton. *Lepidium*, L.).

Calice de 4 sépales, corolle de 4 pétales ; silicule
oblongue , comprimée, un peu renflée, entière, non
bordée, à deux loges polyspermes ; cloison placée dans
le plus petit diamètre du fruit.

Espèce 1. **Hutchinsie des pierres** (*Hutchinsia petræa*, Aiton. Hort. Kew. *Lep. petræum*, L.).

Tige petite, très grêle, haute de 2-3 pouces, dressée ; feuilles pinnatifides, à pinnules petites, nombreuses, lancéolées, entières ; fleurs blanches, très
petites, en corymbe ; silicules ovales, lisses, comprimées. ⊙. Fontainebleau, Nantes, Alpes, Cevennes
et Pyrénées.

2. HUTCHINSIE COUCHÉE (*H. procumbens*, L. sp. 898).

Paraît être une simple variété de la précédente ; elle n'en diffère que par une tige plus grêle, demi-couchée, et par ses feuilles, qui ne sont pinnatifides que jusqu'à la moitié. ⊙. Se trouve dans les mêmes localités.

3. HUTCHINSIE DES ALPES (*H. alpina*, DC. *Lepidium* ₀ *alpinum*, L.).

Hampes nues, dressées, hautes de 4-5 pouces et plus, naissant d'une souche ligneuse ; feuilles radicales, glabres, pétiolées, pinnatifides, à 5-7 lobes ; fleurs blanches, assez grandes, à pétales obtus, deux fois plus longs que le calice ; silicules pointues aux deux extrémités. ♃. Assez commune sur les rochers humides des Alpes.

Genre GUÉPINIE (*Guepinia*, BASTARD. *Iberis*, L.).

Calice de 4 sépales ; corolle de 4 pétales, dont 2 plus grands ; filet des étamines muni d'un appendice pelté ; silicules comprimées, émarginées, à deux loges, contenant chacune deux graines.

Espèce 1. GUÉPINIE NUDICAULE (*Guepinia nudicaulis*, BAST. *Ib. nudicaulis*, L. sp. 907).

Tiges presque simples, peu garnies de feuilles, hautes de 3-6 pouces ; feuilles radicales, allongées, pinnatifides, presque ailées, étalées en rosette ; fleurs petites, blanches. ⊙. Habite les lieux sablonneux d'une grande partie de la France.

2. GUÉPINIE PASSE-RAGE (*G. lepidium*, DESV. *Lepid. nudicaule*, L. sp. 898).

Cette plante, que Linné avait mise dans le genre *lepidium*, a été réunie, par M. De Candolle, à la précédente, comme simple variété ; mais il nous semble qu'elle constitue une espèce bien distincte ; tige nue, simple, un peu pubescente, longue de 2 pouces ; feuilles en rosette, pinnatifides, à lobes écartés, plus étroits que dans l'espèce précédente ; fleurs petites, blanches ; silicules ovales, arrondies, et surmontées par le style. ⊙. Habite les lieux inondés pendant l'hiver.

Genre CAPSELLE (*Capsella*, VENTENAT. *Thlaspi*, L.).

Calice de 4 sépales ; corolle de 4 pétales égaux ; silicule comprimée, triangulaire, à deux valves déhiscentes et polyspermes.

Espèce 1. CAPSELLE BOURSE A PASTEUR (*Capsella bursa pastoris. Thlaspi bursa pastoris*, L.).

Tige droite, rameuse, haute de 6 - 10 pouces ; feuilles radicales, pinnatifides ; fleurs blanches, terminales ; silicules triangulaires, comprimées. ⊙. Très commune dans tous les lieux cultivés.

Genre THLASPI (*Thlaspi*, LIN.).

Calice ouvert, de 4 sépales ; corolle de 4 pétales égaux ; silicule comprimée, ovale, échancrée au sommet, à deux valves déhiscentes ; loges polyspermes.

Espèce 1. THLASPI DES CHAMPS (*Thlaspi arvense*, L. sp. 901).

Tige simple, quelquefois rameuse, glabre, s'élevant de 12-18 pouces ; feuilles oblongues, dentées, glabres, embrassantes ; fleurs blanches, assez petites ; silicules planes, grandes et échancrées. ⊙. Croît dans les champs. On l'appelle vulgairement *monoyère*.

2. THLASPI ALLIACÉ. (*T. alliaceum*, L. sp. 901).

Tige simple, glabre, haute de 12 - 15 pouces ; feuilles oblongues, obtuses, dentées, glabres, répandant une forte odeur d'ail ; fleurs blanches ; silicules ventrues, un peu renflées, à rebord très étroit. ⊙. Habite les environs de Lyon, la Lorraine, etc.

3. THLASPI DES ROCHERS (*T. saxatile*, L. sp. 901).

Tiges simples ou peu branchues, glabres, d'une

consistance coriace ; feuilles très entières , charnues ,
lancéolées-linéaires, obtuses ; fleurs petites, d'un rose
pâle ; silicules un peu orbiculaires et entourées d'un
large rebord. ♃. Habite les lieux rocailleux et exposés
au soleil dans les montagnes. Je l'ai recueilli aux environs de Grenoble.

4. THLASPI PERFOLIÉ (*T. perfoliatum*, L. sp. 902).

Tiges simples ou rameuses, glabres, hautes de 3-4
pouces, glauques, ainsi que toute la plante ; feuilles
radicales un peu dentées, pétiolées ; caulinaires cordiformes, sagittées, sessiles ; fleurs blanches, petites ;
silicules glabres, en cœur renversé. ⊙. Habite les
champs et les lieux stériles sablonneux.

5. THLASPI DE MONTAGNE (*T. montanum*, L. sp. 902).

Tiges simples, glabres, hautes de 6-8 pouces ; feuilles
dentées, entières ; radicales ovales, obtuses, pétiolées ; caulinaires droites, sessiles, auriculées à leur
base ; fleurs blanches, en grappe ; étamines à anthères
jaunes ; silicules non échancrées, surmontées par le
style, en cœur renversé. ♃. Habite les pâturages secs
de l'Auvergne et des Alpes. On le retrouve à Saint-
Adrien, près Rouen.

6. THLASPI DES ALPES (*T. Alpestre*, L. sp. 903).

Tiges simples, hautes de 6-8 pouces, glabres ;
feuilles denticulées, entières ; radicales ovales, obtuses, pétiolées ; caulinaires droites, sessiles, auriculées ; fleurs blanches, très nombreuses, assez petites ;
étamines à anthères purpurines ; silicules surmontées
par un style moitié plus court que dans l'espèce précédente. ♃. Habite les prairies des montagnes des
Alpes, du Jura et des Pyrénées.

7. THLASPI HÉTÉROPHYLLE (*T. heterophyllum*, DC.
fl. fr.).

Tiges simples, hautes de 6-8 pouces, glabres ; feuilles
radicales pétiolées, obtuses, entières ou lyrées ; caulinaires dressées, cordiformes, sagittées, dentées à

leur base ; fleurs blanches , petites ; silicules ovales, légèrement échancrées. ♃. Pyrénées voisines de l'Espagne.

Genre IBÉRIDE (*Iberis*, L. Juss.).

Calice ouvert ; pétales ouverts, dont les deux extérieurs plus grands ; silicules orbiculaires , un peu comprimées, à valves naviculaires comprimées.

Espèce 1. IBÉRIDE TOUJOURS VERTE (*Iberis semper-virens*, L. sp. 905).

Tige rameuse, demi-ligneuse, redressée ; feuilles linéaires , un peu obtuses , glabres ; fleurs blanches, en corymbe. ♃. Habite les Pyrénées et les Alpes méridionales. L'*Iberis semperflorens*, que l'on cultive dans les jardins , n'est point indigène de France.

2. IBÉRIDE DES ROCHERS (*I. saxatilis*, L. sp. 905).

Tige demi-ligneuse; feuilles pubescentes , aiguës , très entières ; inférieures linéaires ; supérieures lancéolées; fleurs blanches , en corymbe. ♃. Habite les Pyrénées et les Corbières.

3. IBÉRIDE DE GARREXIO (*I. Garrexiana*, ALL. ped. n. 920).

Tige sous-ligneuse , rameuse ; feuilles oblongues , obtuses, entières, atténuées à la base ; fleurs blanches , en corymbe. ♃. Pyrénées.

4. IBÉRIDE AMÈRE (*I. amara*, L. sp. 906).

Tige droite, coriace, rameuse, haute de 4-8 pouces ; feuilles lancéolées, aiguës, un peu dentées ; fleurs en corymbe, blanches ou légèrement violettes ; silicules munies de deux pointes plus courtes que le style et souvent avortées. ⊙. Commune dans les champs.

5. IBÉRIDE PINNATIFIDE (*I. pinnata*, L. sp. 907).

Tiges dressées, peu rameuses, hautes de 8-10 pouces ; feuilles pinnatifides; fleurs blanches , en ombelle serrée ; calice violet ; silicules échancrées au som-

met. ☉. Croît dans les lieux pierreux et montueux de
la France méridionale.

6. IBÉRIDE INTERMÉDIAIRE (*I. intermedia*, GUERSENT,
bull. philom.).

Tige à rameaux très divergens, haute de 1 à 2 pieds ;
feuilles lancéolées ; radicales dentées au sommet ; caulinaires très entières ; fleurs blanches, légèrement
purpurines, disposées en corymbe ; silicules oblongues, arrondies à leur base, tronquées au sommet,
munies de 2 cornes divergentes. ♃. Cette belle espèce
habite seulement les environs de Rouen, près Duclair.
L'*Iberis umbellata*, qui est cultivé dans les jardins, ne
croît point naturellement en France.

7. IBÉRIDE A FEUILLES DE LIN (*I. linifolia*, L. sp.
905).

Tige grêle, rameuse, dressée, haute de 6-8 pouces ;
feuilles linéaires ; les radicales dentées en scie, les caulinaires très entières ; fleurs petites, en corymbe. ☉.
Provence, Languedoc.

8. IBÉRIDE CHARNUE (*I. carnosa*, WILD. s. 3. p. 445).

Cette plante ressemble tellement au *lepidium rotundifolium*, qu'il est presque toujours arrivé qu'on
l'a confondue avec lui ; tige couchée, un peu relevée ;
feuilles un peu charnues, glabres, presque rondes,
très entières, toutes pétiolées ; pétioles ciliés ; fleurs
blanches ou rougeâtres ; silicules ovales, arrondies,
surmontées de deux cornes. ☉. Pyrénées.

9. IBÉRIDE NAINE (*I. nana*. DC. fl. fr. 4268).

Tiges simples ou à peine rameuses, longues de 4-
6 pouces ; feuilles glabres, un peu charnues ; inférieures arrondies, spatulées légèrement au sommet ;
caulinaires linéaires, très entières ; fleurs blanches
ou violettes ; silicules surmontées de deux cornes parallèles au style. ☉. Alpes de Provence et du Dauphiné. Le genre *Vella*, L., est propre à l'Espagne ; il
se rapproche un peu des *Myagrum* et des *Cakile*.

Genre CAMELINE (*Myagrum*, L.).

Calice presque ouvert; pétales égaux, onguiculés; silicules ovoïdes ou globuleuses, surmontées par le style; valves concaves, loges polyspermes.

Epèce 1. CAMELINE CULTIVÉE (*Myagrum sativum*, L. sp. 894).

Tige branchue, haute de 2-3 pieds; feuilles auriculées, amplexicaules, pointues, et légèrement dentées; fleurs jaunâtres, paniculées; silicules pyriformes. Persoon, dans son Synopsis, donne, sous le nom de *Camelina dentata*, une variété à feuilles dentées presque pinnatifides, qui répand une odeur très désagréable.⊙. Croît dans les champs.

2. CAMELINE DES ROCHERS (*M. saxatile*, L. sp. 894).

Tige grêle, rameuse dans le haut, dressée, haute de 6-8 pouces; feuilles allongées, rétrécies en pétiole, élargies au sommet, à peine dentées; fleurs blanches, paniculées; silicules globuleuses.♃.Alpes et Pyrénées. Commune. Le *myagrum auriculatum*, D.C. suppl., ne me paraît pas devoir constituer une espèce, car le *myagrum saxatile* varie tellement par ses feuilles tantôt glabres, tantôt pubescentes, tantôt entières, tantôt pinnatifides, que je ne crois pas que le caractère d'avoir les feuilles auriculées à la base soit suffisant pour le distinguer.

Genre CAKILÉ (*Cakile*, DC.).

Calice presque fermé; disque de l'ovaire portant quatre petites glandes; style simple ou nul; stygmate obtus; silicules biarticulées, indéhiscentes; une seule graine renfermée dans chaque articulation.

Espèce 1. CAKILÉ MARITIME (*Cakile maritima*, SCOP. carn. 2. p. 35).

Tiges diffuses, très branchues; feuilles un peu charnues, pinnatifides; fleurs rougeâtres, terminales. ⊙. Partout au-bord de la mer.

2. CAKILÉ VIVACE. (*C. perennis*, DC. fl. fr. 4272.
Myagrum perenne, L. sp. 893).

Tige dressée, très branchue, à rameaux étalés;
feuilles radicales grandes, pétiolées, pinnatifides,
dentées; caulinaires plus petites; fleurs jaunes, petites; silicules glabres, à articles ovoïdes, surmontées
par le style. ♃. Provence, environs de Lyon, de
Montauban, etc.

3. CAKILÉ RIDÉ (*C. rugosa*, DC. *Myagrum rugosum*,
L. sp. 893).

Tige, dressée, très rameuse, étalée, haute de 2
pieds; feuilles oblongues, obtuses, dentées; fleurs
jaunes; silicules velues, en massue et sillonnées. ☉.
Provence, Alsace.

4. CAKILÉ PERFOLIÉ (*C. perfoliata*, DC. *Myagrum
perfoliatum*, L. sp. 893).

Tige rameuse dans le haut, droite, glabre, haute
de 2 pieds; feuilles radicales étalées, lyrées; caulinaires embrassantes, auriculées, sagittées; fleurs petites, jaunâtres; silicules triloculaires et obcordées. ☉.
Croît dans les moissons aux environs de Paris, d'Orléans, et dans toute la France méridionale.

Genre BUNIAS (*Bunias*, L'HÉRITIER. *Bunias* et *Myagrum*, L.)

Calice ouvert; pétales onguiculés, plus longs que
les sépales; silicules globuleuses, bi ou quadrilocu-
laires; loges monospermes, à valves indéhiscentes.

Espèce 1. BUNIAS FAUSSE ROQUETTE (*Bunias erucago*,
L. sp. 935).

Tige faible, rameuse, haute de 2 pieds et plus;
feuilles radicales longues, lyrées, à lobes dentés et
opposés; caulinaires lancéolées, un peu dentées; fleurs
jaunes, pédonculées; silicules courtes, tétragones et
surmontées par le style. ☉. Provinces méridionales.

2. BUNIAS PANICULÉ (*B. paniculata*, DC. *Myagr. paniculatum*, L. *Neslia paniculata*, MÉRAT).

Tige dressée, pubescente ou velue, peu rameuse, haute de 2 ou 3 pieds; feuilles lancéolées, un peu dentées, sagittées, amplexicaules; fleurs jaunes, en épi; silicules biloculaires, globuleuses et très petites. ⊙. Croît parmi les moissons dans une grande partie de la France.

3. BUNIAS COCHLÉARIA (*B. cochlearioides*, DC. fl. fr. *Myagr. bursæfolium*, THUIL.).

Tige rameuse, grêle, faible, étalée, haute de 1 pied; feuilles radicales pétiolées, lyrées; caulinaires dentées, ponctuées, sessiles, sagittées, auriculées, amplexicaules; fleurs blanches; silicules monospermes, globuleuses, obtuses et un peu rugueuses. ⊙. Croît au bord des champs, aux environs de Paris, en Dauphiné, en Auvergne et en Provence.

Genre CRAMBÉ (*Crambe*, TOURN. L.).

Calice ouvert; pétales plus longs que les sépales; filamens des plus longues étamines bifides; silicule pédicellée, globuleuse, monosperme, uniloculaire, indéhiscente.

Espèce 1. CRAMBÉ MARITIME (*Crambe maritima*, L. sp. 937).

Tige rameuse, étalée, haute de 2-3 pieds, glauque, glabre; feuilles un peu charnues, glauques, pétiolées, sinuées, anguleuses ou dentées; fleurs blanches, paniculées; silicules charnues, lisses. ♃. Cette plante, appelée vulgairement *chou-marin*, se trouve tout le long de la Méditerranée et de l'Océan.

Genre PASTEL (*Isatis*, TOURN. L. JUSS.).

Calice ouvert médiocrement; pétales onguiculés, ouverts; style nul; stygmate capité; silicules ovales, oblongues, elliptiques, comprimées, indéhiscentes, monospermes, bivalves; valves creusées en carène.

Espèce 1. PASTEL DES TEINTURIERS (*Isatis tinctoria*, L. sp. 936).

Tige dressée, branchue, haute de 3-4 pieds ; feuilles entières, pointues, lancéolées, amplexicaules, auriculées à leur base ; fleurs petites, jaunes et paniculées ; silicules pendantes, nombreuses, uniloculaires. ♂ Croît sur les coteaux calcaires exposés au soleil.

2. PASTEL DES ALPES (*I. Alpina*, ALL. ped. 944. t. 86. f. 2).

Tige dressée, rameuse, haute de 1 à 2 pieds ; feuilles très entières, obtuses, cordiformes ; fleurs jaunes, petites, paniculées ; silicules oblongues, un peu ovales, non rétrécies à leur base. ♃. Alpes voisines du Piémont, et particulièrement sur le mont Vesoul.

3. PASTEL BLANCHATRE (*I. canescens*, DC.° suppl. 4280ᵃ).

Tige dressée, rameuse, pubescente ; feuilles pubescentes, entières, pointues, lancéolées, sagittées ; fleurs jaunes, paniculées ; silicules oblongues, un peu rétrécies à leur base, et couvertes d'un duvet blanchâtre. ♃. Croît en Provence, aux environs de Toulon.

FAMILLE 7. CAPPARIDÉES (*Capparideæ*, JUSS.).

Calice de 4 sépales caducs, quelquefois soudés à leur base ; corolle de 4 ou 5 pétales égaux ou inégaux, alternant avec les sépales ; étamines en nombre-indéfini, insérées sous le pistil ; ovaire supère souvent pédicellé, et surmonté par un style court ; fruit tantôt sec, tantôt charnu, uniloculaire, polysperme, déhiscent en 2 valves quand il est sec ; embryon renversé sans périsperme. Plantes ligneuses, frutescentes ou herbacées, à feuilles alternes munies de 2 stipules.

Genre CAPRIER (*Capparis*, TOURN. L.).

Calice de 4 sépales caducs ; 4 pétales ouverts ; étamines longues, nombreuses; stygmate sessile; fruit charnu, pédicellé, ovale ou cylindrique; semences nichées dans une pulpe. (Voyez *Atl.*, pl. 72, fig. 1.)

Espèce 1. **Caprier épineux** (*Capparis spinosa*, L. sp. 720).

Tige arborescente, à rameaux nombreux, feuillée et épineuse; feuilles alternes pétiolées, arrondies, lisses; fleurs grandes, axillaires, d'un blanc purpurin; fruits ovales. ♃. Commun sur les vieux murs et dans les fissures des rochers en Provence.

famille 8. VIOLACÉES (*Violaceæ*, Vent.).

Calice à 5 divisions profondes; corolle irrégulière de 5 pétales inégaux, dont l'inférieur, en général plus grand, se terminant souvent par un éperon; étamines au nombre de 5, alternant avec les pétales, à anthères iutorses, quelquefois soudées; ovaire simple, supère, surmonté d'un style tantôt droit, tantôt en crochet; fruit capsulaire, uniloculaire, souvent de trois valves; périsperme charnu, embryon axille. Plantes herbacées ou sous-frutescentes; feuilles stipulées, presque toujours opposées.

Genre **VIOLETTE** (*Viola*, Lin.).

Calice à 5 divisions se prolongeant jusqu'au-dessous de la base; corolle de 5 pétales inégaux; le supérieur, qui est le plus grand, se prolonge en une espèce d'éperon; anthères soudées, membraneuses au sommet.

Espèce 1. **Violette découpée** (*Viola pinnata*, L. sp. 1323).

Feuilles toutes radicales, naissant d'une souche ligueuse, multifides à découpures lobées; pédoncules floraux à peu près de la longueur des pétioles; fleur bleue, accompagnée de 2 bractées linéaires. ♃. Alpes voisines du Piémont (rare).

2. Violette velue (*V. hirta* , L. sp. 1324).

Feuilles toutes radicales, naissant du collet de la racine, cordiformes, à pétioles hérissés de poils nombreux ; fleur bleue, solitaire sur chaque pédoncule, radicale ; calice glabre, obtus ; capsule velue.

3. Violette odorante (*V. odorata* , L. sp. 1324).

Feuilles toutes radicales, naissant du collet de la racine, cordiformes, glabres : du collet de la racine il paraît aussi des rejets rampans ; fleur solitaire, bleue, quelquefois blanche ; sépales du calice obtus, trois fois plus longs que larges. ♃. Commune au premier printemps dans les bois et le long des haies. On emploie en médecine les fleurs de violette comme béchiques et les feuilles comme émollientes. La plupart des fleurs de violette que l'on vend sèches et qui viennent des Alpes, n'appartiennent pas à la violette odorante, mais bien à la violette éperonnée décrite ci-dessous ; elles ne sont point odorantes, mais elles conservent mieux leur couleur bleue. Je ne crois pas, au reste, que les propriétés médicales de ces deux espèces soient différentes.

4. Violette des Pyrénées (*V. Pyrenaica* , DC. fl. fr. 4157).

Feuilles toutes radicales, naissant d'une souche ligneuse, à peine échancrées en cœur, glabres, à pétioles élargis au sommet ; fleur bleue, solitaire, odorante ; pétale inférieur avec des lignes plus foncées ; calice obtus, éperon court. ♃. Pyrénées, au Tourmalet, à Nouris.

5. Violetle des marais (*V. palustris* , L. sp. 1324).

Feuilles toutes radicales, réniformes, glabres, nerveuses, pétiolées ; fleur petite, d'un bleu clair, à calice obtus et à éperon court. ♃. Habite les lieux humides et tourbeux des montagnes. Elle est indiquée aux environs de Paris, mais je ne l'y ai jamais rencontrée.

6. Violette nummulaire (*V. nummularifolia*, Vill. dauph. 2. p. 663).

Tige très simple, couchée; feuilles pétiolées, très glabres, ovales ou arrondies, non échancrées en cœur; pédicelles axillaires de moitié plus longs que les pétioles; fleur très petite, d'un bleu pâle, accompagnée de deux petites bractées. ♃. Alpes voisines du Piémont.

7. Violette du Cénis (*V. Cenisia*, L. sp. 1325).

Tiges simples, couchées, faibles; feuilles ovales, pétiolées, très glabres, entières, légèrement charnues; fleur bleue assez grande; calice à sépales, pointus; éperon long et grêle. ♃. Alpes de Provence.

8. Violette de Valdério (*V. Valderia*, All. ped. n. 1644. t. 24. f. 3).

Tiges simples, couchées, faibles; feuilles inférieures ovales, pétiolées, entières, pubescentes; supérieures oblongues, linéaires, atténuées aux deux extrémités; fleur bleue, assez grande; éperon long, grêle; calice à divisions aiguës; stipules entières. ♃. Alpes du Dauphiné, à la Moucherolle, aux environs de Briançon, dans les Pyrénées, à la vallée d'Aure. La *V. arenaria*, Lois., est indiquée au Mont-Ventoux.

9. Violette étonnante (*V. mirabilis*, L. sp. 1326).

Tiges grêles, triquètres, longues de 8-12 pouces, couchées; feuilles pétiolées, réniformes-cordées; fleurs naissant de la racine et sur la tige : les premières ressemblent à celles de la *viola odorata*, et les secondes, ou celles qui naissent au sommet de la tige, sont apétales, quoique fertiles. ♃. Provence, environs de Grenoble, etc.

10. Violette de chien (*V. canina*, L. sp. 1324).

Acaule dans le premier âge, pousse ensuite des tiges ou jets portant des feuilles et des pédoncules axillaires; toute la plante est glabre, les feuilles cordiformes, aiguës, incisées ou ciliées; fleur bleue, inodore, ressemblant à la violette odorante; calices aigus; stipules lancéolées, dentées. ♃. Commune au bord des haies, parmi les buissons et les bruyères.

11. Violette petite (*V. pumila* , Vill. dauph. 2. p. 666).

Cette espèce ressemble tellement à la *canina* , qu'elle pourrait bien n'en être qu'une variété : elle en diffère seulement par les divisions du calice qui sont très aiguës, aussi longues que la fleur, et surtout par les feuilles non échancrées en cœur. ♃. Environs de Gap et de Briançon.

12. Violette arborescente (*V. arborescens* , L. sp. 1325).

Tiges ligneuses, un peu dressées, naissant d'une souche commune; feuilles éparses, un peu velues, oblongues, lancéolées entières, à stipules étroites et entières ; fleurs violettes, portées sur des pédicelles plus longs que les feuilles; calice aigu. ♃. Bord de la mer en Provence (rare).

13. Violette lancéolée (*V. lancifolia* , DC. fl. fr. 4465).

Se distingue de la précédente par ses feuilles ovales non cordiformes, par ses fleurs plus petites, plus pâles, avec l'éperon blanc ou rougeâtre. ♃. Croît dans les landes de Dax, à Fontainebleau (rare). La *viola heterophylla* , qui a les feuilles radicales lancéolées, et les caulinaires pinnatifides, croît en Corse.

14. Violette des montagnes (*V. montana* , L. sp. 1325).

Tiges dressées, simples, glabres ; feuilles ovales lancéolées, longuement pétiolées, subcordiformes, pointues, dentées; fleurs axillaires, longuement pédonculées, d'un bleu pâle ou blanchâtre; calice pointu, bractées variables. ♃. Habite les prés des montagnes des Alpes, du Jura, et les environs de Strasbourg.

15. Violette biflore (*V. biflora*, L. sp. 1326).

Tige grêle, couchée, portant ordinairement 2 feuilles ; celles-ci sont pétiolées, réniformes, arrondies, dentées ; fleurs petites, jaunes, au nombre de deux ; souvent il n'y en a qu'une seule ; stipules ovales. ♃. Assez commune dans les lieux humides des hautes montagnes du Jura, des Alpes et des Pyrénées.

Violettes à stigmate droit et infundibuliforme. Pensées.

16. Violette tricolore (*V. tricolor,* var. β, Lin. sp. 1326).

Tige glabre, diffuse, rameuse, haute de 4-6 pouces, anguleuse ; feuilles glabres, pétiolées, crénelées ou incisées ; fleurs grandes, mélangées de jaune, de pourpre et de blanc, à pédoncules axillaires ; stipules pinnatifides. ⊙. Croît naturellement dans les prairies des Alpes et du Jura. Elle est cultivée, pour la beauté de ses fleurs, sous le nom de *pensée*.

17. Violette des champs (*V. arvensis*, Murr. prod. 73. *V. tricolor* α, L. sp. 1326).

Se distingue de la précédente par ses fleurs plus petites, dont les pétales sont à peine plus longs que le calice et jamais munies de papilles veloutées. Les feuilles sont ovales, crénelées, et les stipules pinnatifides seulement à leur base ; fleurs mélangées de jaune, de blanc, et souvent de blanc-jaunâtre et de violet. ⊙. Commune dans les champs et les terres cultivées. Employée en médecine dans le traitement des maladies herpétiques.

18. Violette de Rouen (*V. Rothomagensis*, Desf. cat. 153).

Tige couchée, très-velue, d'un aspect grisâtre, longue de 4-6 pouces, diffuse ; feuilles pétiolées, ovales, crénelées ; stipules pinnatifides ; fleurs grandes, d'un bleu clair. ♃. Cette jolie violette est commune sur les coteaux calcaires qui longent la Seine, du port

Saint-Ouen à la mi-voie près Rouen. Mais c'est surtout
à la Roche-Saint-Adrien qu'elle est abondante.

19. VIOLETTE JAUNE (*V. lutea*, SMITH. fl. brit. 248).

Tiges anguleuses, glabres, demi-couchées; feuilles
ovales, oblongues, pétiolées, glabres, légèrement ciliées; stipules pinnatifides; fleurs jaunes, rayonnées
de noirâtre. ♃. Se trouve aux environs de Malmedy,
et dans les terrains secs du département des Ardennes.
Je l'ai reçue de différens lieux de la Lorraine.

20. VIOLETTE GRANDIFLORE (*V. grandiflora*, L.
       mant. 120? *V. sudetica*, W. EN.).

Tige triquètre, simple, dressée; feuilles oblongues,
denticulées, à pétioles couchés; stipules pinnatifides,
ciliées; fleurs jaunes, avec l'éperon violet, grandes et
rayonnées de noirâtre sur les pétales supérieurs. ♃.
Vosges, Jura, Alpes. Il y en a une variété, à fleurs
bleues ou violettes, qui se trouve dans les mêmes localités, et qui est si commune en Auvergne, qu'on
la récolte pour l'usage de la médecine. Les fleurs de
violettes, qui nous viennent sèches de Nîmes et de
Beaucaire, appartiennent à cette variété.

21. VIOLETTE ÉPERONNÉE (*V. calcarata*, L. sp. 1325).

Tige très courte; feuilles presque toutes radicales,
glabres, entières ou dentées, crénelées, oblongues;
stipules entières, étroites, quelquefois un peu dentées; fleurs grandes, jaunes, mais plus ordinairement
bleues; éperon beaucoup plus long que le calice. ♃.
Très commune dans les prairies des hautes montagnes,
au mont de Lans et au Lautaret. On en récolte de
grandes quantités pour l'usage de la pharmacie.

22. VIOLETTE CORNUE (*V. cornuta*, L. sp. 1325).

Tige feuillée, longue de 8-10 pouces; feuilles pétiolées, cordiformes arrondies, crénelées, ciliées; stipules larges, dentées fortement à leur base et ciliées;
fleurs grandes, bleues, à éperon aussi long que les pé-

tales. ♃. Pyrénées. On en trouve une variété presque acaule.

FAMILLE 9. POLYGALÉES (*Polygaleœ*, Juss.).

Calice à 5, 4 ou 3 divisions égales ou inégales : 5 ou 3 pétales libres ou réunis, à leur base, par des filets staminaux, paraissant former une corolle irrégulière, papillonacée ou labiée ; 8 étamines réunies en 2 faisceaux ; anthères souvent au sommet ; ovaire libre, supère, bi ou uniloculaire, surmonté par un style simple ; fruit capsulaire, bivalve ; graines à arille incomplet ; périsperme charnu ; fleurs en grappe ou en épi terminal, garnies de bractées ; plantes herbacées ou arborescentes.

Genre POLYGALA (*Polygala*, L.).

Calice à 3 ou 5 divisions inégales ; corolle irrégulière, divisée en 2 lèvres, ressemblant un peu à celles des légumineuses ; 8 étamines en 2 faisceaux ; capsule comprimée, ovale ou obcordée. (V. *Atl.*, pl. 55, fig. 2.)

Espèce 1. POLYGALA VULGAIRE (*Polygala vulgaris*, L. sp. 986).

Tiges grêles, naissant d'une souché ligneuse, étalées, couchées à la base ; feuilles linéaires, lancéolées, glabres, pointues ; fleurs en grappe, terminales, bleues, purpurines ou blanches ; les deux grandes divisions calicinales ovoïdes, à peine plus longues que le fruit. ♃. Commun dans les prairies sèches et peu fertiles.

2. POLYGALA AMER (*P. amara*, L. sp. 926).

Tiges grêles, naissant d'une souche ligneuse, étalées, feuillées ; feuilles inférieures ovales, obtuses ; supérieures lancéolées, linéaires, glabres ; fleurs en grappes terminales plus petites que dans l'espèce précédente. ♃. Habite les prairies et les coteaux montueux.

3. POLYGALA GRÊLE (*Polygala exilis*, DC. fl. fr. supp.).

Tige dressée, très rameuse, longue de 3-4 pouces, glabre ; feuilles linéaires un peu obtuses ; grappes de fleurs peu fournies; fleurs comme dans le *vulgaris*, avec la carène purpurine ; les deux grandes divisions calicinales plus longues que la corolle et marquées d'une ligne verte. ⊙. Croît dans la France méridionale et à Fontainebleau.

4. POLYGALA DE MONTPELLIER (*P. Monspeliaca*, L. sp. 987).

. Tiges dressées, glabres, ainsi que toute la plante ; feuilles linéaires, lancéolées, aiguës ; fleurs purpurines ou bleues ; ailes du calice plus longues d'un quart que le fruit. ⊙. Environs de Montpellier. Celui qui est indiqué comme *Monspeliaca*, aux environs de Paris, n'appartient point à cette espèce, mais bien à l'*exilis*.

5. POLYGALA DES ROCHES (*P. saxatilis*, DESF. atl. 2. p. 128).

Tiges grêles, un peu frutescentes, naissant d'une souche ligneuse, pubescentes ; feuilles oblongues, linéaires, aiguës ; fleurs en épi latéral, bleues ; ailes calicinales oblongues, de la longueur du fruit, qui est surmonté par une petite pointe. ♃.

6. POLYGALA A FEUILLES DE BUIS (*P. chamæbuxus*, L. sp. 989).

Tige un peu ligneuse, relevée ; feuilles oblongues, lancéolées, plus larges que dans toutes les espèces ci-dessus, un peu pétiolées ; fleurs grandes, jaunes, tachées de pourpre à l'extrémité, axillaires, au nombre de 2 ou 3 au sommet des rameaux ; calice à 3 divisions seulement. ♃. Habite les Alpes voisines du Piémont. Je l'ai observé dans celles du bourg d'Oysans.

FAMILLE 10. RÉSÉDACÉES (*Resedaceæ*).

Calice de 4 à 6 sépales; corolle de 5 à 6 pétales hypogynes irréguliers, souvent découpés; étamines de 10-20; ovaire presque sessile, surmonté par 3-5 styles courts; capsule anguleuse, uniloculaire, s'ouvrant au sommet; graines nombreuses; périsperme nul; embryon courbé; fleurs petites, en épi. Plantes herbacées, à feuilles alternes.

Genre RÉSÉDA (*Reseda*, LIN.).

Calice à 4-6 divisions; corolle de 4-6 pétales irréguliers; étamines de 10-20; ovaire presque sessile; capsule polysperme, uniloculaire, s'ouvrant par le sommet.

Espèce 1. RÉSÉDA JAUNISSANT (*Reseda luteola*, L. sp. 643).

Tige dressée, feuillée, glabre, simple ou rameuse, haute de 2-3 pieds; feuilles éparses, lancéolées, ondulées, entières; fleurs petites, d'un vert jaunâtre, disposées en épis très longs. ♂. Croît au bord des chemins, etc. On cultive cette plante en grand sous les noms de *gaude* ou *vaude*, pour la teinture en jaune.

2. RÉSÉDA GLAUQUE (*R. glauca*, L. sp. 644).

Tiges couchées, étalées, naissant d'une souche ligneuse; feuilles linéaires, à dents aiguës à leur base, d'un vert glauque; fleurs en épi terminal, blanches, à étamines jaunes; capsule surmontée de 4 pointes. ♂. Pyrénées. Rare.

3. RÉSÉDA SÉSAMOÏDE (*R. sesamoides*, L. sp. 644).

Tiges simples ou peu rameuses, étalées, naissant d'une souche ligneuse, glabre, garnie de feuilles lancéolées, linéaires, entières; fleurs blanches, en épi; calices petits; fruits surmontés de 4-5 pointes étoilées. ☉. Habite l'Anjou, le Maine, la Touraine, le Languedoc et les Pyrénées.

4. Réséda blanc (*R. alba*, L. sp. 645).

Tige dressée, un peu étalée et rameuse à sa base, glabre, feuillée ; feuilles ondulées, pinnatifides ; fleurs blanches, disposées en un épi aigu ; capsule tétragone, tronquée au sommet. ☉. Habite les provinces méridionales. Le *reseda undata*, Lin., paraît être une variété de celui-ci.

5. Réséda jaune (*R. lutea*, L. sp. 645).

Tige dressée, rameuse, feuillée, haute de 1 pied et plus ; feuilles ondulées, pinnatifides, glabres ; les supérieures seulement trilobées ; fleurs jaunâtres, en épis lâches ; capsules oblongues, triangulaires, tronquées. ♃. Commun au bord des chemins, dans les lieux sablonneux.

6. Réséda phyteuma (*R. phyteuma*, L. sp. 645).

Tige dressée, rameuse, garnie de feuilles, légèrement velue ; feuilles radicales entières, spatulées, obtuses ; caulinaires trilobées ; fleurs blanches, en épis terminaux ; calice à cinq divisions très grandes ; capsules velues. ☉. Cette plante habite les lieux sablonneux du centre et du midi de la France. Le *reseda odorata* L., qui est cultivé dans tous les jardins à cause de son odeur suave, est originaire d'Egypte et de Barbarie.

FAM. 11. DROSÉRACÉES (*Droseraceæ*, DC.).

Calice de cinq sépales égaux, persistans ; corolle de 5 pétales hypogynes, alternant avec les sépales ; étamines de 5-10, à anthères biloculaires ; ovaire simple, libre, surmonté par 5 styles ; fruit capsulaire, à une ou plusieurs loges, déhiscent ; graines nombreuses, attachées à un trophosperme central ; périsperme charnu ; embryon petit, droit et cylindrique ; fleurs solitaires ou en épi. Plantes herbacées, souvent garnies de poils glanduleux ; feuilles alternes, roulées en crosse dans leur jeunesse.

Genre ALDROVANDE (*Aldrovanda*, Lin.).

Calice persistant, campanulé, à 5 divisions ovales, concaves ; corolle de 5 pétales ; 5 étamines ; 5 styles ; fruit capsulaire, uniloculaire.

Espèce 1. ALDROVANDE VÉSICULEUX (*Aldrovanda vesiculosa*, L. sp. 402).

Plante grêle, flottante dans les eaux ; tige simple ; feuilles pétiolées, verticellées, vésiculeuses ; fleur blanche, petite, terminale. ♃. Environs de Bordeaux, d'Arles : dans les eaux stagnantes.

Genre ROSSOLIS (*Drosera*, Lin.).

Calice de 5 sépales ; 5 pétales marcescens ; 5 étamines ; 5 styles ; capsule arrondie, entourée par le calice et la corolle, uniloculaire, de 3-5 valves ; graines très nombreuses.

Espèce 1. ROSSOLIS A FEUILLES RONDES (*Drosera rotundifolia*, L. sp. 402).

Très petite plante acaule, à feuilles arrondies, pétiolées, hérissées de poils rougeâtres, glanduleux ; hampe nue, longue de 2-4 pouces, portant un petit épi unilatéral de petites fleurs blanchâtres. ☉. Habite les lieux marécageux et tourbeux.

2. ROSSOLIS A FEUILLES LONGUES (*D. longifolia*, L. sp. 403).

Ressemble parfaitement au précédent ; s'en distingue par ses feuilles ovales-oblongues, rétrécies en pétioles. ☉. Habite les mêmes lieux. Le *drosera anglica*, de Hudson, qui a les feuilles plus longues et plus étroites, me paraît être une variété du *longifolia*, autant que j'en peux juger par les exemplaires que j'ai sous les yeux.

FAMILLE 12. FRANKENIACÉES (*Frankeniaceæ*, Aug. S.-Hil.).

Calice persistant, à 5 divisions profondes ; corolle de 5 pétales égaux ou inégaux , souvent onguiculés ; étamines définies ou indéfinies ; ovaire libre, ovoïde allongé , reposant sur un disque hypogyne ; style unique, à stygmate petit ; fruit capsulaire polysperme, uniloculaire trivalve ; graines à podospermes filiformes ; périsperme charnu ; embryon axile , à peu près cylindrique : fleurs sessiles, terminales ou axillaires ; tiges herbacées ou frutescentes ; feuilles alternes stipulées.

Genre FRANKÉNIE (*Frankenia*, Lin.).

Calice un peu cylindrique , à 5 dents ; corolle de 5 pétales onguiculés et squammeux ; étamines de 5-6, alternant avec les pétales ; 2-3 stygmates ; capsule uniloculaire à 2-3 valves.

Espèce 1. FRANKÉNIE LISSE (*Frankenia lævis*, L. sp. 473).

Tiges rameuses, couchées, diffuses, lisses, ainsi que toute la plante ; feuilles petites , linéaires , nombreuses , ciliées à la base, opposées ; fleurs axillaires, petites, d'un violet rougeâtre. ♃. Bords de la Méditerranée et de l'Océan.

2. FRANKÉNIE VELUE (*F. hirsuta*, L. sp. 473).

Tiges rameuses , couchées , diffuses , hérissées de poils blanchâtres ; feuilles opposées, petites, linéaires, ciliées à leur base ; fleurs d'un violet rougeâtre , réunies par paquets et à calice hérissé. ♃. Habite les mêmes lieux : moins commune.

3. FRANKÉNIE PULVÉRULENTE (*F. pulverulenta*, L. sp. 474).

Tiges rameuses, couchées , diffuses, blanchâtres ; feuilles opposées, petites, poudreuses, ovales-obtuses ;

fleurs très petites, axillaires, d'un violet pâle. ☉ Bords de la Méditerranée.

FAMILLE 13. CISTINÉES (*Cistineæ*, DC.).

Calice persistant, de 5 sépales, dont deux extérieurs, souvent plus petits; corolle de 5 pétales caducs, à estivation convolutive; étamines nombreuses, hypogynes, à anthères basifixes; ovaire supère, surmonté par un style à stygmate simple; fruit capsulaire multiloculaire, à 5 valves; graines nombreuses; embryon intraire; fleurs pédicellées, en grappe ou en corymbe. Plantes sous-ligneuses ou frutescentes.

Genre CISTE (*Cistus*, Lin. Juss.).

Calice de 5 sépales égaux; capsule 5-10 loculaire, à 5-10 valves, portant une cloison sur le milieu de sa face interne; graines nombreuses, attachées à la base de l'angle intérieur des loges. (Voyez *Atl.*, pl. 95.)

† *Fleurs purpurines.*

Espèce 1. Ciste crépu (*Cistus crispus*, L. sp. 738).

Tige rameuse, frutescente, blanchâtre au sommet, haute de 2 pieds, velue; feuilles lancéolées, petites, à 3 nervures, rugueuses, pubescentes, crispées sur les bords; fleurs purpurines, à pédoncules très courts et entourés de feuilles florales. ♃. Iles d'Hyères et environs de Montpellier.

2. Ciste blanchatre (*C. incanus*, L. sp. 736).

Tige rameuse, frutescente, velue, blanchâtre, haute de 3 pieds; feuilles sessiles, lancéolées, rétrécies à la base ou spatulées, tomenteuses rugueuses; fleurs purpurines, à calices et à pédicelles velus, blanchâtres. ♃. Environs de Narbonne.

3. Ciste blanchissant (*C. albidus*, L. sp. 737).

Tige pubescente, très rameuse, cotonneuse dans la partie supérieure, haute de 3-4 pieds; feuilles sessiles, oblongues-elliptiques, à nervures peu marquées ; fleurs purpurines, terminales, à pédicelles cotonneux ; capsule pubescente. ♃. Habite les départemens les plus chauds et l'île de Corse.

4. Ciste de Corse (*C. corsicus*, Lois. an. soc. Lin. 1827).

Tige frutescente, rameuse, couverte de poils courts étoilés ; feuilles opposées, pétiolées, ovales-acuminées, un peu cotonneuses ; fleurs roses ; pédoncules uniflores ; calice velu. ♃. Je l'ai reçu de Corse.

†† *Fleurs blanches ou jaunes.*

5. Ciste sauge (*C. sal. icæfolius*, L. sp. 738).

Tiges rameuses, diffuses, hautes de deux pieds ; cotonneuses vers le sommet ; feuilles pétiolées, rugueuses, ovales, velues des deux côtés, à poils étoilés ; fleurs blanches, jaunâtres à la base ; sépales cordiformes. ♃. Le *cistus corbariensis* Pourret, n'est qu'une variété à feuilles inférieures presque cordiformes. Habite nos départemens méridionaux.

6. Ciste a feuilles de péuplier (*G. populifolius*, L. sp. 738).

Tiges frutescentes, très diffuses, rameuses, hérissées dans la jeunesse, glabres ensuite ; feuilles pétiolées, pointues, cordiformes, à peine crénelées ; fleurs blanches, souvent lavées de rose sur les bords ; sépales cordiformes. ♃. Environs de Narbonne, dans les Corbières.

7. Ciste à feuilles longues (*C. longifolius*, Lam. dict. 2. p. 16).

Tige frutescente, rameuse, diffuse, haute de 3 pieds ; feuilles opposées, lancéolées, pointues, rétrécies en un pétiole cilié ; fleurs blanches, à pédoncules axillaires ; sépales cordiformes. ♃. Environs de Narbonne, dans les Corbières.

8. CISTE VELU (*C. hirsutus*, LAM. dict. 2. p. 17).

Tige dressée, frutescente, diffuse, rameuse; feuilles sessiles, oblongues, aiguës, poilues en dessus, tomenteuses en dessous; fleurs blanches; à calice hérissé de poils blancs, et recouvrant les capsules. ♃. Croît en Bretagne aux environs de Landernau.

9. CISTE A FEUILLES DE LAURIER (*C. laurifolius*, L. sp. 736).

Tige droite, frutescente, rameuse, diffuse, un peu velue au sommet, haute de 3-4 pieds; feuilles pétiolées, trinervées, ovales, lancéolées, glabres en dessus, cotonneuses en dessous; fleurs blanches, terminales; capsules velues, globuleuses, et à 5 valves. ♃. Environs de Montpellier, de Narbonne, de Montauban.

10. CISTE ÉRIOCÉPHALE (*C. eriocephalus*, VIV. fl. cors. p. 8).

Tige frutescente, velue; feuilles ovales, pointues, dégénérant en pétiole, réticulées et blanchâtres en dessous, à poils étalés; fleurs blanches, très grandes, en corymbe; calice très velu, soyeux, ainsi que les fruits. ♃. Croît en Corse.

11. CISTE LADANIFÈRE (*C. ladaniferus*, L. sp. 737).

Tige dressée, frutescente, rameuse, visqueuse au sommet, haute de 4-5 pieds; feuilles sessiles, lancéolées, linéaires, glabres en dessus, tomenteuses en dessous, suintant une matière résineuse, visqueuse, d'une odeur agréable; fleurs grandes, blanches, tachées de rougeâtre à la base des pétales, et portées sur des pédoncules visqueux et garnis de bractées oblongues. ♃. Croît en Provence, suivant Loiseleur-des-Longchamps.

12. CISTE LEDON (*C. ledon*, LAM. dict. 2. p. 17).

Tige dressée, frutescente, velue, rameuse, diffuse, haute de 2-3 pieds; feuilles visqueuses, opposées; sessiles, nerveuses, lancéolées, ridées, cotonneuses en dessous; fleurs blanches, avec l'onglet jaunâtre, en corymbe; calice très velu. ♃. Croît en Provence, aux environs de Montpellier, de Narbonne.

13. CISTE DE MONTPELLIER (*C. Monspeliensis*, L. sp. 737).

Tige dressée, frutescente, pubescente, rameuse, haute de 2-8 pieds; feuilles très rapprochées, linéaires, lancéolées; sessiles, velues et nerveuses sur les deux faces; fleurs blanches, en corymbe terminal; pédoncules velus. ♃. Commun dans les bois en Languedoc, en Roussillon et en Provence.

Genre HÉLIANTHÈME (*Helianthemum*, JUSS. *Cistus*, L.).

Calice à sépales inégaux, les deux intérieurs plus petits; capsule uniloculaire, trivalve; graines attachées sur un sillon saillant au milieu des valves. (Voy. *Atl.*, pl. 96.)

† *Feuilles manquant de stipules.*

Espèce 1. HÉLIANTHÈME A FEUILLES D'HALIME (*Helianthemum halimifolium*, DESF. *C. halimif.* L. sp. 738).

Tige ligneuse, diffuse, très rameuse; feuilles opposées, oblongues, entières, blanchâtres, marquées de 3 nervures; fleurs jaunes, à pétales obtus, disposées en grappes corymbiformes; sépales extérieurs, linéaires, couverts de duvet, ainsi que tout le calice. ♃. Ile de Corse.

2. HÉLIANTHÈME EN OMBELLE (*H. umbellatum*, DESF. *C. umb.* L. sp. 739).

Tige très ligneuse, rameuse, diffuse, tortueuse, haute de 12-15 pouces; feuilles linéaires, très rapprochées, opposées, un peu blanchâtres en dessous; fleurs blanches, disposées en corymbe ombellé. ♃. Habite les lieux secs et sablonneux de la forêt de Fontainebleau, la Sologne et les environs du Mans.

3. Hélianthème grêle (*H. lævipes*, Desf. *C. lævipes*,
L. sp. 739).

Tiges ligneuses, rameuses, diffuses, redressées ;
feuilles alternes, sétacées, linéaires, fasciculées, filiformes ; fleurs jaunes, terminales, pédonculées et réunies 7-8 ensemble en espèce de corymbe. ♃. Départemens les plus méridionnaux, sur les rochers exposés
au soleil.

4. Hélianthème fumana (*H. fumana*, Desf. *C. fumana*, L. sp. 740).

Tige grêle, ligneuse, diffuse, rameuse, couchée,
souvent rabougrie, longue de 8-10 pouces ; feuilles
alternes, linéaires, garnies d'aspérités sur leurs bords ;
fleurs jaunes, presque toujours solitaires sur chaque
rameau : il y en a une variété à tige dressée et à
feuilles plus larges, dont Linné avait fait une espèce
dans sa *Mantissa*, sous le nom de *Cist. calycinus*. ♃.
Habite les collines exposées au soleil du centre et du
midi.

5. Hélianthème lunulé (*H. lunulatum*, DC. fl. fr.
4485).

Tige petite, ligneuse, dressée, rameuse, diffuse,
pubescente au sommet, haute de 6-8 pouces ; feuilles
opposées, presque glabres, elliptiques, ciliées ; fleurs
réunies au nombre de 3-4 sur des pédoncules velus,
jaunes, à onglet portant un croissant orangé. ♃. Alpes
voisines du Piémont (rare).

6. Hélianthème des Alpes (*H. Alpestre*, Crantz.
aust. p. 103. t. 6. f. 1).

Tige ligneuse, diffuse, étalée, couchée ; feuilles
petites, opposées, ovales, oblongues, vertes sur les
deux faces, ciliées, garnies de quelques poils longs ;
fleurs petites, jaunes, à pétales échancrés ; calice
velu. ♃. Alpes de Provence, du Dauphiné, à la Grande-
Chartreuse, environs de Montpellier. Le *Cist. œlan-*

dicus de Linné, que beaucoup d'auteurs ont à tort rapporté à cette espèce, ne vient point en France.

7. HÉLIANTHÈME A FEUILLES D'ORIGAN (*H. origanifolium*, PERS. ench. 2. p. 76.

Tiges ligneuses, dressées, rameuses; feuilles ovales, pétiolées, velues sur les deux faces; fleurs jaunes, terminales, à peine doubles de la longueur du calice. ♃. Environs de Montpellier.

8. HÉLIANTHÈME D'ITALIE (*H. Italicum*, PERS. ench. 2. p. 76).

Tiges ligneuses, branchues, à rameaux velus, tomenteux; feuilles hispides - velues, les inférieures ovales, les supérieures plus étroites; fleurs jaunes, assez petites; calices blanchâtres, tomenteux. ♃. Croît dans les montagnes calcaires du Midi.

9. HÉLIANTHÈME BLANC (*H. canum*, DC. prod. 1. p. 277. *Cist. canus*, L.).

Tiges ligneuses, couchées, rameuses, ascendantes, blanchâtres-tomenteuses; feuilles elliptiques, poilues en dessus, blanches en dessous; fleurs jaunes, terminales, petites, à calices et pédicelles très blancs. ♃. Habite les collines arides du Midi.

10. HÉLIANTHÈME A FEUILLES DE MARUM (*H. marifolium*, DC. *Cist. marif.* L. sp. 741).

Tiges ligneuses, diffuses, rameuses, feuillées, étalées, couchées, longues de 6-10 pouces; feuilles opposées, ovales, pointues, verdâtres en dessus, blanchâtres en dessous; fleurs petites, jaunes, en corymbes terminaux. ♃. Environs de Montpellier, de Narbonne, Alpes de Provence, Pyrénées.

11. HÉLIANTHÈME FAUX ALYSSE (*H. alyssoides*, VENT. ch. n. 20. t. 20).

Tiges ligneuses, diffuses, rameuses, couchées à la base; munies de petites aspérités comme les alysses;

feuilles opposées, ovales, oblongues, scabres, velues, à poils rayonnans; fleurs jaunes, au nombre de 2-3, au sommet des rameaux; calice de trois sépales lancéolés, à poils simples. ♃. Habite les landes du Mans, de Dax, de Collioure.

12. HÉLIANTHÈME TUBÉRAIRE (*H. tuberaria*, MILL. D. n. 10. *Cist. tuberaria*, L. sp. 741).

Tiges à peine ligneuses, rameuses, dressées, glabres, hautes de 10-15 pouces; feuilles radicales ovales, trinervées, velues en dessous; caulinaires glabres, petites, lancéolées, alternes vers l'extrémité des rameaux; fleurs jaunes, pédicellées; capsule un peu velue. ♃. Provence, environs de Montpellier.

13. HÉLIANTHÈME TACHÉ (*H. guttatum*, MILL. D. n. 18. *Cist. gutt.* L. sp. 741).

Tige herbacée, coriace, droite, velue, haute de 4-18 pouces, rameuse; feuilles opposées, lancéolées, oblongues, hérissées, les radicales ovales; fleurs jaunes, avec une tache violette à la base de chaque pétale. On en trouve une variété à pétales non tachés. ☉. Habite les lieux sablonneux et couverts d'une grande partie de la France, excepté la partie de l'est. L'*Hel.* *plantagineum*, PERS.; ne me paraît pas suffisamment distinct de cette espèce; de même que les *Hel. eriocaulon*, *inconspicuum* et *punctatum*.

†† *Feuilles stipulées.*

14. HÉLIANTHÈME A FEUILLES DE LEDON (*H. ledifolium*, DC. *Cist. ledifolius*, L. sp 742).

Tige herbacée, coriace, presque glabre, haute de 8 pouces, rameuse; feuilles opposées, radicales ovales, caulinaires lancéolées; fleurs alternes, jaunes, unilatérales, à pédoncules plus courts que le calice. ☉. Provinces méridionales.

15. HÉLIANTHÈME DENTICULÉ (*H. denticulatum*, PERS. ench. 2. p. 78).

Tige rameuse, droite, pubescente sur les rameaux;

feuilles à pétioles courts, ovales-oblongues, denticulées, blanches-soyeuses en dessous ; stipules linéaires ;
fleurs jaunes, plus courtes que le calice. ☉. Croît en
Languedoc.

16. Hélianthème a feuilles de saule (*H. salicifo-
lium*, DC. *Cistus salicif.* L. sp. 742).

Tige dressée, coriace, rameuse, étalée, velue,
haute de 8-10 pouces ; feuilles opposées, ovales, oblongues, pubescentes ; stipules lancéolées, moitié plus
courtes que les feuilles ; fleurs petites, d'un jaune
pâle, en grappe, à pédoncules horizontaux plus longs
que le calice. ☉. L'*helianthemum denticulatum* de Persoon en est une variété dont les feuilles florales offrent
quelques dents éloignées. Provinces méridionales.

17. Hélianthème a feuilles de lavande (*H. lavan-
dulæfolium*, Desf. cat. 153).

Tige ligneuse, frutescente, d'un blanc tomenteux,
haute de 1-2 pieds ; feuilles petites, lancéolées, pointues, roulées sur leurs bords ; stipules linéaires ; fleurs
jaunes, en grappes terminales, bienfournies. ♃. Environs de Marseille. Cette plante ressemble exactement
à une lavande par ses feuilles.

18. Hélianthème glutineux (*H. glutinosum*, DC.
Cist. glutinos. L. mant. 246).

Tige ligneuse, frutescente, tortueuse, dressée,
rameuse, haute de 7-10 pouces ; feuilles linéaires, opposées ou alternes ; fleurs jaunes, terminales, à calice
cotonneux ; pédoncules velus et glutineux. ♃. Croît en
Languedoc, et surtout en Provence, dans les lieux
stériles.

19. Hélianthème commun (*H. vulgare*, Desf. *Cist.
helianthemum*, L. sp. 744).

Tiges un peu ligneuses, couchées, diffuses ; feuilles
ovales, oblongues, opposées, légèrement-pétiolées,
blanches en dessous, roulées sur leurs bords ; stipules
lancéolées ; fleurs grandes, jaunes, disposées au som-

met des rameaux, pendantes avant la fleuraison; calice presque glabre. ♃. Très commun dans les lieux secs au bord des bois.

20. HÉLIANTHÈME OBSCUR (*H. obscurum*, DC. *H. nummularium*. MILL. D. 11. an. LIN.).

Tiges un peu ligneuses, couchées, diffuses; feuilles opposées, ovales dans le bas de la plante, et ovales-oblongues, dans sa partie supérieure, toutes sont vertes des deux côtés; fleurs comme dans l'espèce précédente; calice velu. ♃. Croît aux environs de Paris et dans les provinces méridionales.

21. HÉLIANTHÈME GRANDIFLORE (*H. grandiflorum*, DC. *Cist. grandiflorus*, SCOPOLI).

Tiges un peu ligneuses, redressées, diffuses; feuilles plus grandes que dans le *vulgare*, ayant la même forme, mais vertes sur les deux faces et à peine roulées sur leurs bords; fleurs grandes, d'un beau jaune, disposées comme dans les deux espèces précédentes. ♃. Habite les lieux montagneux un peu ombragés.

22. HÉLIANTHÈME HÉRISSÉ (*H. hirtum*, DC. *Cist. hirtus*, L. sp. 744).

Tiges ligneuses, dressées, diffuses; feuilles ovales, oblongues, opposées, roulées sur leurs bords, un peu plus petites que dans le *vulgare*; fleurs jaunes, assez grandes, disposées comme dans le *vulgare*; calice hérissé de poils roides. ♃. Lieux arides des provinces méridionales.

23. HÉLIANTHÈME MARJOLAINE (*H. majoranæfolium*, GOUAN. herb. 36).

Tiges ligneuses, dressées, diffuses; feuilles opposées, ovales, oblongues, roulées sur leurs bords, plus petites que dans le *vulgare*; fleurs blanches, disposées comme dans l'espèce précédente; calices hérissés de poils roides. ♃. Habite les lieux arides du Languedoc.

24. **Hélianthème rose** (*H. roseum*, DC. *Cist. roseus*, Jacq. Vind. 3. t. 65).

Tige ligneuse, rameuse, diffuse, étalée, pubescente dans le haut; feuilles opposées, pétiolées, roulées sur leurs bords, un peu velues, à poils rayonnans; fleurs roses ou rougeâtres; stipules lancéolées; calice légèrement velu. ♃. Habite les Pyrénées. On en trouve parfois une variété à fleurs blanches.

25. **Hélianthème a feuilles de stéchas** (*H. stœchadifolium*, Pers. ench. 2. p. 79).

Tiges ligneuses, branchues, rameuses, tomenteuses, blanchâtres; feuilles blanches des deux côtés, linéaires, roulées sur les bords; stipules tomenteuses, linéaires, lancéolées; fleurs jaunes, rapprochées; sépales verdâtres, ciliés, les intérieurs blanchâtres. ♃. Corse.

26. **Hélianthème tomenteux** (*H. tomentosum*, DC. prod. 1. p. 729).

Tiges ligneuses, rameuses, tomenteuses dans le haut; feuilles opposées, lancéolées-oblongues, roulées sur les bords, blanches en dessous, glabres en dessus; fleurs jaunes; sépales relevés de côtes saillantes et poilues. ♃. France méridionale: très rare. Espagne. L'*helianth. acuminatum*, Pers., paraît être une variété à calice glabre et à feuilles moins tomenteuses en dessous. Il a aussi beaucoup de rapport avec le *vulgare*.

27. **Hélianthème a feuilles de polium** (*H. polifolium*, DC. *Cist. polifolius*, L. sp. 744).

Tige ligneuse, frutescente, rameuse, couchée, étalée, pubescente au sommet; feuilles pétiolées, opposées, oblongues-ovales, cotonneuses en dessous; stipules très aiguës; fleurs blanches, à calice rougeâtre. ♃. Collines boisées de la France méridionale. (Rare.)

28.—HÉLIANTHÈME POILU (*H. pilosum*, DC. *Cist. pilosus*, L. sp. 744).

Tige dressée, ligneuse, frutescente, tortueuse, rameuse, étalée; feuilles linéaires, blanches en dessous, roulées sur leurs bords; stipules grêles, allongées, étroites, pointues; fleurs blanches. ♃. France méridionale.

29. HÉLIANTHÈME DE L'APENNIN (*H. apenninum*, DC. *Cist. apenninus* L. sp. 744 VAR. *Helianthemum pulverulentum*, DEC. fl. fr. 4501).

Tige ligneuse, frutescente, étalée, tortueuse, rameuse; feuilles opposées, pétiolées, oblongues - lancéolées, roulées sur leurs bords, velues en dessus, blanchâtres en dessous; fleurs blanches, pédicellées, et en grappe simple. L'*helianthemum pulverulentum* en est une variété qui se distingue en ce que les feuilles sont blanchâtres sur les deux faces. ♃. Croît à Saint-Adrien, près Rouen, à Fontainebleau, à Compiègne, Orléans, et dans presque toute la France méridionale.

FAMILLE 14. CARYOPHYLLÉES (*Caryophylleœ*, JUSS.).

Calice tantôt monosépale, tubuleux, à 5 divisions, persistant; tantôt de 5 sépales; corolle de 5 pétales onguiculés, alternant avec les divisions calicinales; étamines en nombre défini, le plus ordinairement de 10, quelquefois de 5, rarement moins; ovaire libre, à une ou plusieurs loges; styles de 1-5; fruit capsulaire, rarement bacciforme, à plusieurs valves déhiscentes par le sommet; graines nombreuses, attachées à un placenta pyramidal; embryon droit ou roulé autour du périsperme qui est farineux; fleurs terminales, en épi ou en corymbe; tiges herbacées ou sous-ligneuses, articulées, et à feuilles opposées.

PRÉMIÈRE TRIBU. **SILÉNÉES** (*Sileneæ* DC.).

Calice monosépale, tubuleux, à 4 ou 5 divisions peu profondes.

Genre **GYPSOPHILE** (*Gypsophila*, LIN. JUSS.).

Calice campanulé, à 5 dents membraneuses sur leurs bords; corolle de 5 pétales sans onglet; 10 étamines; 2 styles; capsule uniloculaire, à 5 valves.

Espèce 1. GYPSOPHILE FASTIGIÉE (*Gypsophila fasti-giata*, L. sp. 582).

Tiges rameuses, articulées, droites, hautes de 12-15 pouces; feuilles glabres, lancéolées, linéaires, obtuses, quelquefois tournées du même côté; fleurs presque en ombelle, de couleur blanche, ayant les étamines saillantes; calice ligné de vert et de blanc. ♃. Environs de Montpellier.

2. GYPSOPHILE RAMPANTE (*G. repens*, L. sp. 581).

Tiges très rameuses, couchées, nombreuses, étalées, articulées, longues de 6-10 pouces; feuilles linéaires, étroites, glauques, un peu charnues; fleurs blanches ou rougeâtres; pétales échancrés; étamines plus courtes que la corolle. ♃..Commune dans les montagnes de l'Auvergne, dans les Alpes et les Pyrénées, au bord des torrens.

3. GYPSOPHILE DES MURS (*G. muralis*, L. sp. 583).

Tige grêle, dressée, glabre, haute de 2-4 pouces, dichotome; feuilles linéaires, planes; pédicelles axillaires portant une seule fleur rose, à pétales crénelés et échancrés; double en longueur du calice; celui-ci n'est point entouré d'écailles à sa base. ♂. Croît en France çà et là, dans les champs et au bord des chemins, aux environs de Paris, en Normandie.

4. GYPSOPHILE SAXIFRAGE (*G. saxifraga*, L. sp. 584).

Tige grêle, dressée, glabre, haute de 6-8 pouces, dichotome; feuilles planes, glabres, linéaires; pédi-

celles axillaires , portant une seule fleur rougeâtre ,
à pétales crénelés, échancrés, moitié plus longs que
le calice : celui-ci est entouré, à sa base, de quatre
bractées acérées. ♃. Croît dans les lieux pierreux des
montagnes, à Lyon, au bord du Rhône, aux environs
de Montpellier, etc.

Genre SAPONAIRE (*Saponaria*, Lin. Juss.).

Calice tubuleux, à 5 dents, non garni d'écailles ou
de bractées à sa base ; corolle de 5 pétales, à onglets
de la longueur du calice ; 10 étamines ; 2 styles ; capsule
uniloculaire.

Espèce 1. Saponaire officinale (*Saponaria officinalis*, L. sp. 584).

Tige droite, glabre, articulée, peu branchue,
haute de 12-18 pouces ; feuilles opposées, lisses, ovales,
lancéolées, trinervées; fleurs assez grandes, odorantes,
d'un blanc rosé, en bouquets ombellés ; calice cylindrique. ♃. Croît dans les lieux sablonneux et humides.
La saponaire est une plante sudorifique, détersive ,
très employée en médecine.

2. Saponaire des vaches (*S. vaccaria*, L. sp. 585).

Tige droite, rameuse vers le haut, articulée, haute
de 2-3 pieds ; feuilles sessiles, ovales, aiguës, lisses ;
fleurs petites, peu nombreuses, rouges, en corymbe
terminal ; calice pyramidal pentagone. ⊙. Croît dans
les champs parmi les moissons, aux environs de Paris,
en Bourgogne.

3. Saponaire faux basilic (*S. ocymoides*, L. sp. 585).

Tige branchue, couchée, étalée, articulée, velue ;
feuilles rétrécies en pétioles , légèrement velues,
ovales, lancéolées ; fleurs petites, rouges, axillaires ;
calice velu, oblong, tubulé. ♃. Croît dans les lieux
pierreux des provinces méridionales : je l'ai recueillie
à la Grande-Chartreuse.

4. Saponaire orientale (*S. orientalis*, L. sp. 585).

Tige droite, grêle, dichotome, un peu étalée, haute de 1-4 pouces ; feuilles linéaires, rétrécies en pétioles ; fleurs axillaires, petites, rouges, à pédicelles courts ; calice cylindrique, velu ⊙. Environs de Collioure. Rare.

5. Saponaire gazonnante (*S. cæspitosa*, DC. supp. 4308ᵃ).

Tige presque nue, haute de 2-4 pouces, naissant d'une touffe serrée et gazonnante ; feuilles glabres, linéaires, étalées ; fleurs rares, à pédicelles courts et à pétales échancrés et redressés en 2 pointes saillantes ; calice cylindrique, velu. ♃. Hautes - Pyrénées, à la vallée de Venasque et de Spéciéris. La *saponaria lutea*, de la flore française, est voisine de cette espèce. Elle habite les Alpes du Piémont et du Valais, c'est la seule caryophyllée européenne à fleurs jaunes.

Genre OEILLET (*Dianthus*, Lin., Juss.).

Calice tubuleux, à cinq dents, muni de 2-4 bractées ou écailles opposées à sa base et comme imbriquées ; corolle de 5 pétales, à onglets aussi longs que le calice ; 10 étamines ; 2 styles ; capsule uniloculaire. (Voyez *Atl.* pl. 98, f. 1.)

Espèce 1. OEillet barbu (*Dianthus barbatus*, L. sp. 586).

Tiges dressées, articulées, feuillées, hautes de 10-15 pouces ; feuilles lancéolées, pointues, trinervées ; fleurs rouges, en corymbe terminal, très serré ; pétales dentelés et panachés de blanc et de rouge ; écailles calicinales, ovales, subulées, aussi longues que le calice. ♃. Lieux stériles des départemens les plus méridionaux. On le cultive sous le nom d'œillet de poète. Le *Dianth. collinus* DC. est une plante du Piémont ; de même que le *D. balbisii*, DC. prod.

2. OEillet des chartreux (*D. carthusianorum*, L. sp. 586).

Tige dressée, articulée, grêle ; feuilles étroites,

linéaires, subulées, engaînantes ; fleurs en bouquet de 2-5 fleurs d'un rouge plus ou moins foncé ; calice ferrugineux, à écailles moitié plus courtes que lui. ♃. Croît dans les lieux incultes et sablonneux.

3. OEILLET ROUGE-BRUN (*D. atrorubens*, ALL. ped. n. 1545).

Tige quadrangulaire, articulée, droite, grêle, haute d'un pied ; feuilles étroites, linéaires, subulées, connées ; fleurs d'un pourpre noir, réunies en un bouquet serré et assez nombreux ; pétales à limbes glabres ; écailles n'atteignant pas la moitié du calice. ♃. Alpes voisines du Piémont. Je l'ai trouvé en abondance sur le Lautaret. Peut-être une variété du précédent.

4. OEILLET FERRUGINEUX (*D. ferrugineus*, L. sp. mant. 1563).

Tige dressée, simple, légèrement quadrangulaire, haute de 1 pied ; feuilles linéaires, connées, engaînantes comme celles des graminées ; fleurs en bouquet serré, d'un roux ferrugineux ; écailles et feuilles florales rousses. ♂. Environs de Narbonne.

5. OEILLLET ARMERIA (*D. armeria*, L. sp. 586.

Tige dressée, rameuse, articulée, glabre, haute de 1 pied ; feuilles assez larges, un peu pointues, légèrement ciliées à la base ; fleurs rouges, réunies en une sorte de faisceau ; calice et écailles très velus. ⊙. Lieux stériles des départemens méridionaux.

6. OEILLET PROLIFÈRE (*D. prolifer*, L. sp. 587).

Tige grêle, très peu branchue, dressée, haute de 8-15 pouces ; feuilles très étroites, pointues ; fleurs en capitule compacte, très petites, d'un rouge pâle ; écailles calicinales, ovales, obtuses, plus longues que le calice. Il y en a une variété, *dianthus minutus*, LINN., qui a les fleurs solitaires. ⊙. Croît dans les lieux sablonneux, au bord des routes.

7. OEillet Giroflée (*D. caryophyllus*, L. sp. 587).

Tige simple, droite, glabre, haute de 1 à 2 pieds ; feuilles linéaires, glauques, canaliculées, subulées ; fleurs solitaires, assez grandes, à pétales crénelés, glabres ; écailles calicinales très courtes, ovales, un peu aiguës. ♃. Provinces méridionales. Croît aussi sur les vieux murs, à Falaise et autres lieux de la Normandie. L'horticulture s'est emparée de cette plante et en a obtenu une quantité infinie de variétés. L'œillet est une plante connue de tout le monde.

8. OEillet sauvage (*D. sylvestris*, Jacq. ic. rar. t. 82.).

Tige simple, droite, glabre, haute de 1 à 2 pieds ; feuilles linéaires, glauques ; fleurs solitaires, assez grandes, à pétales crénelés, glabres ; écailles calicinales ovales, dont les deux extérieures aiguës et les deux intérieures très obtuses. ♃. Croît au pied des Alpes et du Jura. Il est assez commun sur la route de Vizille à Gap, par Laffrey. Il n'est peut-être qu'une variété du précédent.

9. OEillet hérissé (*D. hirtus* ; Vill. Dauph. 4. p. 593. t. 46).

Tige simple, droite, articulée ; feuilles rapprochées, pointues, roides, rudes sur les bords ; fleurs rouges, solitaires ou au nombre de deux ; écailles calicinales, ovales, lancéolées ; droites, mucronées, beaucoup plus courtes que le calice. ♃. Côteaux du Dauphiné et des Alpes de Provence.

10. OEillet dentelé (*D. serratus*, DC. suppl. 4317ᵃ).

Tiges droites, simples, hautes de 10-15 pouces ; feuilles linéaires, pointues, légèrement dentelées ; ce qui les rend rudes au toucher ; fleurs terminales, roses, au nombre de 1 ou 2 ; écailles calicinales au nombre de 4, pointues, n'atteignant pas la moitié du calice. ♃. Pyrénées orientales.

11. ŒILLET ATTÉNUÉ (*D. attenuatus*, DC. fl. fr. 4318).

Tige simple ou rameuse, articulée, haute de 2-3 pieds au plus, souvent beaucoup moins ; feuilles linéaires, en forme d'alêne, rudes, très légèrement denticulées, glauques ; fleurs solitaires, inodores, couleur de chair ; calice strié, aminci au sommet ; écailles calicinales, acuminées, ovales, lancéolées, membraneuses sur leurs bords. ♃. Rochers maritimes du Roussillon.

12. ŒILLET DES ALPES (*D. alpestris*, BALB. act. tur. 7. p. 11. t. 1).

Tige droite, grêle, articulée ; feuilles linéaires, pointues ; fleurs solitaires ou réunies au nombre de 2 ou 3 ; écailles calicinales au nombre de 4, ovales, mucronées, beaucoup plus courtes que le calice ; pétales légèrement échancrés et crénelés. ♃. Alpes de Provence.

13. ŒILLET FOURCHU (*D. furcatus*, BALB. act. tur. 7. p. 12. t. 2).

Tige grêle, dressée, dichotome ; feuilles linéaires, pointues, plus courtes que les entre-nœuds ; fleurs d'un rose tendre, solitaires sur chaque rameau ; calice cylindrique ; écailles calicinales, ovales, lancéolées, foliacées, très pointues et de moitié plus courtes que le tube. ♃. Alpes de Provence.

14. ŒILLET GÉMINIFLORE (*D. geminiflorus*, LOIS. fl. gall. 726).

Tige dressée, couchée à la base, haute de 1 pied, dichotome ; feuilles glabres, linéaires, lancéolées, denticulées, marquées d'une nervure saillante ; fleurs géminées, sessiles ou presque sessiles, purpurines, à pétales légèrement laciniés ; calice strié ; écailles calicinales, ovales, lancéolées, très aiguës. ♃. Environs de Saint-Pé, en Béarn.

15. OEillet piquant (*D. pungens*, L. mant. 240).

Tiges grêles, simples, presque nues ; feuilles subulées, en gazon ; fleurs solitaires, rougeâtres, à
pétales entiers ; écailles calicinales, très courtes, ouvertes, roides, mucronées. ♃. Environs de Narbonne.

16. OEillet virginal (*D. virgineus*, L. sp. 590).

Tiges grêles, simples, dressées, hautes de 6-8
pouces ; feuilles radicales nombreuses, en gazon,
étroites, linéaires, aiguës, roides ; caulinaires en
très petit nombre ; fleurs solitaires, roses ; écailles calicinales très courtes et très obtuses ; pétales crénelés. ♃. Rochers des environs de Montpellier et de
Narbonne.

17. OEillet deltoïde (*D. deltoides*, L. sp. 588).

Tiges grêles, couchées avant la floraison, rameuses,
longues de 8-10 pouces ; feuilles étroites, pubescentes,
pointues ; fleurs rouges, solitaires ; écailles calicinales,
ovales, lancéolées, aiguës, au nombre de deux seulement. ♃. Croît dans les allées des bois, aux environs
d'Antrain, de Villers-Cotterets, de Rouen, etc.

18. OEillet superbe (*D. superbus*, L. sp. 589).

Tige dressée, branchue au sommet, haute de 12-18
pouces ; feuilles linéaires, longues, glabres ; fleurs
d'un rose pâle ou blanches, paniculées, à pétales
multifides, déchiquetées jusqu'au-delà du milieu ;
calice cylindrique, muni de 4 écailles obtuses mucronées, plus courtes que le calice. ♂. Habite les prairies des montagnes.

19. OEillet de Montpellier (*D. Monspeliacus*, L.
sp. 588).

Se distingue du précédent par sa tige, qui ne porte
que 2-4 fleurs, par son calice plus court, par ses écailles
calicinales, lancéolées, pointues, au moins de la longueur de la moitié du calice, et enfin par ses pétales

divisés moins profondément. ♃. Habite les bois des montagnes.

20. OEILLET DES ROCHES (*D. saxatilis*, PERS. ench. 1. p. 494).

"Tiges grêles, tombantes, foibles; feuilles subulées, gazonnantes ; fleurs roses, réunies 2 à 3; pétales multifides, à gorge glabre ; écailles calicinales, mucronées, moins longues que le tube. ♃. Rochers des environs de Clermont.

21. OEILLET DE FRANCE (*D. Gallicus*, DC. suppl. 4325a).

Tiges dressées, rameuses à leur base, hautes de 6-8 pouces; feuilles linéaires, légèrement ciliées, glauques; fleurs pédonculées, blanches ou roses, terminales ; écailles calicinales, ovales ou pointues; pétales à limbe denté, multifide. ♃. Croît au bord de la mer, depuis Bayonne jusqu'en Normandie.

20. OEILLET BLEUATRE (*D. cæsius*, DC. *D. glaucus*, HUDS. angl. 185).

Tiges dressées, simples, hautes de 8-10 pouces, naissant de petits gazons serrés, glauques; feuilles linéaires, légèrement obtuses, rudes sur les bords; fleurs solitaires, odorantes, roses ; calice cylindrique; écailles calicinales, arrondies, obtuses, atteignant le tiers du tube; pétales crénelés, pubescens. ♃. Croît dans le Jura et les Alpes; on le trouve au pied du Grand-Son., à la Grande-Chartreuse.

21. OEILLET GLACIAL (*D. glacialis*, HOENK. coll. 2. p. 84).

Tiges dressées, simples, articulées, hautes de 6-8 pouces, naissant plusieurs ensemble, en gazons serrés d'un vert foncé; feuilles linéaires, pointues; caulinaires en très petit nombre; fleurs inodores, rouges, ou mélangées de blanc, à pétales crénelés et velus à l'entrée de la corolle; écailles calicinales, aiguës, presque aussi longues que le calice. ♃. Habite les hautes sommités des Alpes. Il est assez commun sur le Lautaret.

22. OEILLET SANS TIGE (*D. subacaulis*, VILL. Dauph. 3. p. 5o).

Hampe nue, très courte, quelquefois nulle; feuilles en espèce de gazon naissant d'une souche ligneuse, étalées, courtes, dures, roides, pointues; fleurs rouges, à pétales glabres; écailles calicinales, courtes, ovales, acuminées. ♃. Habite le mont Ventoux.

Genre SILÈNE (*Silene*, DC. *Silene et Cucubalus*, LIN.).

Calice tubuleux, souvent renflé, à cinq divisions, 5 pétales munis d'un onglet long; gorge de la corolle rarement nue, ordinairement couronnée par des écailles; limbe presque toujours bifide; 1o étamines; 3 styles; capsule triloculaire, déhiscente, en six valves.

† *Silènes à calice glabre.*

Espèce 1. SILÈNE RENFLÉ (*Silene inflata*, SMITH. Brit. 467. *Cucubalus behen*, L. sp. 591).

Tiges dressées, glabres, articulées, rameuses, tendres, hautes de 2-3 pieds; feuilles lancéolées, ovales, glabres, glauques; fleurs blanches, à pétales bifurqués et à gorge nue; calice très renflé, glabre. Le *silene uniflora* de Roth en est une variété presque acaule, à fleurs solitaires ou géminées; elle est commune au bord des torrens et tout le long des côtes maritimes de la Normandie. ♃. Le silène renflé, ou behen blanc, se trouve partout dans les champs. Le *silene campanula* est une plante du Piémont, qui ne croît point en France.

2. SILÈNE DES ROCHES (*S. rupestris*, L. sp. 6o2).

Tige glabre, ainsi que toute la plante, rameuse, dichotome, dressée, étalée; feuilles linéaires ou lancéolées; fleurs blanches, petites, nombreuses, terminales, à pétales échancrés; calices ovoïdes. ♂. Commun parmi les rochers de nos hautes montagnes.

3. SILÈNE A QUATRE DENTS (*S. quadridentata*, L. syst. veg. 362).

Tige glabre, ainsi que toute la plante, menue, fili-forme, dichotome; feuilles linéaires, étroites; fleurs blanches, petites, à pétales à 4 divisions.⊙. Croît près des neiges éternelles dans les Alpes. Je l'ai recueilli à Villars Notre-Dame en Oysans, et à la Grande-Chartreuse.

4. SILÈNE SAXIFRAGE (*S. saxifraga*, L. sp. 602.)

Tige glabre, ainsi que toute la plante, menue, fili-forme, articulée; feuilles lisses, glabres, linéaires; fleurs blanches, solitaires, terminales, à pétales bifides; calice en forme de massue.♃. Croît dans les rochers exposés au soleil, en Dauphiné, en Languedoc, etc. Commun.

5. SILÈNE ACAULE (*S. acaulis*, L. sp. 603).

Cette charmante petite plante est en petits gazons serrés, ressemblant à une mousse ou à la *cherleria*; ses feuilles sont étalées, courtes, étroites, linéaires, aiguës; fleurs solitaires, rouges, portées sur un pédoncule, tantôt de la longueur du calice, tantôt plus court, et quelquefois plusieurs fois plus long; pétales échancrés.♃. Ne se rencontre guère qu'à la hauteur des neiges.

6. SILÈNE ROUGEATRE (*S. rubella*, DC. fl. fr. *S. clandestina*, JACQ. supp.).

Tige glabre, dichotome, paniculée, haute de 8-10 pouces; feuilles glabres, lancéolées; fleurs blanches ou rougeâtres, terminales et axillaires; pétales échancrés, de la longueur du calice, qui est renflé.⊙. Croît dans les départemens méridionaux, et particulièrement parmi les champs de lin.

7. SILÈNE FERMÉ (*S. inaperta*, L. sp. 600).

Tiges grêles, dichotomes, hautes de 1-2 pieds; feuilles fasciculées, roulées en dessus, presque filiformes ; fleurs blanches, teintées de rose, solitaires, terminales ; pédicellées, naissant dans la dichotomie des rameaux ; calice glabre, court, légèrement étranglé inférieurement. ♃. Dauphiné ; environs de Narbonne et de Perpignan.

8. Silène bicolore (*S. bicolor*, DC. *an S. porten-sis*, L?*)

Tiges glabres, visqueuses, dressées, étalées, rameuses, un peu couchées inférieurement ; feuilles linéaires, très étroites, fasciculées dans les aisselles ; fleurs terminales, rouges en dessus, très blanches en dessous ; pétales bifides ; calice cylindrique, glabre, strié, réticulé. ☉. Sables maritimes, depuis Bayonne jusqu'à Nantes. Se retrouve aux environs d'Agen et dans les Landes.

9. Silène armeria (*S. armeria*, L. sp. 601).

Tige droite, glabre, branchue, surtout vers le haut, visqueuse dans la partie supérieure ; feuilles larges, glabres, ovales, un peu glauques, les supérieures un peu cordiformes ; fleurs rouges, disposées en bouquets terminaux, fasciculés ; pétales entiers ; calice long, cylindrique, un peu rétréci à sa base. ☉. Environs de Montpellier et Valgaudémar ; se trouve aussi sur la route de Vizille, au bourg d'Oysans.

10. Silène Behen (*S. Behen*, L. sp. 599).

Tige glabre, ainsi que toute la plante, droite, dichotome, haute de 12-15 pouces ; feuilles ovales, oblongues ; fleurs roses, naissant sur des pédicelles axillaires ou terminaux ; pétales bifides, à gorge munie d'écailles dentelées ; calice ovoïde, réticulé. ☉. Montpellier.

11. Silène attrape - mouche (*S. muscipula*, L. sp. 601).

Tiges dressées, visqueuses, plusieurs fois dichotomes ; feuilles inférieures glabres, lancéolées, un peu rétrécies en pétioles ; supérieures linéaires ; fleurs axillaires, rouges; calice cylindrique, très visqueux, ainsi que le haut de la plante. ⊙. Provence, Languedoc.

†† *Silènes à calice velu.*

12. SILÈNE OTITÈS (*S. otites*, SMITH. Brit. 469. *Cucubalus otites*, L. sp. 594).

Tige droite, rameuse, presque nue, visqueuse au sommet, haute de 2-3 pieds; feuilles inférieures spatulées, longues; caulinaires étroites; fleurs petites, jaunâtres, en une espèce d'épi verticillé; pétales linéaires, ondulés, entiers. ♃. Habite les lieux stériles et sablonneux d'une grande partie de la France.

13. SILÈNE ITALIQUE (*S. italica*, DC. *Cucub. italicus*, L. sp. 593).

Tige dressée, pubescente, ainsi que toute la plante, rameuse, étalée, un peu visqueuse au sommet, haute de 12-18 pouces; feuilles inférieures ovales, lancéolées; caulinaires plus étroites et plus courtes; fleurs d'un blanc sale, solitaires; pétales un peu bifides; calice tubuleux, plus court que les onglets des pétales. ♃. Environs de Montpellier, de Narbonne, d'Avignon; en Dauphiné. Le *silene cretica*, L., qui à les feuilles inférieures spatulées, les caulinaires aiguës, la tige visqueuse et les fleurs paniculées, croît en Corse, Sardaigne, etc.

14. SILÈNE RAMASSÉE (*S. congesta*, DC. prod. 1. p. 384).

Tiges rameuses, pubescentes; feuilles velues, pétiolées, ovales, un peu spatulées, acuminées; fleurs en corymbe serré; pétales bifides; calice en massue très longue. ♃. Pyrénées.

15. SILÈNE PENCHÉ (*S. nutans*, L. sp. 596).

Tiges pubescentes, presque nues, dressées, un peu visqueuses au sommet; feuilles radicales étalées, lancéolées, un peu rétrécies en pétioles; caulinaires presque linéaires; fleurs blanches, quelquefois rougeâtres à l'extérieur, pendantes, en panicules peu

serrés; pétales bifides. ♃. Se trouve assez communément dans les lieux sablonneux et arides.

16. SILÈNE PARADOXE (*S. paradoxa*, L. sp. 1673).

Tiges pubescentes, dressées, rameuses, visqueuses
vers le sommet, hautes de 1-2 pieds; feuilles inférieures un peu spatulées; caulinaires linéaires; fleurs en
panicule au nombre de 3 sur chaque rameau; pétales bifides, écailleux dans la gorge; calice pubescent, cylindrique, marqué de 10 sillons ou stries. ♃.
Croît à la roche des Arnauds, en Dauphiné: très rare.
- Corse.

17. SILÈNE DE NICE (*S. Nicæensis*, ALL. ped. n. 1576.
t. 44).

Tiges velues, visqueuses, ordinairement chargées
de grains de sable qui rendent la plante sale, dressées,
hautes de 1 pied; feuilles linéaires, obtuses, un peu
charnues; fleurs blanchâtres, rougeâtres en dessous,
paniculées; pétales bifides; capsules ovales. ⊙. Environs d'Aix, commun au bord du Var.

18. SILÈNE FAUX SEDUM (*S. sedoides*, DESF. atl.
2. p. 449).

Tige courte, branchue, couchée, velue; feuilles
hérissées de poils glanduleux, un peu charnues, spatulées; supérieures ovales oblongues; fleurs roses,
axillaires ou terminales, solitaires; pétales bifides. ⊙.
Environs de Marseille.

19. SILÈNE NOCTIFLORE (*S. noctiflora*, L. sp. 599).

Tige dressée, rameuse, dichotome, haute de 12-18
pouces; feuilles lancéolées, ovales, les radicales pubescentes, spatulées; fleurs blanches, axillaires ou
terminales, à pédicelles hérissés; pétales bifides;
calice marqué de 10 stries saillantes, aussi long que
le tube. ⊙. Croît dans les lieux cultivés, dans les
Vosges, le Dauphiné.

20. SILÈNE A FEUILLES EN CŒUR (*S. cordifolia*, ALL. ped. n. 1581. t. 23).

Tige simple, pubescente, un peu visqueuse, haute de 6-8 pouces; feuilles ovales, lancéolées, cordiformes, aiguës; fleurs terminales, presque sessiles, d'un blanc lavé de rose; pétales bifides; calice pubescent, rougeâtre. ♃. Alpes voisines du Piémont. J'en ai trouvé quelquefois des individus à peine hauts de 2 pouces, et d'autres qui avaient plus de 1 pied.

21. SILÈNE FRUTESCENT (*S. fruticosa*, L. sp. 597.)

Tige ligneuse, sous-frutescente, longue de 1 à 2 pieds, dressée, rameuse; feuilles pubescentes, ovales, lancéolées, sessiles; fleurs blanches, pédicellées, terminales; pétales bifides; calice long, fusiforme et pubescent. ♃. Ile de Corse.

22. SILÈNE VALLESIEN (*S. vallesia*, L. sp. 603).

Tige dressée, un peu dure, haute de 4-12 pouces, pubescente, légèrement visqueuse; feuilles lancéolées, un peu obtuses; caulinaires plus étroites; fleurs blanches, souvent lavées de rose, brunâtres ou violâtres en dessous, assez grandes, disposées au nombre de 2-3 sur des pédoncules axillaires; pétales obcordés; calice cylindrique, pubescent, visqueux, de la longueur des pédicelles. ♃. J'ai trouvé cette plante piémontaise sur la route de Vizille au Lautaret.

23. SILÈNE DE CORSE (*S. Corsica*, DC. fl. fr. 4350).

Tige un peu couchée, pubescente, branchue, haute de 8-10 pouces; feuilles visqueuses, lancéolées-ovales, obtuses, presque spatulées; supérieures oblongues; fleurs blanches ou rosées, solitaires, terminales; pétales à onglet plus long que le calice; celui-ci est visqueux, pubescent. ♃. Les échantillons que je possède ont été recueillis en Corse par M. Thomas.

24. SILÈNE DE REQUIEN (*S. Requieni*, DC. prod. 1. 381).

Tige droite, anguleuse, pubescente; feuilles acumi-

nées ; les inférieures oblongues , les supérieures lancéolées ; fleurs peu nombreuses , paniculées ; calice long ,
en massue. ♃. Croît en Corse et en Sardaigne.

25. SILÈNE PAUCIFLORE (*S. pauciflora*, LOIS. an. soc.
LIN. 1827.)

Tige droite, grêlé , pubescente, feuillée ; feuilles
radicales lancéolées , atténuées, en pétiole ; supérieures
linéaires ; fleurs peu nombreuses, terminales et axillaires ; calice long , étroit. ⊙. Corse.

26. SILÈNE CILIÉ (*S. ciliata*, DC. fl. fr. 4351).

Tige dressée légèrement, couchée vers la base,
haute de 8-10 pouces , peu feuillée , pubescente ;
feuilles linéaires, ciliées à leur base ; fleurs rouges, en
grappe unilatérale, rarement blanches ; pétales bifides ;
calice tubuleux , marqué de 10 stries rougeâtres. ♃.
Environs de Narbonne , Cantal , Pyrénées.

27. SILÈNE DE FRANCE (*S. gallica*, L. sp. 595).

Tige dressée , pubescente ou velue , branchue ,
haute de 1 à 2 pieds ; feuilles oblongues , un peu spatulées , velues ; fleurs blanchâtres , souvent un peu
rougeâtres , petites ; pétales entiers ; calice velu, visqueux et strié ; fruits en une sorte d'épi, relevés et
serrés contre la tige. ⊙. Habite les environs de Paris,
de Rouen , de Falaise , d'Abbeville , de Montpellier,
de Nantes , etc.

28. SILÈNE D'ANGLETERRE (*S. anglica*, L. sp. 595.)

Ressemble parfaitement au précédent ; s'en distingue
par ses pétales un peu échancrés et par ses fruits divergens ou même réfléchis. ⊙. Habite les mêmes localités.

29. SILÈNE FAUX CERAISTE (*S. cerastoides*, L.
sp. 595).

Ressemble encore au *silene gallica*, mais il en diffère
par ses pétales échancrés, par ses fleurs plus petites,
toujours rougeâtres, par ses tiges plus simples et par

ses fruits presque sessiles. ⊙ Environs de Rouen, de Montpellier, de Sorèze, etc. Ces deux dernières espèces sont-elles réellement bien distinctes?

3o. SILÈNE A CINQ BLESSURES (*S. quinquevulnera*, L. sp. 595.)

Tige dressée, velue, peu rameuse, haute de 1 pied; feuilles oblongues, linéaires, un peu en spatule; fleurs blanches, avec une large tache rouge sur chaque pétale; ceux-ci sont entiers, arrondis; fruits dressés, alternes. ⊙. Alsace, Provence, Languedoc, etc.

31. SILÈNE DE PORTUGAL (*S. Lusitanica*, L. sp. 594).

Tige droite, peu rameuse, velue, haute de 10-15 pouces; feuilles oblongues, spatulées, rétrécies vers leur base, velues; fleurs petites, couleur de chair; pétales entiers, un peu dentelés, placés obliquement; calice velu, cylindrique; fruits en épi, divergens à leur maturité. ⊙. Montpellier.

32. SILÈNE A TROIS DENTS (*S. tridentata*, DESF. atl. 1. p. 349).

Tige droite, branchue, hérissée, haute de 8-12 pouces; feuilles inférieures spatulées, supérieures linéaires; fleurs latérales en une espèce d'épi terminal, sessiles, dressées, de couleur rougeâtre; pétales trifides. ⊙. Très commun aux environs de Tarbes.

33. SILÈNE EN ÉPI (*S. spicata*, DC. *S. nocturna*, L. sp. 595).

Tige droite, rameuse, velue, haute de 12-15 pouces; feuilles radicales ovales, un peu rudes au toucher; caulinaires lancéolées, linéaires; fleurs en épi unilatéral, blanches, verdâtres en dessous; calice strié; fruits sessiles, dressés. ⊙. Habite nos provinces méridionales, surtout vers les bords de la mer.

34. SILÈNE BRACHYPÉTALE (*S. brachypetala*, DC. suppl. 4357ª).

Tige dressée, grisâtre, velue; haute de 8-10 pou-

ces ; feuilles cendrées, couchées, spatulées ; caulinaires lancéolées, oblongues, légèrement amplexicaules ;
fleurs blanchâtres, au nombre de 2-3 , axillaires ; pétales bifides, beaucoup plus courts que le calice et à
peine visibles. ⊙. Environs de Marseille. (Rare.)

35. SILÈNE SOYEUX (*S. sericea*, ALL. ped. 1573).

Tige dressée, dichotome, garnie de poils blanchâtres, haute de 6-8 pouces ; feuilles charnues, soyeuses, linéaires, lancéolées ; fleurs roses, presque solitaires au sommet des rameaux, pédonculées ; calice
cylindrique, à 10 stries ; pétales bifides. ⊙. J'ai reçu
cette plante des environs d'Ajaccio.

36. SILÈNE CONIQUE (*S. conica*, L. sp. 598).

Tige dressée, simple ou à peine rameuse, haute de
6-15 pouces, pubescente ; feuilles molles, lancéolées,
allongées, pubescentes ; fleurs rouges, terminales ; pétales bifides ; calice conique, marqué de 30 stries. ⊙.
Commun dans les lieux arides et sablonneux d'une
grande partie de la France.

37. SILÈNE CONOÏDE (*S. conoidea*, L. sp. 598).

Se distingue du précédent par son calice plus gros,
plus renflé ; par ses pétales presque entiers, et par ses
feuilles presque glabres. ⊙. Croît au bord des champs
sablonneux aux environs de Montpellier, etc. Il est
indiqué aux environs de Paris, mais je ne l'y ai jamais rencontré.

Genre CUCUBALE (*Cucubalus*, GÆRTN. DC. L.).

Calice à cinq divisions ; corolle de 5 pétales onguiculés ; fruit charnu, bacciforme, uniloculaire, indéhiscent.

Espèce 1. CUCUBALE BACCIFÈRE (*Cucubalus baccifer*,
L. sp. 591).

Tiges très rameuses, diffuses, étalées, tombantes,
se soutenant souvent à l'aide des corps voisins, longues de 2-3 pieds ; feuilles ovales, pointues, velues ;

fleûrs d'un blanc verdâtre, solitaires; calice campanulé; pétales écartés. ♃. Croît dans les lieux ombragés et les vignes, dans le Midi. Il se trouve aussi dans le bois de Vincennes, près Paris.

Genre LYCHNIDE (*Lychnis*, DC. Lin.).

Calice tubuleux, à 5 divisions; corolle de 5 pétales onguiculés, échancrés ou laciniés; gorge souvent munie d'écailles; 10 étamines; 1 style; capsule uniloculaire, déhiscente.

Espèce 1. LYCHNIDE FLEUR DE COUCOU (*Lychnis flos cuculi*, L. sp. 625).

Tige dressée, simple, un peu hispide, haute de 1 à 2 pieds; feuilles glabres, lancéolées, entières, un peu spatulées; fleurs rouges, en panicule terminal; pétales laciniés, déchiquetés; calice marqué de 10 stries rougeâtres. ♃. Très commun dans tous les prés humides, au printemps.

2. LYCHNIDE DES ALPES (*L. Alpina*, L. sp. 626).

Tige dressée, simple, haute de 8 pouces à 1 pied; feuilles glabres, étroites, lancéolées; fleurs rouges, réunies en une espèce de capitule très serré; pétales bifides. Cette plante a le port du *Statice plantaginea*. ♃. Elle croît dans les Hautes-Alpes voisines du Piémont, en Oysans, dans le Briançonnais. Je l'ai trouvée sur le Lautaret.

3. LYCHNIDE DE CORSE (*L. Corsica*, Lois. not. 73).

Tiges dressées, rameuses; hautes de 8-12 pouces; feuilles étroites, lancéolées, pointues, glabres; fleurs rougeâtres, solitaires, portées sur des pédoncules longs, nus et divergens; pétales très peu échancrés; calice court, marqué de 10 stries; capsule globuleuse. ♃. Corse, d'où je l'ai reçue de M. Thomas.

4. LYCHNIDE DIOÏQUE (*L. dioica*, L. sp. 626).

Tige dressée, velue, articulée, rameuse, haute de 2 pieds; feuilles larges, ovales, molles, velues; fleurs blanches, grandes; souvent dioïques; pétales obcordés; calice velu, strié. ♃. Très commune au bord des champs, des haies, etc.

5. LYCHNIDE SAUVAGE (*L. sylvestris*, HOP. C. exs. 3. *L. dioica*, L. var.).

Cette plante, que Linné a confondue avec le *lychnis dioica*, est certainement distincte par sa tige plus velue, par sa capsule plus petite, son calice à sillons moins marqués, et surtout par ses fleurs rouges, rarement dioïques. ♃. Croît dans les lieux humides, au bord des ruisseaux.

6. LYCHNIDE FLEUR DE JUPITER (*L. flos Jovis*, LAM. D. 3. p. 644. *Agrostema fl. Jovis*, L.).

Tige cotonneuse, ainsi que toute la plante, dressée, rameuse, haute de 2-3 pieds; feuilles lancéolées, ovales; fleurs rouges, réunies en un corymbe serré; pétales presque entiers. ♃. Alpes de Provence. Je ne crois pas que le *lychnis coronaria* se trouve dans nos Alpes françaises : il s'en distingue par ses fleurs solitaires.

7. LYCHNIDE ROSE DU CIEL (*L. cœli rosa*, LAM. D. 3. p. 644. *Agrostema cœli rosa*, L.).

Tige droite, glabre, ainsi que toute la plante, haute de 8-12 pouces; feuilles linéaires, lancéolées; fleurs rouges, solitaires, penchées avant l'épanouissement. ⊙. Provence, Corse.

8. LYCHNIDE DES PYRÉNÉES (*L. Pyrenaica*, DC. suppl. 4370ᵃ).

Tiges glauques, rameuses, hautes de 4-8 pouces, naissant d'une touffe de feuilles d'une teinte glauque; feuilles ovales, oblongues, rétrécies en pétioles; caulinaires sessiles, orbiculaires; fleurs roses, terminales, paniculées; pétales peu échancrés. ♃. Basses - Pyrénées, à la vallée d'Aspe, où elle a été recueillie par M. De Candolle.

9. LYCHNIDE NIELLE (*L. githago*, LAM. D. 3. p. 643.
       Agrost. githago, L.).

Tige velue, ainsi que toute la plante, droite, rameuse; feuilles allongées, linéaires, aiguës; fleurs grandes, rouges, solitaires et terminales; pétales à peine échancrés; gorge de la corolle nue; calice se prolongeant en 5 lanières longues, linéaires, pointues. ⊙. Croît partout dans les champs. On l'appelle vulgairement *nielle*.

Genre VISCAIRE (*Viscaria mihi. Lychnis*, LIN. DC.).

Calice tubuleux, à 5 divisions peu profondes; corolle de 5 pétales onguiculés, échancrés; 10 étamines; 5 styles; capsule déhiscente, à cinq loges polyspermes.

VISCAIRE FAUSSE LYCHNIDE (*Viscaria lychnidoides.
       Lych. viscaria*, L. sp. 625).

Tige dressée, rameuse, haute de 1 à 2 pieds; glabre, peu feuillée, visqueuse; feuilles longues, linéaires, pointues, glabres; fleurs rouges, disposées en bouquets terminaux, paniculés. ♃. Habite les environs de Strasbourg et de Fontainebleau.

Genre VELEZIE (*Velezia*, L. Juss.).

Calice tubuleux, à 5 ou 6 dents; corolle de 5-6 pétales courts, à onglets filiformes et à limbe échancré; étamines de 5-6; 2 styles; capsule uniloculaire.

Espèce 1. VELEZIE ROIDE (*Velezia rigida*, L. sp. 474).

Tige très branchue, haute de 6-10 pouces; feuilles étroites, subulées; fleurs blanches, axillaires, sessiles; calice très long et à pétales échancrés. ⊙. Croît dans les lieux arides, en Provence.

DEUXIÈME TRIBU. ALSINÉES (*Alsineæ*, DC.).

Calice de 4 ou 5 sépales distincts, à peine soudés à la base; du reste, mêmes caractéres que dans la tribu précédente.

Genre LOEFLINGIE (*Lœflingia*, L. Juss.).

Calice à 5 divisions, portant chacune une dent
acérée ; corolle de 5 pétales, petits ; 3 étamines ; 1
style ; 1 stigmate ; capsule déhiscente, à 3 loges.

Espèce 1. Loeflingie d'Espagne (*Lœflingia Hispanica* , L. sp. 5o).

Tige rameuse , diffuse , légèrement velue ; feuilles
lancéolées, linéaires, garnies de dents pointues ; fleurs
très petites, axillaires, sessiles et serrées en manière
d'épis obtus. ☉. Environs de Narbonne? (Rare.) Cette
plante a le *facies* du *scleranthus*. Le genre *Ortegia*
n'habite pas la France, mais les rizières du Piémont.
Il n'appartient plus aux Caryophyllées.

Genre GOUFFEIA (*Gouffeia*, DC. suppl.).

Calice de 5 sépales étalés ; corolle de 5 pétales entiers ; 10 étamines ; 2 styles ; capsule globuleuse, déhiscente, monosperme.

Espèce 1. Gouffeia sabline (*Gouffeia arenarioides*,
DC. suppl. 4379ª).

Tiges branchues, très diffuses, grêles, un peu visqueuses, hautes de 3-4 pouces ; feuilles petites, ovales,
lancéolées, aiguës ; fleurs petites, blanches, terminales, nombreuses, légèrement paniculées: ♃. Découverte par MM. Robillard et Castagne, aux environs
de Marseille.

Genre POLYCARPE (*Polycarpon*, L. Juss.).

Calice de 5 sépales ; corolle de 5 pétales, courts et
échancrés ; 3 étamines ; 3 styles ; capsule déhiscente,
uniloculaire, trivalve.

Espèce 1. Polycarpe a quatre feuilles (*Polycar-
pon tetraphyllum* , L. mant. 174).

Tiges un peu couchées, rameuses, dichotomes, paniculées ; feuilles oblongues, ovales, légèrement spatulées, opposées inférieurement et quaternées dans

le haut; fleurs très petites, nombreuses, mélangées de stipules argentées. ☉. Habite toute la France méridionale et une grande partie du centre.

Genre BUFONIE (*Bufonia*, Lin.).

Calice de 4 sépales; corolle de 4 pétales; 2 styles; capsule comprimée, bivalve, uniloculaire, disperme.

BUFONIE ANNUELLE (*Bufonia annua*; DC. fl. fr. 4378).

Tige dressée, grêle, rameuse, diffuse, étalée; feuilles subulées, connées, glabres; fleurs en panicules lâches, sessiles. ☉. Habite au bord des chemins, en Provence, en Dauphiné.

BUFONIE VIVACE (*Bufonia perennis*, DC. fl. fr. 4379).

Ressemble beaucoup à la précédente, mais elle en est certainement distincte par ses tiges moins rameuses, par ses fleurs terminales moins nombreuses, par ses calices membraneux et non striés, et enfin par sa racine vivace. ♃. Croît en Languedoc, Roussillon, Auvergne; dans les lieux pierreux et stériles.

Genre SAGINE (*Sagina*, L. Juss.).

Calice de 4 sépales; corolle de 4 pétales; 4 étamines; 4 styles; capsule quadrivalve, déhiscente, uniloculaire, polysperme.

Espèce 1. SAGINE COUCHÉE (*Sagina procumbens*, L. sp. 185).

Tiges couchées, glabres, grêles, gazonnantes, longues de 2-3 pouces; feuilles opposées, étroites, linéaires, pointues; fleurs petites, blanchâtres, pédonculées; calice beaucoup plus long que la corolle. ☉. Commune dans les lieux ombragés et sablonneux. La *sagina apetala*, L., en est une variété à tiges un peu plus droites et à pédoncules pubescens.

2. SAGINE DROITE (*S. erecta*, L. sp. 185. *Mœnchia glauca*, PERS. synop. 1. 153).

Tiges grêles, glabres, dressées, glauques, hautes de 2 pouces, étalées à la base ; feuilles aiguës, étroites, lancéolées, appliquées contre la tige ; fleurs blanches, à pétales entiers ; sépales aigus, scarieux sur leurs bords. ⊙. Habite les lieux secs et pierreux de toute la France.

Genre ALSINE (*Alsine*, L.).

Calice à 5 divisions ; corolle de 5 pétales non échancrés ; 5 étamines ; trois styles ; capsule trivalve, déhiscente, uniloculaire.

Espèce 1. ALSINE DES MOISSONS (*Alsine segetalis*, L. sp. 390).

Tiges très grêles, rameuses, dichotomes, dressées, hautes de 3-5 pouces ; feuilles longues, sétacées, naissant sur les articulations de la tige ; fleurs blanches ; calice plus long que la corolle, à sépales scarieux. ⊙. Croît parmi les blés, à Saint-Hubert, près Paris, aux environs de Rouen et de Grenoble.

Genre STELLAIRE (*Stellaria*, LIN. JUSS.).

Calice de 5 sépales ; corolle de 5 pétales bifides ; 10 étamines ; trois styles ; capsule à six valves, déhiscente, polysperme.

Espèce 1. STELLAIRE DES BOIS (*Stellaria nemorum*, L. sp. 603).

Tige couchée ou un peu dressée, haute de 12-18 pouces ; glabre ; feuilles inférieures cordiformes, aiguës, ciliées ; supérieures ovales et sessiles ; fleurs blanches, axillaires ou terminales, en panicule dichotome. ♃. Habite les bois couverts : commune dans les pays des montagnes.

2. STELLAIRE TROMPEUSE (*S. mantica*, DC. *Cerast. manticum*, L. sp. 629).

Tige glabre, ainsi que toute la plante, grêle, cylindrique; feuilles lancéolées, linéaires, écartées; fleurs blanches, longuement pédicellées, terminales ou axillaires; pétales de moitié plus longs que le calice. ⊙. Alpes.

3. STELLAIRE HOLOSTÉE (*S. holostea*, L. sp. 603).

Tige faible, grêle, dressée, glabre, garnie de feuilles; feuilles longues, aiguës, élargies à leur base, garnies de petites dents surleurs bords; fleurs blanches, assez grandes; sépales scarieux sur leurs bords. ♃. Très commune au printemps, dans les buissons, les taillis.

4. STELLAIRE GLAUQUE (*S. glauca*, SMITH. bot. 420).

Tige divariquée, simple, faible, longue de 10-15 pouces; feuilles linéaires, glauques, non denticulées; fleurs blanches; pétales moitié plus longs que le calice : celui-ci est à sépale scarieux. ♃. Croît à Marcoussis près Paris, Fontainebleau, Strasbourg, etc.

5. STELLAIRE GRAMINÉE (*S. graminea*, L. sp. 604).

Ressemble beaucoup à la précédente, mais s'en distingue par ses feuilles linéaires, lancéolées, et surtout par ses pétales plus courts que le calice. ♃. Commune à la fin du printemps, dans les buissons.

6. STELLAIRE AQUATIQUE (*S. aquatica*, POLL. pal. n. 422).

Tiges couchées, grêles, glabres, longues de 6-8 pouces; feuilles ovales, oblongues, glabres; fleurs petites, blanches, axillaires ou terminales, en petite grappe paniculée; calice lancéolé, trinervé, moitié plus long que les pétales. ♃. Croît dans les marais, au bord des fossés.

7. STELLAIRE A LARGES FEUILLES (*S. latifolia*, PERS. ench. 1. p. 501).

Tige dichotome, feuillée, tombante, haute de 8-12 pouces; feuilles molles, larges, ovales, un peu aiguës, sessiles dans le haut; fleurs blanches, solitaires, axillaires ; pétales plus courts que le calice. ☉. Environs de Montpellier.

8. STELLAIRE FAUX CÉRAISTE (*S. cerastoides*, L. sp. 604).

Tiges courtes, rameuses, couchées, gazonnantes ; feuilles oblongues ; fleurs blanches, solitaires, pédonculées ; pétales bifides, plus grands que le calice. ♃. Habite les Alpes et les Pyrénées, dans le voisinage des neiges éternelles. La *S. radicans*, LAPEYR., paraît être une variété à feuilles elliptiques.

9. STELLAIRE DOUTEUSE (*S. dubia*, BAST. suppl. 24).

Ressemble à la précédente par sa capsule cylindrique et par la fleur ; mais elle en est distincte par sa tige dressée, ses feuilles linéaires, et surtout par ses sépales trinervés. ☉. Habite l'Anjou et la Bretagne.

10. STELLAIRE MOYENNE (*S. media*, SMITH. *Alsine media*, L.).

Tige couchée, tendre, grêle, longue de 6-10 pouces, glabre ; feuilles opposées, ovales, entières, glabres, pointues, molles ; fleurs solitaires, blanches, terminales, partant de différens points ; calice pubescent, de la longueur des pétales. ☉. Cette plante, appelée vulgairement *mouron des oiseaux*, *morgeline*, est très commune partout dans les lieux cultivés.

Genre HOLOSTÉE (*Holosteum*, L.).

Calice à 5 sépales ; corolle de 5 pétales dentés ; 5 étamines ; 3 styles ; capsule uniloculaire, polysperme, déhiscente, par six dents qui s'ouvrent au sommet.

Espèce 1. HOLOSTÉE OMBELLÉE (*Holosteum umbellatum*, L. sp. 130).

Tige glauque, ainsi que toute la plante, haute de 4-8 pouces ; feuilles sessiles, lancéolées, opposées ; fleurs blanches, terminales, ombellées. ☉. Commune sur les vieux murs et dans les lieux sablonneux.

Genre MOEHRINGIE (*Mœhringia*, L. Juss.).

Calice de 4 sépales ; corolle de 4 pétales ; 8 étamines ; 2 styles ; capsule polysperme, uniloculaire, 4 valves.

Espèce 1. MOEHRINGIE DES MOUSSES (*Mœhringia muscosa*, L. sp. 515).

Tiges grêles, diffuses, couchées, filiformes, glabres, hautes de 4-6 pouces, en une touffe plus ou moins serrée ; feuilles capillaires longues ; fleurs blanches, axillaires. ♃. Commune dans les lieux couverts, des bois des montagnes.

Genre ÉLATINE (*Elatine*, L. Juss.).

Calice de 4 sépales ; corolle de 4 pétales sans onglet ; 8 étamines ; ovaire orbiculaire, déprimé ; 4 styles ; capsule 4-loculaire, 4 valves.

Espèce 1. ÉLATINE POIVRE D'EAU (*E. hydropiper*, L. sp. 527).

Tige branchue, diffuse, redressée, haute de 3-4 pouces, émettant des radicules de ses articulations inférieures ; feuilles inférieures opposées, supérieures alternes, spatulées, ovales ; fleurs blanches, petites, axillaires. ☉. Croît au bord des marais, à Nantes, Fontainebleau, etc.

2. ÉLATINE A SIX ÉTAMINES (*E. hexandra*, DC. icon. gall. rar. t. 43. f. 1).

Cette petite plante est flottante dans les eaux ; ses feuilles sont allongées, ovales, lancéolées ; fleurs petites, roses, ayant un calice à 3 divisions, 3 pétales, 6 étamines et 1 capsule 3-valve. ☉. Croît à Saint-Léger, aux environs du Mans et de Strasbourg.

3. ÉLATINE FAUSSE ALSINE (*E. alsinastrum*, L. sp. 527).

Tiges droites, arrondies, hautes de 8-10 pouces ; feuilles verticillées, sessiles, ovales, lancéolées ; fleurs blanches, axillaires, petites, verticillées; capsules globuleuses. ⊙. Croît dans les mares, à Senart, Fontainebleau, Bondy près Paris, et aux environs de Strasbourg.

Genre SPARGOUTTE (*Spergula*, L. Juss.).

Calice à 5 divisions; corolle de 5 pétales entiers; étamines de 5 ou de 10; 5 styles; capsule déhiscente, polysperme, à 5 valves, uniloculaire.

† *Feuilles verticillées et stipulées.*

Espèce 1. SPARGOUTTE DES CHAMPS (*Spergula arvensis*, L. sp. 630).

Tiges noueuses, articulées, branchues, hautes de 8-10 pouces; feuilles verticillées, linéaires, très étroites, plus courtes que l'entre-deux des articulations; fleurs blanches, terminales, un peu paniculées, pendantes après la floraison; graines non membraneuses sur leurs bords. ⊙. Commune dans les champs.

2. SPARGOUTTE PENTANDRE (*S. pentandra*, L. sp.).

Tiges noueuses, articulées, hautes de 6-8 pouces; feuilles verticillées, linéaires, très étroites, plus courtes que leurs entre-nœuds; fleurs blanches, à 5 étamines; graines entourées d'une large bordure membraneuse, blanche et très apparente. ⊙. Croît dans les lieux sablonneux, aux environs de Paris, de Falaise, de Grenoble, etc.

†† *Feuilles opposées non stipulées.*

3. SPARGOUTTE NOUEUSE (*S. nodosa*, L. sp. 630).

Tiges grêles, à peine pubescentes, étalées, longues de 3-6 pouces, à articulations nombreuses; feuilles linéaires et réunies par la base, supérieures courtes, paraissant fasciculées; fleurs blanches, pédonculées, réunies au nombre de 2-3 sur chaque tige; pétales plus longs que le calice. ♃. Croît dans les lieux sablonneux, aux environs de Paris, en Normandie, en Alsace, etc.

4. SPARGOUTTE PILIFÈRE (*S. pilifera*, DC. fl. fr. 4391).

Tiges rampantes, rameuses, gazonnantes; feuilles linéaires, roides, nombreuses, souvent fasciculées et terminées toutes par un poil roide; fleurs blanches, à pétales plus longs que le calice. Habite les montagnes de la Corse.

5. SPARGOUTTE GLABRE (*S. glabra*, WILD. sp. 2. p. 821).

Tiges glabres, ainsi que toute la plante, grêles, couchées, hautes de 1-2 pouces; feuilles filiformes, un peu aiguës, paraissant fasciculées; fleurs blanches, solitaires, axillaires ou terminales; pétales plus longs que le calice; calice à divisions bordées par une membrane blanchâtre. ♃. Montagnes herbeuses du Dauphiné, de la Provence.

6. SPARGOUTTE SAGINOÏDE (*S. saginoides*, L. sp. 631).

Tiges glabres, ainsi que toute la plante, réunies en une sorte de gazon; feuilles linéaires, glabres; fleurs blanches; pétales entiers, plus courts que le calice; pédicelles très longs; sépales obtus. ♃. Environs de Barrèges.

7. SPARGOUTTE SUBULÉE (*S. subulata*, SWARTZ. nov. act. holm. 1789. t. 1. f. 3).

Tiges nombreuses, branchues, dressées, un peu velues, hautes de 1 pouce; feuilles en alêne, se terminant souvent par une pointe oncinée; fleurs blanches, longuement pédicellées, axillaires ou terminales, pendantes après la floraison; pétales de la longueur du calice. ⊙. Croît à Saint-Léger près Paris.

Genre CÉRAISTE (*Cerastium*, L. JUSS.).

Calice à 5 divisions profondes; corolle de 5 pétales bifides; 10 étamines; 5 styles; capsule uniloculaire, globuleuse ou cylindrique, s'ouvrant au sommet par 10 dents.

† *Pétales ne surpassant pas la longueur du calice.*

Espèce 1. Céraiste vulgaire (*Cerastium vulgatum,*
L. sp. 627).

Tiges étalées, diffuses, velues, d'une teinte roussâtre, ainsi que toute la plante; feuilles entières, ovales,
lancéolées; fleurs blanches, terminales, peu nombreuses, naissant dans la dichotomie des tiges; calice velu,
de la longueur des pétales. ♃. Commun au bord-des
chemins, des fossés, etc. Le *cerastium murale,* de
M. De Candolle, paraît être une variété plus ferme
et plus velue.

2. Céraiste visqueux (*C. viscosum,* L. sp. 627).

Tige velue, visqueuse, dressée, divariquée, rameuse; feuilles lancéolées-oblongues; fleurs blanches,
paniculées, moins longues que les pédicelles; pétales
bifides, de la longueur du calice; capsule oblongue
comme dans l'espèce précédente. ⊙. Croît communément au bord des champs.

3. Céraiste a pétales courts (*C. brachypetalum,*
Pers. syn. 1. p. 520).

Tige velue, roussâtre, dressée, dichotome, tomenteuse, haute de 2-10 pouces; feuilles ovales; fleurs
blanches, paniculées; calice velu, plus long que les
pétales; capsules oblongues. ⊙. Très commun au bord
des chemins, aux environs de Paris, du Mans, de
Strasbourg, en Normandie, etc.

4. Céraiste androsace (*C. androsaceum,* DC. prod.
1. p. 416).

Tiges rameuses, dichotomes, extrêmement couvertes de poils; feuilles très velues, ovales; fleurs petites, blanches, à pétales 3 fois plus courts que le
calice; capsule allongée, un peu plus courte que le
calice. ♃. Corse.

5. CÉRAISTE PENTANDRE (*C. semidecandrum*, L. sp. 626).

Tige couchée, étalée, diffuse, légèrement visqueuse, haute de 1-3 pouces ; feuilles dressées, ovales, oblongues ; fleurs blanches, petites, à 5 étamines, disposées en tête ; pétales échancrés, plus courts que le calice ; capsule oblongue. ⊙. Cette petite espèce est très commune au bord des chemins et sur les murs.

†† *Pétales plus longs que le calice.*

6. CÉRAISTE TOMENTEUX (*C. tomentosum*, L. sp. 629).

Tiges cotonneuses, ainsi que toute la plante, très branchues, redressées ; fleurs blanches, grandes, très belles ; calice très cotonneux. ♃. Languedoc, Provence et Jura : on cultive quelquefois cette plante dans les parterres.

7. CÉRAISTE A LARGES FEUILLES (*C. latifolium*, L. sp. 629).

Tiges couchées, un peu rameuses, longues de 3-6 pouces ; feuilles elliptiques, légèrement charnues et cotonneuses ; fleurs blanches, grandes, solitaires ; pétales bifides ; capsules ovoïdes. ♃. Commun dans les sommités des Alpes et du Mont-d'Or.

8. CÉRAISTE LAINEUX (*C. lanatum*, LAM. D. 1. p. 680).

Tiges couchées, gazonnantes, étalées, longues de 2-3 pouces ; feuilles ovales, arrondies, couvertes de poils laineux serrés ; fleurs grandes, blanches, terminales ; pétales échancrés ; capsules oblongues. ♃. Alpes, Pyrénées : on en trouve une variété à poils visqueux, qui devra peut-être former une espèce distincte.

9. CÉRAISTE DES CHAMPS (*C. arvense*, L. sp. 628).

Tiges étalées, redressées, pubescentes, nombreuses, hautes de 5-6 pouces ; feuilles lancéolées - ovales, un peu pointues, pubescentes, beaucoup plus nombreuses sur les jeunes rameaux ; fleurs blanches, grandes, terminales ; pétales deux fois plus longs que le calice ; capsule oblongue. ♃. Très commun au printemps, sur le bord des chemins.

10. Céraiste des Alpes (*C. Alpinum*, L. sp. 628).

Tiges simples, pubescentes, un peu étalées ; feuilles ovales-lancéolées ; fleurs grandes, blanches, deux fois plus longues que le calice, à pétales échancrés ; sépales très scarieux sur les bords, pointus au sommet ; capsule cylindrique, légèrement recourbée. ♃. Assez commun dans les lieux couverts des Alpes et des Pyrénées.

11. Céraiste roide (*C. strictum*, L. sp. 629).

Tiges simples, pubescentes, droites, un peu roides ; feuilles ovales-lancéolées, linéaires, pointues ; fleurs blanches, paniculées, terminales; calice velu ; capsules oblongues. ♃. Alpes, Mont-d'Or, aussi commun que le précédent.

12. Céraiste sous-frutescent (*C. suffruticosum*, L. sp. 629).

Tiges simples, pubescentes, droites, dures, roides ; feuilles ovales-lancéolées, linéaires, dures, portant, dans leurs aisselles, des faisceaux de jeunes feuilles ; fleurs blanches, longuement pédonculées ; pétales bifides ; calice pubescent, scarieux sur les bords. ♃. Alpes de Provence et du Dauphiné. Ne me paraît qu'une variété du *Strictum*.

13. Céraiste aquatique (*C. aquaticum*, L. sp. 629).

Tiges un peu couchées, rameuses, articulées, feuillées, pubescentes au sommet ; feuilles larges, cordiformes-ovales, sessiles dans le haut; fleurs blanches, solitaires ; pétales un peu plus longs que le calice ; capsules ovoïdes, pendantes. ♃. Croît communément dans les fossés humides.

Genre CHERLERIE (*Cherleria*, Hall. Lin.).

Calice à 5 divisions ; corolle de 5 pétales très petits,

échancrés; 10 étamines; 3 styles; capsule trivalve, triloculaire.

Espèce 1. CHERLERIE FAUX SÉDUM (*Cherleria sedoides*, L. sp. 608).

Petite plante en petits gazons serrés; feuilles étroites, linéaires, pointues, très rapprochées; pédoncules très courts, portant de petites fleurs d'une couleur herbacée. ♃. Croît sur les hautes sommités, auprès des glaciers.

Genre SABLINE (*Arenaria*, L. Juss.).

Calice à 5 divisions profondes; corolle de 5 pétales entiers; 10 étamines; 3 styles; capsule uniloculaire, déhiscente, en six valves.

† *Feuilles non sétacées; point de stipules.*

Espèce 1. SABLINE A QUATRE RANGS (*Arenaria tetraquetra*, L. sp. 605).

Tiges dures, blanchâtres, rameuses; feuilles courtes, ovales, aiguës, roides, réunies par la base et disposées sur 4 rangs; fleurs blanches, réunies en tête, de 2-4 fleurs. ♃. Croît sur les montagnes, en Provence et Languedoc.

2. SABLINE FAUX POURPIER (*A. peploides*, L. sp. 605).

Tiges tendres, succulentes; feuilles longues de 4-6 pouces; feuilles charnues, ovales, courtes, pointues; fleurs blanches, de la longueur du calice. ♃. Croît dans les sables tout le long de l'Océan.

3. SABLINE A DEUX FLEURS (*A. biflora*, L. mant. 71).

Tiges couchées, étalées, rameuses, feuillées; feuilles ovales, obtuses; fleurs blanches, latérales, réunies, deux à deux, sur chaque rameau; corolle un peu plus grande que le calice; pédicelles moitié plus longs que les feuilles. ♃. Hautes-Alpes. Je l'ai trouvée sur le Galibier, et je l'ai reçue aussi des Pyrénées.

4. Sabline des Baléares (*A. Balearica*, L. syst. nat. app. 230).

Petite plante en gazons serrés, poussant des tiges grêles, rampantes, longues de 1 à 2 pouces; feuilles glabres, d'un vert foncé, petites, ovales, charnues; fleurs blanches sur des pédicelles grêles, pubescens, allongés; calice moitié plus court que la corolle. ♃. Croît dans l'île de Corse, d'où je l'ai reçue de M. Thomas.

5. Sabline a feuilles de céraiste (*A. cerastiifolia*, DC. fl. fr. 4412).

Tige grêle, dure, rameuse, haute de 2-3 pouces, feuillée; feuilles trinervées, pubescentes, ovales; fleurs blanches, solitaires, terminales; pédoncules velus, glanduleux. ♃. Découverte dans les Pyrénées par Ramond.

6. Sabline trinervée (*A. trinervia*, L. sp. 605).

Tiges grêles, couchées, redressées, longues de 6-8 pouces, un peu velues, rameuses; feuilles ovales, aiguës, pétiolées, ciliées, marquées de 3 nervures; fleurs blanches, petites, solitaires; pétales plus courts que le calice. ⊙. Commune dans les bois au printemps.

7. Sabline ciliée (*A. ciliata*, L. sp. 608).

Tiges grêles, couchées, redressées, longues de 3-4 pouces, glabres; feuilles oblongues, ovales, un peu pétiolées, ciliées à leur base, nerveuses; fleurs blanches, pédonculées; pétales plus longs que le calice. ♃. Habite les lieux rocailleux des Alpes du Dauphiné et de la Provence (commune).

8. Sabline a feuilles de serpolet (*A. serpyllifolia*, L. sp. 606).

Tiges grêles, rameuses, couchées, pubescentes, longues de 2-6 pouces; feuilles petites, ovales, pointues, entières, ciliées; fleurs blanches, terminales, paniculées; calice plus long que la corolle. ⊙ Très

commune sur les vieux murs et dans les lieux sablonneux.

9. SABLINE DE MONTAGNE (*A. montana*, L. sp. 606).

Tiges couchées, redressées, rameuses, longues de
4-6 pouces et quelquefois plus, pubescentes; feuilles
linéaires-lancéolées, pubescentes; fleurs grandes, solitaires, terminales; sépales lancéolés, ovales, plus
courts que les pétales. ♃. Croît aux environs de Tours,
d'Angers, du Mans, de Nantes, et dans les Pyrénées.

10. SABLINE PURPURINE (*A. purpurascens*, DC. fl.
fr. 4417).

Tiges couchées, gazonnantes, étalées, rameuses,
grisâtres, un peu rampantes, longues de 4-6 pouces;
feuilles ovales, lancéolées, pointues, glabres; fleurs
violettes ou roses, assez grandes, portées sur des pédicelles un peu plus courts que les feuilles; sépales
glabres, lancéolés, aigus, scarieux sur les bords. ♃.
Découverte par Ramond, au port de Gavarnie, dans
les Pyrénées.

11. SABLINE LANCÉOLÉE (*A. lanceolata*, ALL. ped.
n. 1715. t. 26. f. 5).

Rameaux redressés, naissant d'une touffe gazonnante, un peu rampante; feuilles roides, linéaires-
lancéolées, aiguës, nerveuses, bordées de cils très
petits; fleurs blanches, pédicellées, au nombre de 2-3
sur chaque branche; pédicelles moitié plus longs que
les feuilles; pétales un peu plus longs que les sépales.
♃. Alpes du Dauphiné, de la Provence.

12. SABLINE CENDRÉE (*A. cinerea*, DC. suppl. 4418a).

Tiges rameuses, feuillées, diffuses; feuilles d'une
couleur cendrée, petites, oblongues - lancéolées,
pointues, hérissées, ciliées; supérieures presque linéaires; fleurs blanches, portées sur de longs pédicelles, paniculées; sépales lancéolés, pointus;
moitié plus courts que la corolle. ♃. Croît dans la

Haute Provence. *L'arenaria polygonoides* ne croît pas en France. ♃.

13. Sabline des tourbières (*A. uliginosa*, Schl. cent. exs. 1. n. 47).

Tige dressée, rameuse, glabre, ainsi que toute la plante ; feuilles linéaires, molles, étroites, peu nombreuses dans le haut des rameaux ; fleurs blanches, portées sur des pédicelles grêles cinq fois plus longs que les feuilles ; pétales légèrement échancrés, un peu plus longs que le calice. ♃. Croît dans les tourbières du Jura.

†† *Feuilles subulées, dépourvues de stipules.*

14. Sabline d'Autriche (*A. Austriaca*, Jacq. aust. t. 270).

Tiges dressées, branchues dans le bas, grêles, hérissées de poils droits, épars ; feuilles subulées, linéaires, pubescentes ; fleurs blanches, portées sur des pédoncules très longs, souvent solitaires, légèrement velues ; pétales un peu échancrés au sommet ; sépales trinervés, très pointus, plus courts que la corolle. ♃. Alpes du Dauphiné. Je l'ai recueillie dans l'Oysans.

15. Sabline grandiflore (*A. grandiflora*, L. sp. 608).

Tiges pubescentes, très courtes, garnies de quelques feuilles dans la partie supérieure ; feuilles subulées, planes, striées, très rapprochées dans le bas ; fleurs blanches, très grandes, portées sur des pédicelles fort longs, pubescens ; capsules de la longueur du calice. ♃. Croît au Chasseron, dans le Jura, et aux environs de Montpellier.

16. Sabline a fleurs de lin (*A. liniflora*, Jacq. coll. 2. t. 3. f. 3).

Tiges dressées, rameuses dans le bas, se divisant en rameaux ascendans ; feuilles linéaires-subulées ; fleurs blanches, portées sur des pédicelles longs, solitaires,

terminaux, un peu rudes. ♃. Croît dans le Valgaudemar et le Briançonnais.

17. SABLINE A TROIS FLEURS (*A. triflora*, L.
mant. 240).

Tiges gazonnantes, dressées, longues de 4-8 pouces,
pubescentes, surtout vers le sommet; feuilles roides,
étalées, subulées, ciliées à leur base : celles qui avoi-
sinent la fleur sont aiguës, piquantes; fleurs blanches,
deux fois plus longues que les sépales, au nombre de
3-5; sur des pédicelles longs; divisions du calice très
pointues. ♃. Croît dans les Alpes, les Pyrénées et
aussi au mail de Henri IV, près Fontainebleau.

18. SABLINE DE GÉRARD (*A. Gerardi*, WILD. sp. 2.
p. 729).

Tige glabre, ainsi que toute la plante, dressée,
haute de 2-3 pouces; feuilles trinervées, linéaires-
subulées, un peu roides; fleurs blanches, petites,
portées sur 2-3 pédicelles, au sommet de chaque
branche; sépales trinervés, membraneux sur leurs
bords, aigus, un peu plus courts que la corolle. ♃.
Alpes du Dauphiné et de la Provence. Je l'ai trouvée
à Villars-Eymond.

19. SABLINE DU PRINTEMPS (*A. verna*, L. mant. 72).

Tiges gazonnantes, rapprochées, longues de 4-8
pouces, dressées, un peu pubescentes; feuilles subulées, nerveuses, un peu obtuses, roides, glabres;
fleurs blanches, nombreuses, pédicellées, paniculées;
sépales aigus, striés, pubescens plus courts que la
corolle. ♃. Croît dans les Basses-Alpes, le Jura et les
Vosges.

20. SABLINE EN GAZON (*A. cæspitosa*, WILD. sp. 2.
p. 704).

Tiges gazonnantes, très serrées, étalées, longues de
4-8 pouces, glabres; feuilles subulées, nerveuses, un
peu obtuses; fleurs blanches, nombreuses, pédicellées,
paniculées; calice à divisions glabres, plus courtes

que les pétales. ♃. Croît dans les Alpes, les Pyrénées et les montagnes d'Auvergne.

21. SABLINE HISPIDE (*A. hispida*, L. sp. 608).

Tiges gazonnantes, nombreuses, rapprochées, ve-lues, hispides, hautes de 3-6 pouces; feuilles hérissées, subulées, étalées; fleurs blanches, disposées en pani-cule dichotome, longuement pédicellées; sépales his-pides, lancéolés, très aigus, à peu près de la longueur de la corolle. ♃. Croît aux environs de Montpellier.

22. SABLINE A FEUILLES MENUES (*A. tenuifolia*, L. sp. 607).

Tiges très menues, se divisant en une infinité de rameaux paniculés, pubescens; feuilles longues, su-bulées, sétacées, pointues, minces à leur base; fleurs petites, blanches, pédonculées; calice à sépales aigus, plus longs que la corolle. ☉. L'*arenaria viscidula*, THUIL., MÉRAT, est une variété couverte de poils courts et visqueux. L'*arenaria Barrelieri* est une autre variété entièrement glabre.

23. SABLINE RECOURBÉE (*A. recurva*, ALL. ped. n. 1713. t. 89. f. 3).

Tiges glabres, ainsi que toute la plante, gazon-nantes, presque simples; feuilles radicales, ramassées, subulées, recourbées; fleurs blanches, portées sur des pédicelles pubescens réunis 4-6 sur chaque rameau; calice à sépales lancéolés, striés, pubescens, plus courts que les pétales et de la longueur du fruit. ♃. Hautes-Alpes, sur le Lautaret.

24. SABLINE SÉTACÉE (*A. setacea*, THUIL. fl. par. II. 1. p. 220).

Tiges dressées, étalées, diffuses, légèrement pubes-centes, hautes de 3-6 pouces; feuilles nombreuses, extrêmement étroites, sétacées, très fines, peu nom-breuses dans le haut de la tige; fleurs blanches, pe-tites, disposées en bouquets; pédicelles glabres; sé-pales étroits, aigus, nombreux, moins longs que la corolle. ♃. Commune dans les lieux sablonn ux , à Saint-Maur et à Fontainebleau , près Paris.

25. SABLINE FASCICULÉE (*A. fasciculata*, Gou. illust. 3o).

Tiges fermes, dressécs, rameuses, hautes de 6-12 pouces ; feuilles glabres, subulées, sétacées, très fines, fasciculées ; fleurs blanches, fasciculées; sépales aigus, lancéolés, striés , trois fois plus longs que la corolle ; étamines de 5-10. ☉. Croît à Grenoble , au bord du Drac, etc., et aux environs de Montpellier.

26. SABLINE MUCRONÉE (*A. mucronata*, L. mant. 358).

Tiges glabres, rameuses, gazonnantes, donnant nais-sance à des jets ascendans ; feuilles sétacées, glabres, très fines, nombreuses ; fleurs blanches, très petites, pédicellées ; sépales lancéolés , se terminant par une longue pointe acérée, plus longs d'un tiers que les pétales. ☉. Habite les montagnes du Languedoc.

††† *Feuilles munies de stipules scarieuses à leur base.*

27. SABLINE A GROSSE RACINE (*A. macrorhiza*, Lois. an. soc. lin. 1827).

Racine grosse, épaisse; tige couchée, pubescente, visqueuse ; feuilles pubescentes, linéaires, subulées, un peu plus longues que les entre-nœuds ; stipules membraneuses, engaînantes; fleurs blanches, en grap-pes paniculées ; pétales obtus, plus longs que le calice. ♃. Croît en Corse.

28. SABLINE ROUGE (*A. rubra*, L. sp. 6o6.)

Tige dressée, rameuse, diffuse, légèrement velue, haute de 4-8 pouces ; feuilles un peu charnues, planes ou un peu roulées, munies de stipules presque entières ; fleurs rouges, terminales, paniculées ; sépales un peu membraneux et un tiers plus courts que la corolle. ☉. Assez commune dans les lieux sablonneux. L'*Aren. media*, LIN., *marginata*, DC. ic. rar. gall. , t. 48, se distingue de la *rubra* par ses fleurs, moitié plus grandes, et surtout par ses graines, bordées d'une large membrane circulaire, tandis qu'elles sont comprimées et non bordées dans la précédente. Elle croît en Normandie, dans les sables maritimes; elle remonte aussi le long de la Seine jusqu'à Mantes.

FAMILLE 15. LINÉES (*Lineæ*, DC.).

Cette famille a en partie les caractères des caryophyllées; mais elle en est distinguée par ses feuilles alternes, ses étamines monadelphes, par le fruit qui est une capsule à dix loges monospermes, et enfin par l'embryon dépourvu de périsperme.

Genre LIN (*Linum*, L. Juss.).

Calice à 5 divisions, persistant; corolle de 5 pétales onguiculés; 5 étamines réunies à leur base, 5 petites écailles alternant avec les étamines; 5 styles; capsule globuleuse, mucronée, multivalve; graines ovales, comprimées. (Voyez *Atl.*, pl. 98, f. 3.)

† *Fleurs jaunes.*

Espèce 1. LIN DE FRANCE (*Linum gallicum*, L. sp. 401).

Tiges branchues, grêles, glabres, anguleuses, hautes de 8-10 pouces; feuilles lancéolées-linéaires, pointues, éparses dans le haut, serrées inférieurement; fleurs petites, jaunes, paniculées, quelquefois solitaires; calice de 5 sépales acérés, linéaires, à peine plus courts que la corolle. ⊙. Habite les lieux stériles de la France occidentale et méridionale.

2. LIN MARITIME (*L. maritimum*, L. sp. 400).

Si voisin du précédent, que Lamarck n'en a fait qu'une variété; mais il en est certainement distinct par sa taille plus élevée, par ses feuilles inférieures, qui sont opposées et elliptiques, et par sa corolle deux fois plus longue que le calice. ♃. Croît dans toute la France méridionale, sur les bords de la mer : il se retrouve en Bretagne.

3. Lin campanulé (*L. campanulatum*, L. sp. 400.
—Var. *L. glandulosum*, Moench).

Tiges glabres, ainsi que toute la plante, à peine rameuses, dressées, hautes de 6-8 pouces; feuilles lancéolées-linéaires, éparses, les inférieures ponctuées,
glanduleuses; fleurs jaunes, grandes, campaniformes,
réunies 3 à 3 sur les rameaux; sépales lancéolés, linéaires. ♃. Croît sur les collines pierreuses de la Provence, du Languedoc et du Roussillon.

4. Lin roide (*L. strictum*, L. sp. 400).

Tige grêle, roide, branchue dans le haut; feuilles
roides, lancéolées, linéaires, mucronées, scabres sur
leurs bords; fleurs jaunes, en corymbes terminaux;
sépales longs et aigus. ☉. Croît dans les lieux arides,
au bord des chemins, en Provence, en Languedoc.

†† *Fleurs bleues ou purpurines.*

5. Lin usuel (*L. usitatissimum*, L. sp. 397.)

Tige droite, feuillée, presque simple, haute de 2-3
pieds et plus; feuilles éparses, lancéolées; fleurs bleues,
terminales; sépales ovales, aigus, trinervés; capsule
terminée en pointe. ☉. Cette plante, l'une des plus
précieuses, est cultivée partout. Les semences sont
employées comme émollientes.

6. Lin de Narbonne (*L. Narbonnense*, L. sp. 399.)

Tige grêle, menue, feuillée, presque simple; feuilles
lancéolées; roides, scabres sur leurs bords, acuminées; fleurs grandes, bleues, terminales; sépales acu-
minés, membraneux sur les bords. ♃. Croît dans les
lieux stériles, en Provence, en Languedoc et en Roussillon.

7. Lin des Alpes (*L. Alpinum*, L. sp. 1672.)

Tiges nombreuses, dressées, à peine rameuses au
sommet, feuillées, hautes de 10-15 pouces; feuilles linéaires, alternes, un peu aiguës; fleurs bleues, terminales, grandes; divisions extérieures du calice aiguës,

divisions intérieures très obtuses. ♃. Croît assez communément dans les pâturages des Alpes et du Jura.

8. LIN A FEUILLES ÉTROITES (*L. angustifolium*, HUDS. angl. 134).

Tiges grêles, un peu couchées ; feuilles linéaires, trinervées, aiguës ; fleurs bleuâtres, terminales, longuement pédicellées ; sépales ovales-aigus, trinervés, membraneux sur leurs bords. ♃. Habite les Pyrénées, le Languedoc, la Provence ; les environs de Nantes et du Mans. Le *Lin. montanum*, DC. prod., s'en distingue par ses pétales triples du calice.

9. LIN A FEUILLES MENUES (*L. tenuifolium*, L. sp. 399).

Tiges grêles, un peu fermes, peu rameuses, hautes de 10-18 pouces ; feuilles très étroites, linéaires, scabres, éparses ; fleurs terminales, grandes, d'un blanc rosé ; divisions du calice acuminées, ciliées et glanduleuses. ♃. Croît sur les collines arides à Fontainebleau et dans tout le centre et le midi de la France. Le *linum hirsutum*, L., qui a les feuilles, la tige et le calice velus, est une plante du Piémont. Le *Lin. salsoloides*, LAM., se distingue par son calice un peu plus court que la capsule.

††† *Fleurs blanches.*

10. LIN PURGATIF (*L. catharticum*, L. sp. 402.)

Tige menue, grêle, faible, rameuse, haute de 3-12 pouces ; feuilles opposées - ovales, oblongues ; fleurs blanches, petites, terminales, pédonculées ; calice à divisions entières moitié plus courtes que la corolle. ☉. Commun partout dans les prairies sèches.

Genre RADIOLE (*Radiola*, SMITH. *Linum*, LIN.).

Calice à quatre divisions multifides ; corolle de 4 pétales ; 8 étamines ; 4 stigmates ; capsule déhiscente, octoloculaire, monosperme.

Espèce 1. RADIOLE MILLEGRAINE (*Radiola millegrana*, SMITH, fl. br. *Linum radiola*, L.)

Plante extrêmement petite, haute de 1 à 2 pouces,

très rameuse, d'un vert jaunâtre ; feuilles ovales , opposées, sessiles ; fleurs blanches, très petites et très nombreuses, en petits bouquets serrés au haut des tiges. ⊙. Croît assez communément dans les lieux inondés pendant l'hiver, dans les avenues des bois ; on la trouve souvent mêlée avec l'*exacum filiforme*.

FAMILLE 16. MALVACÉES (*Malvaceæ*, Juss.).

Calice souvent caliculé , à 5 divisions, à estivation valvaire ; le calicule à divisions variables ; corolle de 5 pétales hypogynes distincts , mais le plus souvent réunis par la base du tube staminifère ; étamines définies ou indéfinies, monadelphes ; anthères arrondies , à déhiscence transversale ; fruit formé par plusieurs carpelles disposés circulairement autour d'un axe commun ; styles et stigmates correspondant au nombre des carpelles ; graines attachées à l'axe central , dressées ou renversées ; périsperme nul ; embryon droit ; fleurs axillaires ou terminales. Herbes , arbustes ou arbres à feuilles stipulées , simples ou palmées.

Fruit composé de plusieurs carpelles.

Genre MALOPE (*Malope*, Linn. Juss.).

Calice double, l'interne à 5 divisions, l'externe tripartite ; fruit indéhiscent , composé de plusieurs carpelles agglomérés en tête.

Espèce 1. Malope fausse mauve (*Malope malachoides*, L. sp. 974).

Tiges couchées, redressées, à peine velues, hautes de 1-2 pieds ; feuilles oblongues, obtuses , entières , crénelées , glabres en dessus ; fleurs grandes, rouges , portées sur des pédoncules solitaires et axillaires. ♃. Croît en Provence , à la Sainte-Baume : on la cultive quelquefois comme fleur d'ornement.

Genre MAUVE (*Malva*, Lin. Juss.).

Calice double, l'interne à 5 divisions , l'externe tripartite ; carpelles nombreux, indéhiscens, disposés circulairement autour d'un axe. (V. *Atl.*, pl. 88, f. 1.)

Espèce 1. MAUVE PARVIFLORE (*Malva parviflora* , L. sp. 969.)

Tige rameuse, étalée, glabre, haute de 1 à 2 pieds; feuilles à 5 ou 7 lobes, molles, pétiolées; fleurs axillaires, presque sessiles, agglomérées, roses; calice glabre, ouvert, de la longueur des pétales. ⊙. Provence.

2. MAUVE A FEUILLES RONDES (*M. rotundifolia*, L. sp. 969).

Tiges couchées, étalées, rameuses; feuilles longuement pétiolées, arrondies, à 5 lobes peu distincts, échancrées en cœur à leur base; fleurs roses, petites, pédonculées, axillaires. ⊙. Commune au bord des chemins et des habitations.

3. MAUVE SAUVAGE (*M. sylvestris*, L. sp. 969).

Tiges dressées, velues, étalées, rameuses, hautes de 2-3 pieds; feuilles longuement pétiolées, velues, surtout sur les pétioles; à 7 lobes peu prononcés, aigus; fleurs rouges, assez grandes, pédonculées, axillaires. ♃. Commune dans les lieux fertiles, au bord des chemins. Cette plante est très émolliente, ses fleurs sont souvent employées comme béchiques. La précédente a les mêmes vertus. La *Malva nicæensis*, d'Allioni, n'a point encore été trouvée en France, à ma connaissance. On l'indique en Provence.

4. MAUVE ALCÉE (*M. alcea*, L. sp. 971).

Tige dressée, presque simple, couverte de petits poils fasciculés, haute de 2-3 pieds; feuilles inférieures rudes, scabres, à 5 lobes peu prononcés, crénelés; caulinaires palmées, à lobes profonds, incisés-dentés, écartés; fleurs roses, assez grandes; calicule à folioles oblongues, obtuses. ♃. Croît dans les bois.

5. MAUVE MUSQUÉE (*M. moschata*, L. sp. 971).

Tige dressée, simple, presque velue, haute de 2-3 pieds; feuilles radicales réniformes, incisées; cauli-

naires quinquépartites, multifides, à segmens linéaires ; fleurs roses, assez grandes ; calicule à folioles
linéaires. ♃. Lieux secs.

6. Mauve de Tournefort (*M. Tournefortiana*, L.
sp. 971).

Tige presque glabre, dressée, simple, haute de 1 à
2 pieds ; feuilles radicales profondément découpées,
longuement pétiolées ; supérieures multifides, à segmens linéaires ; fleurs roses, assez grandes, pédicellées,
solitaires, axillaires. ☉. Croît au bord de la mer, en
Languedoc, en Provence. La *M. fastigiata*, Cav.,
est indiquée en Auvergne.

Genre GUIMAUVE (*Althæa*, Lin.).

Calice double, l'intérieur à 5 divisions, l'extérieur
à 6-9 divisions profondes ; carpelles nombreux, monospermes.

Espèce 1. Guimauve passe-rose (*Althæa rosea*, DC.
Alcea rosea, L. sp. 966).

Tige droite, velue, feuillée, haute de 5-6 pieds ;
feuilles alternes, pétiolées, larges, presque rondes,
à 5-7 lobes peu prononcés ; fleurs très grandes, roses,
rouges, blanches ou jaunes, axillaires, en épi long. ♂.
Croît spontanément dans les montagnes de Provence.
On la cultive dans les jardins sous le nom de *rose tré-
mière*.

2. Guimauve officinale (*A. officinalis*, L. sp. 966).

Tiges velues, droites, feuillées, hautes de 4-5 pieds ;
feuilles alternes, velues, tomenteuses, douces au toucher, pétiolées, légèrement cordiformes à leur base,
à 3 lobes peu sensibles ; fleurs assez grandes, d'un
blanc rosé, disposées en épi. ♃. Les racines de guimauve sont émollientes, béchiques, adoucissantes ;
on en fait un fréquent usage en médecine ; les fleurs
sont aussi fort employées comme pectorales. Cette
plante croît dans les lieux ombragés un peu humides.
On la cultive. La racine de guimauve blanche, qui

nous vient sèche du Midi, appartient à l'*althœa rosea*, qui jouit des mêmes propriétés.

3. GUIMAUVE DE NARBONNE (*A. Narbonnensis*, DC. fl. fr. 4516).

Tige dressée, rameuse, velue, haute de 3-4 pieds ; feuilles inférieures pétiolées, dentées, échancrées en cœur, à 5-7 lobes anguleux ; feuilles supérieures trilobées ; fleurs violettes, axillaires, solitaires. ♃. Croît seulement aux environs de Narbonne.

4. GUIMAUVE CANNABINE (*A. cannabina*, L. sp. 996).

Tige dressée, herbacée, couverte de poils rayonnans, ainsi que les précédentes, haute de 4-5 pieds ; feuilles courtement pétiolées, partagées en lobes palmés, digitées ; supérieures ternées, avec la foliole du milieu beaucoup plus longue ; fleurs roses, peu nombreuses, axillaires, pédonculées. ♃. Croît en Languedoc et en Provence.

5. GUIMAUVE HÉRISSÉE (*A. hirsuta*, L. sp. 966.)

Tige très hérissée, rameuse, étalée, dressée, longue de 1 à 2 pieds ; feuilles très velues sur les pétioles, échancrées en cœur, obtuses, à 5 lobes, glabres en dessus ; fleurs blanches ou rougeâtres, portées sur de longs pédicelles axillaires. ☉. On trouve cette plante dans les lieux incultes, dans les haies, etc.

Genre LAVATÈRE (*Lavatera*, L. Juss.).

Calice double, l'intérieur à 5 divisions, l'extérieur monophylle, à 3 divisions ; carpelles nombreux, monospermes.

Espèce 1. LAVATÈRE DE HYÈRES (*Lavatera olbia*, L. sp. 972).

Tiges ligneuses, velues vers le haut, dressées, frutescentes, hautes de 4-5 pieds ; feuilles alternes, pétiolées, assez grandes, molles, cotonneuses, hastées, à 5 lobes ; fleurs solitaires, violettes, axillaires. ♄. Environs de Toulon et îles d'Hyères.

2. LAVATÈRE TRILOBÉE (*L. triloba*, L. sp. 972).

Tiges frutescentes, velues, cotonneuses, ainsi que
toute la plante, rameuses, hautes de 2-3 pieds ; feuilles
pétiolées, arrondies, crénelées, échancrées en cœur,
trilobées ; stipules cordiformes ; fleurs grandes, purpurines, portées sur des pédicelles axillaires. ♃. Environs de Montpellier.

3. LAVATÈRE MARITIME (*L. maritima*, GOUAN. ill.
46. t. 21. f. 2).

Tiges frutescentes, couvertes de poils courts et
serrés, dressées, hautes de 2-3 pieds ; feuilles arrondies, obtuses, pétiolées, crénelées, à lobes anguleux ;
fleurs blanches, grandes, solitaires, pédonculées,
axillaires. ♃. Croît au bord de la Méditerranée.

4. LAVATÈRE EN ARBRE (*L. arborea*, L. sp. 972).

Tige herbacée, arborescente, simple ou rameuse,
suivant l'âge, haute de 8-10 pieds ; feuilles tomenteuses, plissées-anguleuses, à 7 lobes, pétiolées ;
fleurs petites, violettes, réunies dans l'aisselle des
feuilles. ♄. Croît dans l'île de Corse, le Finistère, etc.

5. LAVATÈRE PONCTUÉE (*L. punctata*, WILD. sp.
3. p. 797).

Tige dressée, branchue, ponctuée de petites taches
blanches, haute de 1 à 2 pieds ; feuilles pétiolées, légèrement tomenteuses, les inférieures arrondies-cor-
diformes, les supérieures à 3 lobes ; fleurs purpurines,
campaniformes, portées sur des pédicelles axillaires,
solitaires et ponctués. ⊙. Croît en Provence, entre
Fréjus et Saint-Tropez.

6. LAVATÈRE DE NAPLES (*L. neapolitana*, TEN.
cat. 125).

Tige branchue, dressée, à rameaux rudes ; feuilles
arrondies, à 7 lobes obtus, crénelés, souvent presque
nuls, formés chacun par une nervure qui part de la
base ; fleurs ramassées, assez grandes, portées sur

des pédoncules axillaires ; calice à divisions pointues , plus longues que le calice extérieur. ♃. Croît en Corse. (VIVIANI.)

7. LAVATÈRE DE CRÈTE (*L. Cretica* , L. sp. 973).

Tige droite, hispide, rameuse ; feuilles velues, à 5 lobes aigus ; fleurs axillaires, ramassées, à pédicelles courts. ☉. Cette espèce est indiquée en Corse par Viviani.

Genre STÉGIE (*Stegia* , DC. *Lavatera* , LIN.).

Calice double , l'intérieur à 5 divisions, l'extérieur à 5-6 divisions ; fruit à réceptacle évasé en un plateau orbiculaire recouvrant tous les carpelles.

Espèce 1. STÉGIE LAVATÈRE (*Stegia lavatera* , DC. *lavatera trimestris* , L. sp. 974).

Tige velue, dressée, branchue, haute de 1-2 pieds ; feuilles alternes, velues, pétiolées ; les inférieures arrondies, cordiformes ; les supérieures anguleuses, trilobées au sommet, avec le lobe mitoyen plus long ; fleurs très grandes , rouges , solitaires , axillaires et terminales. ☉. Cette belle plante croît à Villefranche et dans les environs de Montpellier.

Genre SIDA (*Sida* , L. Juss.).

Calice unique à 5 divisions ; carpelles nombreux , disposés circulairement autour d'un axe, bivalves, polyspermes , uniloculaires.

Espèce 1. SIDA ABUTILON (*Sida abutilon* , L. sp. 963).

Tiges velues, ainsi que toute la plante, rameuses, hautes de 6-7 pieds ; feuilles pointues, arrondies, cordiformes, dentées, tomenteuses ; fleurs jaunes, portées sur des pédicelles solitaires. ☉. Croît dans le voisinage du Piémont.

Genre HIBISQUE (*Hibiscus* , L. Juss.).

Calice double, l'intérieur à 5 divisions, l'interne

polyphylle ou multifide ; 1 style ; 5 stigmates ; carpelles simples, quinquéloculaires, à 5 valves.

Espèce 1. HIBISQUE DES MARAIS (*Hibiscus palustris*, DC. fl. fr. *H. roseus*, Lois. fl. gall.).

Tige simple, droite, velue dans le haut; feuilles ovales, aiguës, dentées, à 3 lobes peu prononcés, échancrés en cœur, blanchâtres en dessous; fleurs grandes, rougeâtres ou purpurines, axillaires; les deux calices tomenteux; l'extérieur à 10 divisions. ☉. Croît dans le département des Landes, au bord de l'Adour. L'*hibiscus trionum*, L., est une plante d'Italie qui n'a pas encore été trouvée en France.

FAMILLE 17. TILIACÉES (*Tiliaceæ*, JUSS.).

Calice nu, formé de 4 à 5 sépales, à estivation valvaire ; pétales en nombre déterminé, alternant avec les sépales; étamines libres, presque toujours indéfinies, insérées sous la base de l'ovaire, à anthères biloculaires, intorses; ovaire supère, sessile ou stipité, surmonté d'un style simple, nul ou multifide; fruit capsulaire ou bacciforme, le plus souvent à plusieurs loges; cloisons attachées 2 par 2; graines attachées à un axe central : périsperme charnu, embryon droit; fleurs pédonculées, axillaires ou terminales, munies de bractées. Arbres ou arbrisseaux à feuilles dentées, stipulées.

Genre TILLEUL (*Tilia*, L. Juss.).

Calice caduc, à 5 divisions ; 5 pétales ; étamines nombreuses; ovaire globuleux, velu ; style filiforme; stigmate capité, à 5 dents; fruit indéhiscent (Carcerule). (Voyez *Atl.*, pl. 94, f. 1.)

Espèce 1. TILLEUL A PETITES FEUILLES (*Tilia microphylla*, VENT. mont. 4. t. 1. f. 1. *Tilia europæa*, L. sp. 773).

Grand arbre de nos forêts, à rameaux étalés, d'un port élégant, haut de 20-30 pieds; feuilles cordiformes, arrondies, pointues, dentées en scie; fleurs blanches, odorantes, munies de bractées jaunes très longues, lancéolées, obtuses; capsule arrondie, pubescente, très mince. ♄. Croît dans les bois. La fleur de tilleul est très employée comme antispasmodique.

2. **Tilleul a larges feuilles** (*T. platyphylla*, Scop. carn. ed. 2. n. 641. *Tilia europæa*, L. α).

Cet arbre a le même port que le précédent, mais il s'élève un peu moins haut; ses feuilles sont cordiformes-arrondies, pointues, à dents inégales; ses fleurs sont comme dans l'espèce précédente. Fruits turbinés, épais, marqués de côtes saillantes. ♄. Croît plus rarement dans les forêts. On le cultive sous le nom de tilleul de Hollande.

Famille 18. HIPPOCASTANÉES (*Hippocastaneæ*, DC.).

Calice en cloche, à 5 divisions; corolle de 4-5 pétales inégaux, onguiculés, insérés sur un disque hypogyne; étamines libres, inégales, de 7-8; ovaire arrondi, triloculaire, surmonté d'un style à stigmate trilobé; fruit à 3 valves coriaces, souvent épineuses, presque toujours monosperme par avortement; hile très prononcé, large; périsperme nul; fleurs en thyrse. Arbres ou arbrisseaux : feuilles palmées.

Genre MARRONNIER (*Æsculus*, L.).

Calice campaniforme, à 5 dents; corolle de 5 pétales inégaux; 7 étamines distinctes, inégales, déclinées; un style subulé; capsule triloculaire, trivalve, contenant une seule graine par avortement.

Espèce 1. **Marronnier d'Inde** (*Æsculus hippocastanum*, L. sp. 488).

Grand arbre à bois blanc, à rameaux étalés; feuilles pétiolées, composées de 7 folioles digitées, lancéolées, dentées; fleurs en thyrse, d'un blanc rosé, assez belles; fruit hérissé; graines semblables à des châtaignes. ♄. Cet arbre, originaire du Thibet, est naturalisé partout.

FAMILLE 19. ACÉRINÉES (*Acerineæ*, DC. Juss.).

Calice monosépale, à 5 divisions ; corolle de 5 pétales, 8-10 étamines hypogynes, à anthères à 4 loges ; ovaire supère à 2 lobes ; un style à 2 stigmates ; fruit composé de 2 capsules comprimées, réunies à leur base et se prolongeant en ailes membraneuses (samare). Arbres à feuilles alternes.

Genre ÉRABLE (*Acer*, L. Juss.).

Calice à 5 divisions ; corolle de 5 pétales ; 8 étamines ; ovaire bilobé ; 1 style ; 2 stigmates pointus ; fruit formé par 2 samares soudées à leur base, uniloculaire, mono ou disperme. (Voyez *Atl.*, pl. 78.)

Espèce 1. ÉRABLE SYCOMORE. (*Acer pseudo-platanus*, L. sp. 1495).

Arbre de taille moyenne ; à rameaux étalés ; feuilles à 5 lobes, dentées inégalement, obtuses, très glauques et très nerveuses en dessous ; fleurs petites, d'un jaune verdâtre, en grappes pendantes. ♄. Habite les montagnes : cultivé dans les parcs.

2. ÉRABLE PLANE (*A. platanoides*, L. sp. 1496).

Arbre de la taille du précédent, d'un port élégant ; feuilles glabres, vertes sur les deux faces, à 5 lobes pointus et à dents aiguës ; fleurs jaunes, terminales, en corymbe. ♄. Croît dans les montagnes : cultivé dans les bosquets.

3. ÉRABLE A FEUILLES D'AUBIER (*A. opulifolium*, VILL. Dauph. 4. p. 802).

Arbre de petite taille, à écorce pointillée ; feuilles à 5 lobes arrondis, à dents obtuses, à pétiole rouge ; fleurs petites, en grappes pendantes ; fruits à samares parallèles. ♄. Croît dans les Alpes du Dauphiné, aux environs de Grenoble et de Paris.

4. ÉRABLE CHAMPÊTRE (*A. campestre*, L. sp. 1497).

Arbre de petite taille, à écorce d'un gris blanchâtre, marquée de rides longitudinales très saillantes ; feuilles à 3-5 lobes obtus, glabres ; fleurs très petites, en grappes droites ; samares pubescentes. ♄. Commun dans les bois et les haies.

5. ÉRABLE DE MONTPELLIER (*A. Mons-Pessulanum*, L. sp. 1497).

Arbre de la taille du précédent, à écorce rougeâtre ; feuilles petites, partagées en 3 lobes pointus, d'une consistance coriace ; fleurs petites, jaunâtres, en grappes ; samares rougeâtres, presque parallèles. ♄. Habite le Languedoc, la Provence et le Dauphiné.

FAMILLE 20. HYPÉRICÉES (*Hypericeæ*, JUSS.).

Calice monosépale, à 4-5 divisions glanduleuses sur leurs bords ; 4-5 pétales hypogynes ; étamines nombreuses, hypogynes, presque toujours polyadelphes, rarement libres ou monadelphes ; ovaire supère, libre, simple, surmonté de 3-5 styles ; fruit capsulaire, rarement bacciforme, uniloculaire, mais le plus souvent à 3-5 loges, déhiscent, à 3-5 valves à bords rentrans ; périsperme nul ; embryon droit ; fleurs jaunes, terminales ou axillaires, paniculées. Herbes, arbrisseaux ou arbres à feuilles opposées ou verticillées, souvent glanduleuses.

Genre ANDROSÈME (*Androsæmum*).

Calice monosépale, à 5 divisions ; corolle de 5 pétales ; étamines réunies en 5 faisceaux ; fruit bacciforme, uniloculaire.

Espèce 1. ANDROSÈME OFFICINAL (*Androsæmum officinale*, ALL. ped. n. 1440. *Hyp. androsæmum*, L. sp. 1102).

Tiges frutescentes, hautes de 2-3 pieds, feuillées ;

feuilles grandes, sessiles, ovales, glabres, nerveuses ; fleurs terminales, jaunes, assez grandes ; divisions du calice inégales, obtuses, ovales-arrondies. ♃. Croît au bord des ruisseaux, dans les départemens de l'ouest et du midi.

Genre MILLEPERTUIS (*Hypericum*, Lin.).

Calice à 5 divisions ; corolle de 5 pétales ; étamines réunies en 3-5 faisceaux ; 3 styles ; capsule triloculaire, polysperme. (Voyez *Atl.*, pl. 80.)

† *Divisions calicinales entières.*

Espèce 1. MILLEPERTUIS QUADRANGULAIRE (*Hypericum quadrangulum*, L. sp. 1104).

Tige carrée, droite, un peu rameuse, haute de 1-2 pieds, feuillée ; feuilles sessiles, ovales, criblées de glandes ponctiformes, transparentes ; fleurs jaunes, terminales ; divisions calicinales lancéolées, pointues. ♃. Assez commun au bord des fossés humides.

2. MILLEPERTUIS DOUTEUX (*H. dubium*, LEERS, herb. 165).

Tige légèrement quadrangulaire, un peu rameuse, haute de 1-2 pieds, feuillée ; feuilles sessiles, ovales, obtuses, sans impressions ponctiformes ; fleurs jaunes, terminales ; divisions calicinales elliptiques. ♃. Habite dans les buissons, en Dauphiné, dans les Pyrénées et en Normandie.

3. MILLEPERTUIS PERFORÉ (*H. perforatum*, L. sp. 1105).

Tige cylindrique, dure, rameuse, feuillée, haute de 2-3 pieds ; feuilles obtuses, sessiles, ovales, oblongues, glabres, criblées d'impressions glanduleuses, transparentes ; fleurs jaunes, en corymbe terminal ; divisions calicinales lancéolées. ♃. Très commun en été dans les terrains arides et peu fertiles. Le millepertuis était autrefois employé comme vulnéraire ; mais on en fait maintenant peu d'usage. Toutes les espèces, lorsqu'elles sont sèches, répandent une odeur plus ou moins forte, analogue à celle du fenugrec.

4. MILLEPERTUIS COUCHÉ (*H. humifusum*, L. sp. 1105).

Tiges couchées, rameuses, étalées sur le sol, naissant d'une souche un peu ligneuse, feuillées; feuilles oblongues, obtuses, marquées de petites impressions transparentes et de quelques points noirs; fleurs axillaires ou terminales, ordinairement solitaires. ♃. Commun dans les lieux sablonneux. L'*hypericum Liotardi*, Villars, en est une variété naine, à tige dressée et bisannuelle, qui devra peut-être constituer une espèce; elle est assez abondante aux environs de Grenoble. L'*hypericum crispum*, reconnaissable à ses petites feuilles crépues à leur base, est une plante du Piémont qui ne croît point en France.

†† *Divisions calicinales dentées ou bordées de cils glanduleux.*

5. MILLEPERTUIS DE RICHER (*H. Richeri*, VILL. Dauph. 3. p. 501. t. 44. *H. fimbriatum*, DC. fl. fr.).

Tige cylindrique, droite, peu rameuse, haute de 12-15 pouces, feuillée; feuilles sessiles, ovales, glabres, bordées de points noirs; fleurs jaunes, assez grandes, tigrées de noir, ainsi que les divisions calicinales et les bractées, qui sont en outre obtuses, ovales, bordées de longs cils glanduleux. ♃. Croît dans les lieux montagneux et boisés du Dauphiné, dans l'Oysans, le Queyras, le Briançonnais : il n'est pas rare à la Grande-Chartreuse.

6. MILLEPERTUIS DE BURSER (*H. Burseri*, C. BAUH. prod. p. 130. *Fimbriatum*, DC. var.).

C'est à tort, suivant nous, que Lapeyrouse a rapporté cette plante à la précédente; M. De Candolle n'en fait qu'une variété de son *fimbriatum*, qui est la même plante que notre *Richeri*, mais il n'est pas douteux que ce soit une espèce distincte.

Tige droite, simple, cylindrique, feuillée, haute de 1 pied; feuilles ovales, obtuses, sessiles, marquées de points noirs ; fleurs jaunes, tigrées comme dans le précédent ; bractées munies de cils rares, courts, glanduleux ; calice cilié, glanduleux, lancéolé, pointu. ♃. Je l'ai reçu des Pyrénées, où il est commun dans les prairies.

7. MILLEPERTUIS DENTÉ (*H. dentatum*, Lois. fl. gal. 499. t. 17).

Tige droite, très rameuse, feuillée, haute de 1 pied environ ; feuilles sessiles, amplexicaules ; les supérieures légèrement denticulées, toutes parsemées de petites glandes ponctiformes ; fleurs jaunes, tigrées de noir, en corymbe terminal ; divisions calicinales frangées de cils glanduleux, et ponctuées de noir. ♃. Habite les prés inondés en hiver, aux environs de Toulon, etc.

8. MILLEPERTUIS DE MONTAGNE (*H. montanum*, L. sp. 1105).

Tige droite, cylindrique, à peine rameuse, haute de 1 à 2 pieds, feuillée ; feuilles oblongues, amplexicaules, ordinairement sans impressions transparentes, marquées de points noirs sur les bords ; fleurs jaunes, en panicule terminale ; divisions calicinales et bractées munies de dents glanduleuses. ♃. Se trouve assez communément dans les bois secs élevés d'une grande partie de la France.

9. MILLEPERTUIS BEAU (*H. pulchrum*, L. sp. 1106).

Tige cylindrique, droite, glabre, haute de 1 pied ; feuilles glabres, sessiles, cordiformes ; fleurs jaunes, terminales, paniculées, munies de bractées ; divisions calicinales ovales, à dents glanduleuses. La plante prend souvent une belle teinte rouge. ♃. Commun dans les bois secs.

10. MILLEPERTUIS VELU (*H. hirsutum*, L. sp. 1105).

Tige cylindrique, droite, feuillée, presque simple, haute de 2-3 pieds, velue ; feuilles molles, ovales, velues, surtout en dessous, marquées de points transparens; fleurs jaunes, terminales, paniculées; divisions calicinales lancéolées, à dents glanduleuses. ♃. Croît au bord des fossés des bois.

11. MILLEPERTUIS TOMENTEUX (*H. tomentosum*, L. sp. 1106).

Tiges cylindriques, dressées, cotonneuses, ainsi que toute la plante, hautes de 12 15 pouces; feuilles oblongues, obtuses, demi-amplexicaules, flexueuses, cotonneuses; fleurs jaunes, en corymbe terminal; divisions calicinales velues, à dents glanduleuses. ♃. Habite les prairies humides du Languedoc et de la Provence.

12. MILLEPERTUIS DES MARAIS (*H. elodes*, L. sp. 1106).

Tige faible, très simple, couchée, velue, longue de 4-8 pouces; feuilles rondes, sessiles, velues; fleurs terminales, paniculées; divisions calicinales glabres, munies de dents glanduleuses. ♃. Il croît dans les marais, au bord des mares, souvent flottant dans les eaux, dans toute la France septentrionale et occidentale; il est plus rare dans le midi.

13. MILLEPERTUIS NUMMULAIRE (*H. nummularium*, L. sp. 1106).

Tiges dures, hautes de 6-8 pouces, grêles, cylindriques, couchées, redressées, feuillées; feuilles petites, arrondies, sessiles, orbiculaires, un peu blanchâtres en dessous, finement bordées de petits points noirs; fleurs jaunes, terminales; divisions calicinales obtuses, à dents glanduleuses. ♃. Cette jolie plante habite les Alpes du Dauphiné et les Pyrénées. Je l'ai recueillie à la Grande-Chartreuse, et je l'ai reçue de Bagnères.

14. MILLEPERTUIS A FEUILLES LINÉAIRES (*H. linearifolium*, VAHL. symb. 1. p. 65).

Tige cylindrique, rameuse, droite, feuillée, haute de 10-15 pouces; feuilles linéaires, opposées, entières, obtuses, non ponctuées; fleurs jaunes, en corymbe;

divisions calicinales ovales, obtuses, à cils glanduleux. ♃. Croît dans presque toute la France occidentale ; il est très commun à Falaise sur les roches primitives.

15. MILLEPERTUIS CORIS (*H. coris*, L. sp. 1107).

Tige cylindrique, dressée, rameuse, dure, feuillée ;
feuilles linéaires, roulées sur leurs bords, verticillées,
trois à trois, et souvent quatre à quatre ; fleurs jaunes,
terminales, peu nombreuses ; divisions calicinales à
dents glanduleuses. ♃. Croît en Provence, dans les
lieux arides.

16. MILLEPERTUIS A FEUILLES D'HYSOPE (*H. hyssopi-
    folium*, VILL. Dauph. *H. diversifolium*, DC.
    supp.).

Tiges cylindriques, glabres, dressées, hautes de
1 pied ; feuilles paraissant verticillées ; les inférieures
oblongues ; les supérieures linéaires, roulées sur les
bords ; fleurs jaunes, terminales, paniculées ; bractées
non glanduleuses ; calice glanduleux sur les bords de
ses divisions. ♃. Croît dans le Gapençois, le Queyras, l'Embrunois, la Provence et le Roussillon.

FAMILLE 21. VINIFÈRES (*Viniferæ*, JUSS.).

Calice court, à dents peu profondes ; corolle de 4-5
pétales insérés autour d'un disque qui entoure l'o-
vaire ; étamines de 4-5, insérées sur la face extérieure
du disque ; anthères dorsifixes, à déhiscence longitu-
dinale ; ovaire simple, libre, globuleux, à stigmate
sessile ou porté sur un style simple ; le fruit est une
baie globuleuse ; graines attachées au fond des loges ;
périsperme charnu ; embryon droit ; fleurs en thyrse
ou en grappe. Plantes ligneuses, sarmenteuses ;
feuilles stipulacées ; les inférieures opposées ; les supérieures alternes.

Genre VIGNE (*Vitis*, L. JUSS.).

Calice à 5 dents peu marquées ; corolle de 5 pétales

adhérant souvent au sommet, s'ouvrant par la base ;
stigmate en tête ; ovaire à 5 loges ; baie uniloculaire,
à 5 graines.

Espèce 1. VIGNE PORTEVIN (*Vitis vinifera* , L.
sp. 293).

Arbrisseau émettant de longues tiges sarmenteuses
grimpantes, munies de vrilles qui lui servent à s'ac-
crocher aux corps voisins ; feuilles palmées, lobées,
incisées, dentées ; fleurs petites, herbacées, disposées
en grappes ; fruit noir. ♄. Croît dans les haies et les
buissons de la France méridionale. C'est cet arbrisseau précieux, amélioré par la culture, qui a pro-
duit ces innombrables variétés de vignes.

FAMILLE 22. GÉRANIÉES (*Geranieæ* , JUSS.).

Calice à 5 divisions ; corolle de 5 pétales onguiculés ; 10 étamines, dont 5 sont souvent stériles, monadelphes, à anthères vacillantes ; ovaire pentagone surmonté par 1 style à 5 stigmates ; fruit sec formé de 5
capsules réunies et terminées en bec pointu qui se
roule à la maturité ; graines solitaires ; périsperme nul ;
embryon courbé ; fleurs portées sur des pédoncules
axillaires, biflores ou disposés en ombelle simple.
Plantes herbacées ou frutescentes : feuilles opposées,
stipulées.

Genre GÉRANIUM (*Geranium*, LINNÉ).

Calice à 5 divisions ; corolle de 5 pétales réguliers ;
10 étamines monadelphes, 5 alternes plus longues ;
ovaire ayant à sa base 5 glandes mellifères ; style à 5
stigmates ; fruit formé de 5 capsules qui se détachent
de la base au sommet. (Voyez *Atl.* , pl. 86, f. 2.)

Espèce 1. GÉRANIUM SANGUIN (*Geranium sanguineum*,
L. sp. 958).

Tige rouge, dressée, branchue, diffuse, haute de
12-18 pouces ; feuilles arrondies, à 5-7 lobes profonds,
trifides, à pétioles longs et velus ; fleurs grandes, d'un

beau rouge, à pédoncules uniflores. ♃. Croît dans les prairies et les bois secs et sablonneux.

2. Géranium livide (*G. phæum*, L. sp. 953).

Tige velue, dressée, branchue, diffuse; feuilles pétiolées, partagées en 5 lobes dentés, incisés; supérieures sessiles; fleurs d'un rouge brun, à pédoncules biflores; capsules velues, plissées transversalement. ♃. Croît dans les prairies des Alpes.

3. Géranium réfléchi (*G. reflexum*, L. mant. 257).

Tige velue, dressée, branchue, diffuse; feuilles alternes, molles, velues, divisées en 5 ou 7 lobes crénelés, aigus; supérieures sessiles; fleurs rougeâtres, à anthères jaunes, à pédoncules biflores; pétales réfléchis; divisions calicinales lancéolées, obtuses. ♃. Croît dans les Alpes et les montagnes d'Auvergne.

4. Géranium noueux (*G. nodosum*, L. sp. 953).

Tiges dressées, rameuses, noueuses-articulées, hautes de 2 pieds; feuilles inférieures à 5 lobes profonds, oblongs et pointus; caulinaires trilobées, dentées; fleurs d'un rouge violet, à pétales échancrés, et à pédoncules biflores; capsules garnies de poils couchés. ♃. Croît dans les bois des montagnes alpines.

5. Géranium des forêts (*G. sylvaticum*, L. sp. 954).

Tige dressée, dichotome, velue, diffuse, haute de 1 à 2 pieds; feuilles velues, palmées, à 5 lobes incisés; dentés; inférieures alternes, pétiolées; supérieures sessiles, opposées; stipules lancéolées; fleurs assez grandes, purpurines; pétales oblongs, quelquefois un peu échancrés; pédoncules biflores; capsules velues. ♃. Habite les bois des montagnes.

6. Géranium des marais (*G. palustre*, L. sp. 954).

Tige dressée, rameuse, diffuse, haute de 2 pieds; feuilles toutes pétiolées, opposées, palmées, à 5 lobes écartés; dentés en scie; fleurs grandes, purpurines, portées sur des pédoncules biflores, axillaires, très

longs ; pétales entiers ; divisions calicinales pubescentes, striées. ♃. Croît dans les prairies humides
d'une partie de la France orientale.

**7. GÉRANIUM A FEUILLES D'ACONIT (*G. aconitifolium*,
L'HER. ger. t. 40).**

Tiges pubescentes, dichotomes, hautes de 18
pouces ; feuilles alternes, pétiolées, presque peltées,
divisées en 7 parties, à lobes laciniés comme les aco-
nits ; fleurs blanches, à lignes purpurines ; divisions
calicinales couvertes de poils blancs, ainsi que les capsules. ♃. Croît dans le Valgoudemar et le Quéyras.

8. GÉRANIUM DES PRÉS (*G. pratense*, L. sp. 954).

Tige dressée, glabre, grosse, anguleuse, haute de
1 à 2 pieds ; feuilles presque peltées, divisées profondément en plusieurs lobes pinnatifides, aigus ; fleurs
grandes, d'un bleu purpurin, à pédoncules biflores ;
pétales arrondis au sommet, souvent terminés par
une petite pointe ; capsules velues. ♃. Croît dans les
prés humides, particulièrement dans les montagnes.

9. GÉRANIUM BULBEUX (*G. tuberosum*, L. sp. 952).

Racine formée par un tubercule arrondi, d'où naissent 3-4 feuilles radicales, longuement pétiolées, à
5-7 lobes linéaires, pinnatifides, obtus ; tige presque
nue, dichotome, garnie de deux feuilles sessiles ;
fleurs violettes, à pédoncules biflores ; divisions calicinales velues. ♃. Croît aux environs de Marseille.

10. GÉRANIUM ARGENTÉ (*G. argenteum*, L. sp. 21).

Plante acaule ; feuilles toutes radicales, naissant
d'une grosse racine, longuement pétiolées, petites,
soyeuses, blanchâtres, presque peltées, divisées en
7 lobes incisés ; fleurs grandes, rougeâtres, rayées
longitudinalement, portées sur des hampes biflores. ♃.
Habite les hautes sommités des Alpes du Dauphiné.

11. GÉRANIUM CENDRÉ (*G. cinereum*, LAM. D. 2.
p. 656).

Très voisin de l'espèce précédente, s'en distingue
par ses feuilles, qui ne sont point argentées et soyeuses,
mais pubescentes et à lobes courts, très obtus, larges,
par ses fleurs rougeâtres, beaucoup plus veinées de
pourpre, et enfin par ses divisions calicinales qui sont
terminées par une longue pointe. ♃. Pyrénées.

12. GÉRANIUM DES PYRÉNÉES (*G. Pyrenaicum*, L.
mant. 97).

Tiges rameuses, dressées, velues, hautes de 1 à 2
pieds; feuilles poilues, pétiolées; larges, à 5-7 lobes
oblongs, obtus, trifides, crénelés; fleurs petites,
rougeâtres, à pédoncules biflores; pétales échancrés;
capsules pubescentes. ♃. Pyrénées, Alpes du Dauphiné.

13. GÉRANIUM LUISANT (*G. lucidum*, L. sp. 955).

Tiges rameuses, étalées, longues de 1 pied; feuilles
luisantes, vertes, opposées, pétiolées, arrondies, découpées en 5 lobes profonds; fleurs petites, roses, à
pédoncules biflores, axillaires; capsules sillonnées et
chagrinées. ☉. Croît parmi les pierres et les rocailles,
dans les lieux montueux d'une grande partie de la
France.

14. GÉRANIUM MOU (*G. molle*, L. sp. 955).

Tige velue, dressée, rameuse, diffuse, haute de
8-12 pouces; feuilles velues, molles, à 7 lobes obtus
peu profonds, trifides, légèrement dentés; fleurs
rougeâtres, à pédoncules biflores; pétales échancrés;
capsules glabres, ridées. ☉. Commun dans les lieux
secs. Il y en a une variété à fleurs blanches.

15. GÉRANIUM PETIT (*G. pusillum*, L. sp. 957).

Tige pubescente, rameuse, étalée, longue de 6-8
pouces; feuilles presque réniformes, à 5-7 lobes profonds, trifides, un peu dentés; fleurs petites, rou-

geâtres, nombreuses, à pédoncules biflores; pétales échancrés, plus courts que le calice; capsules pubescentes. ☉. Commun dans les lieux arides.

16..Géranium colombin (*G. colombinum*, L. sp. 956).

Tiges un peu pubescentes, grêles, couchées, longues de 1 pied, rameuses, diffuses; feuilles divisées jusqu'au pétiole en 5 lobes écartés, pinnatifides, à divisions linéaires, aiguës; fleurs purpurines, à pédoncules biflores, plus longs que les feuilles; divisions calicinales glabres, se terminant par une pointe longue; capsules glabres. ☉. Commun dans les taillis et les buissons.

17. Géranium disséqué (*G. dissectum*, L. sp. 956).

Tiges un peu velues, rameuses, grêles, dressées, étalées; feuilles divisées jusqu'au pétiole en 5 lobes trifides, obtus; fleurs purpurines, à pédoncules biflores, plus courts que les feuilles; divisions calicinales glabres, se terminant par une longue pointe; capsules un peu velues. ☉. Commun dans les lieux secs au bord des bois.

18. Géranium a feuilles rondes (*G. rotundifolium*, L. sp. 957).

Tige faible, un peu couchée, diffuse, longue de 12-15 pouces, à articulations très prononcées; feuilles arrondies, surtout dans le bas; à 5-6 lobes trifides, peu profonds, presque entiers, un peu velus, garnis d'un duvet court en dessous; fleurs purpurines, à pédoncules biflores; pétales entiers; calice velu, aristé; capsule velue. ☉. Commun dans les lieux secs et cultivés.

19. Géranium de Robert (*G. Robertianum*, L. sp. 955).

Tige rouge, à articulations renflées, velue, rameuse, haute de 12-15 pouces; feuilles ailées, à 3 ou 5 folioles pinnatifides; fleurs rouges, à pédoncules biflores; pétales entiers; divisions calicinales très ve-

lues, striées, surmontées par une pointe rouge; capsules glabres, réticulées. ⊙. Commun dans les haies
et les buissons. Cette plante, appelée vulgairement
herbe à Robert, *bec de grue*, a une odeur très forte
et désagréable; on l'employait autrefois dans les esqui-
nancies.

Genre ÉRODIUM (*Erodium*, L'Héritier. *Geranium*, Linné).

Calice monosépale, à 5 divisions; corolle de 5 pétales un peu irréguliers; 5 étamines fertiles et 5 stériles, monadelphes, munies chacune d'une écaille à
la base; pointes des capsules se roulant en spirale, et
velues sur la face interne; feuilles ailées.

† *Feuilles ailées ou composées.*

Espèce 1. Érodium des rochers (*Erodium petræum*,
Wild. sp. 3. p. 625).

Plante acaule; feuille toutes radicales, deux fois
ailées, à pétioles velus; fleurs assez grandes, violettes, réunies en une espèce d'ombellule terminale
sur chaque hampe; pétales arrondis, plus longs que
les divisions calicinales. ♃. Croît parmi les rochers
dans les Pyrénées et en Languedoc.

2. Érodium glanduleux (*E. glandulosum*; Wild. sp. 3. p. 628).

Plante acaule, très velue; feuilles toutes radicales;
feuilles deux fois ailées, à segmens lancéolés aigus;
fleurs assez grandes; d'un violet pâle; pétales inégaux,
un peu aigus, les deux supérieurs marqués de lignes
purpurines. ♃. Pyrénées.

3. Érodium a feuilles de cigue (*E. cicutarium*, L'Hérit. *G. cicutarium*, L.).

Plante très variable par son port et par sa taille;
tige plus ou moins velue, dichotome; feuilles pinnées,
à folioles pinnatifides, dentées, velues; fleurs rougeâtres, disposées en ombellule sur des pédoncules

axillaires ; pétales inégaux ; capsules à long bec, un peu rudes. L'*erodium præcox* n'a pas de tige, et ne porte que 2-4 fleurs à chaque ombellule. L'*erodium pimpinellæfolium* a les feuilles très grandes, à pétioles longs. L'*erodium chærophyllum* a la tige longue, couchée, rameuse, pubescente, et les fleurs nombreuses. L'*erodium pilosum* est extrêmement velu ; sa tige est couchée, et ne porte qu'un petit nombre de fleurs. ♃. Cette plante et ses variétés sont communes dans les lieux sablonneux, sur les murs, etc.

4. ÉRODIUM MUSQUÉ (*E. moschatum*, WILD. *G. moschatum*, L. sp. 951).

Tige couchée, rameuse, haute de 12-18 pouces, couverte de poils glanduleux ainsi que toute la plante ; feuilles grandes, opposées, ailées, garnies de deux stipules blanches à leur base ; folioles un peu pétiolées, inégales à leur base, oblongues, incisées et dentées ; fleurs purpurines, en ombellule sur des pédoncules axillaires moitié plus longs que les feuilles. ☉. Croît dans les lieux sablonneux, au pied des vieux murs, dans la France méridionale. On le trouve aux environs d'Abbeville, de Rouén, de Falaise, etc.

5. ÉRODIUM ROMAIN (*E. romanum*, WILD. *G. romanum*, L. sp. 630).

Tige rameuse, dichotome, un peu velue ; feuilles pinnées, à folioles pinnatifides, aiguës, à pétioles très longs ; fleurs rouges ou blanches, disposées en ombellule ; pétales égaux entre eux. ♃. Commun en Languedoc sur le bord des chemins.

6. ÉRODIUM BEC DE CIGOGNE (*E. ciconium*, WILD. *G. ciconium*, L. sp. 952).

Tige velue, épaisse, un peu couchée, longue de 1 à 2 pieds ; feuilles grandes, ailées, à pinnules larges, incisées ; fleurs violettes, en ombelles axillaires portant 4-6 fleurs. ☉. Croît dans les provinces méridionales.

7. ÉRODIUM BEC DE GRUE (*E. gruinum*, WILD. *G. gruinum*, L. sp. 952).

Tiges couvertes de poils blancs, rameuses, hautes de 12-15 pouces; feuilles opposées, ternées, à folioles crénelées et dentées, l'intermédiaire pétiolée, pinnatifide; fleurs rougeâtres, portées sur des pédoncules axillaires ou radicaux. ⊙. Croît au bord des haies, dans les environs de Montpellier.

†† *Feuilles simplement lobées.*

8. ÉRODIUM FAUSSE MAUVE (*E. malachoides*, WILD. *G. malachoides*, L. sp. 952).

Tige velue, rameuse, dressée, haute de 10-15 pouces, souvent couchée; feuilles pubescentes, cordiformes-ovales, crénelées, découpées en lobes obtus; fleurs petites, d'un rouge violet, en ombellule, sur des pédoncules axillaires; divisions calicinales ovales-obtuses, surmontées d'une pointe courte. ⊙. Croît dans les champs en Provence. L'*Erod. Gussonii* croît en Italie.

9. ÉRODIUM DE CORSE (*E. Corsicum*, DC. fl. fr. 4537. *E. malopoides*, WILD. sp.).

Tige velue ou presque nulle; feuilles ovales, cordiformes, à lobes peu profonds, crénelés et tomenteux; fleurs portées sur des pédoncules uniflores ou biflores plus longs que les feuilles; divisions calicinales pointues. ♃. J'en ai reçu de Corse plusieurs variétés; on m'a assuré qu'il se trouvait aussi à Toulon.

10. ÉRODIUM MARITIME (*E. maritimum*, DC. *G. maritimum*, L. sp. 751).

Tiges velues, rameuses, couchées, étalées, longues de 6-18 pouces; feuilles cordiformes, petites, crénelées, et partagées en 5-6 lobes profonds; pétioles très longs; fleurs petites, purpurines, portées par des pédoncules biflores; arêtes de la capsule glabres, sur la face interne. ♃. Croît sur les sables maritimes de la Méditerranée et de l'Océan.

11. Érodium de rivage (*E. littoreum*, DC. fl.
fr. 4539).

Tiges courtes, velues, étalées; feuilles rudes, trilobées, à lobes écartés, crénelés; fleurs petites, purpurines, en ombellule, sur des pédoncules longs; calice velu; capsules très longues, et velues sur leur
face interne. ♃. Croît au bord de la mer, aux environs de Narbonne.

12. Érodium faux chamedrys (*E. chamædryoides*,
L'Hér. ger. t. 6).

Petite plante acaule; feuilles radicales, petites,
arrondies, crénelées, échancrées en cœur, à 3-5 lobes
peu profonds; pétioles grêles, un peu velus; fleurs
blanches, campanulées, solitaires, sur des pédicelles
grêles plus longs que les feuilles. ♃. Croît dans l'île
de Corse, sur les montagnes.

13. Érodium en grappes (*E. botrys*, Bert. amæn. it.
p. 35. *Geran. botrys*, Cav. diss.).

Cette espèce a le facies du *littoreum* : tige étalée,
striée, velue-hispide; feuilles sinuées-pinnatifides,
velues, à lobes obtus, crénelés-dentés; fleurs purpurines réunies 2-3 sur des pédoncules longs; calices
velus. ☉. Corse, Sardaigne, Espagne.

FAMILLE 23. OXALIDÉES (*Oxalideæ*, DC.).

Calice persistant, de 5 sépales ou à 5 divisions; corolle de 5 pétales; 10 étamines hypogynes, monadelphes, alternativement plus petites; anthères dorsifixes, biloculaires; ovaire libre, pentagone, surmonté
par 5 styles et 5 stigmates; fruit capsulaire à 5 loges
polyspermes; cloisons formées par les bords rentrans
des valves; graines pendantes, entourées d'un arille
complet; périsperme cartilagineux; embryon inverse;
fleurs terminales ou axillaires, munies de bractées;
herbes ou arbrisseaux à feuilles opposées.

Genre OXALIS (*Oxalis*, Linné).

Calice persistant, à 7 divisions profondes; corolle de 5 pétales, à onglets un peu réunis; 10 étamines monadelphes; 5 styles; capsules élastiques, à 5 angles, à 5 valves, polyspermes.

Espèce 1. Oxalis oseille (*Oxalis acetosella*, L. sp. 620).

Petite plante acaule; feuilles radicales ternées, à folioles obcordées; fleurs blanches, portées sur des pédoncules uniflores plus longs que les feuilles, un peu velus, ainsi que toute la plante. ♃. Croît dans les lieux ombragés des bois. Cette petite plante, appelée vulgairement *alleluia trèfle-oseille*, est acide, et est employée pour l'extraction du sel d'oseille.

2. Oxalis corniculé (*O. corniculata*, L. sp. 628).

Tige couchée, rameuse, redressée, longue de 3-6 pouces; feuilles pétiolées, à folioles obcordées, très échancrées; fleurs jaunes, en ombellule; pétales échancrés; fruit grêle, prismatique. ♃. Croît dans les vignes et parmi les buissons, dans le centre et dans le midi de la France. L'*oxalis stricta* de Linné paraît être une simple variété à ombelles redressées et à pétales non échancrés. Il est plus rare.

FAMILLE 24. BALSAMINÉES (*Balsamineæ*, Rich.).

Calice composé d'une division inférieure pétaloïde, et de deux latérales; corolle plus grande que le calice, formée de 4 pétales inégaux, réunis ou soudés deux à deux par la base; 5 étamines rapprochées sur le pistil, inégales, monadelphes; anthères basifixes, à deux loges; ovaire ovoïde, à 5 loges, surmonté d'un style simple, très épais, peu distinct; stigmate formé par un cercle de papilles; fruit capsulaire à 5 loges polyspermes, s'ouvrant avec élasticité; valves se roulant en spirale vers le pédoncule;

périsperme nul ; embr⬛⬛ droit ; fleurs pédonculées,
axillaires ; plantes annu⬛⬛es ou vivaces, à feuilles dépourvues de stipules.

Genre IMPATIENTE (*Impatiens* , Linné).

Calice caduc; corolle irrégulière de 4 pétales, le
supérieur voûté, l'inférieur concave; 5 étamines à
anthères conniventes; capsule élastique, déhiscente
en 4 valves; graines pendantes.

Espèce 1. Impatiente ne me touchez pas (*Impatiens
noli tangere* , L. sp. 1329).

Tige succulente, renflée aux articulations, droite,
haute de 1 à 2 pieds; feuilles grandes, ovales, pétiolées, glabres, à dents fortes et éloignées; fleurs jaunes, éperonnées, portées sur des pédoncules axillaires. ♃. Croît dans les bois couverts d'une grande
partie de la France. (Pas très commune.) L'*impatiens
balsamina*, qui est cultivée dans les parterres, est
originaire de l'Inde.

FAMILLE 25. HESPÉRIDÉES (*Hesperideæ* , Corr.).

Calice monosépale, marcescent; pétales en nombre
défini, élargis à leur base, insérés sur un disque hypogyne; étamines définies ou indéfinies, hypogynes,
libres, monadelphes ou polyadelphes; ovaire supère,
surmonté d'un style, à stigmate simple ou divisé;
fruit charnu, succulent, à écorce fongueuse, à plusieurs loges oligospermes; graines pendantes, attachées à l'axe central; périsperme nul; embryon droit;
fleurs axillaires. Arbres sans bourgeons écailleux, à
feuilles alternes.

Genre CITRONNIER (*Citrus* , Linné).

Calice petit, à 5 lobes peu marqués; 5 pétales;
étamines polyadelphes; anthères au nombre de 20
environ; fruit charnu, succulent, à épiderme vésiculeux, indéhiscent, à 9-18 loges. (V. *Atl.*, pl. 82.)

Espèce 1. CITRONNIER COMMUN (*Citrus medica*, L. sp. 1100).

Cet arbre présente un très grand nombre de variétés obtenues par la culture; ses feuilles sont luisantes, vertes, oblongues, portées sur des pétioles non ailés; fleurs blanches, très odorantes, réunies par bouquets; fruit très acide, ovale-oblong (citron). Originaire de l'Asie mineure. Cultivé en Provence.

2. CITRONNIER ORANGER (*C. aurantium*, L. sp. 1100).

Cet arbre présente encore plus de variétés que le précédent; il a le même port, mais il s'en distingue aisément à ses feuilles articulées sur le pétiole, qui, en outre, est ailé des deux côtés. Fleurit de même. Son fruit est globuleux, doux, sucré ou amer. Originaire des Indes. *Voyez*, pour les variétés de ces deux arbres, le Dictionnaire de Rozier.

FAMILLE 26. RUTACÉES (*Rutaceæ*, JUSS.).

Calice monosépale, à 4-5 divisions; corolle de 5 pétales alternant avec les divisions du calice; 9-10 étamines hypogynes; ovaire supère, surmonté par un style simple; stigmate rarement divisé; fruit capsulaire, globuleux ou comprimé, à 4-5 loges; périsperme charnu ou cartilagineux; embryon homotrope.

Genre RUE (*Ruta*, LINNÉ).

Calice persistant, à 4-5 divisions; corolle de 4-5 pétales courbés en cuiller, rétrécis en onglet; 8-10 étamines; ovaire entouré à sa base par 8-10 pores nectarifères; capsule globuleuse, à 4-5 loges, à 4-5 lobes.

Espèce 1. RUE FÉTIDE (*Ruta graveolens*, L. sp. 548).

Tige rameuse, un peu ligneuse, verdâtre, dressée, haute de 2-3 pieds; feuilles d'un vert glauque, surcomposées, à folioles un peu charnues, oblongues, obtuses, cunéiformes; fleurs jaunes, terminales; pétales très entiers. ♃. Croît dans les lieux stériles de la France méridionale. La rue est une plante d'une odeur forte, emménagogue, anthelmintique et anti-hystérique.

2. RUE DE MONTAGNE (*R. montana* , CLUS. hist. 2. p. 136).

Tige rameuse, un peu ligneuse, verdâtre, ponctuée, dressée, haute de 2 pieds; feuilles bipinnées, à folioles linéaires, blanchâtres, divariquées, pointues; folioles plus longues dans le haut de la plante; fleurs jaunâtres, en corymbe terminal; pétales très entiers. ♃. Croît dans les lieux montueux de la France méridionale. On la trouve à Chantilly près Paris.

3. RUE A FEUILLES ÉTROITES (*R. angustifolia* , PERS. ench. 1. p. 464).

Tige rameuse, un peu ligneuse, verdâtre, dressée, haute de 2-3 pieds; feuilles d'un vert glauque, surcomposées, à folioles un peu charnues, oblongues, obtuses, avec le lobe terminal sensiblement plus grand; feuilles supérieures très petites; fleurs jaunâtres, à pétales dentés et ciliés. ♃. Croît en Languedoc et en Provence. (Commune.)

4. RUE A GRANDES BRACTÉÉS (*R. bracteosa* , DC. prod. 1. p. 710).

Tiges rameuses, sous-ligneuses; feuilles un peu glauques, surcomposées, à lobes oblongs, cunéiformes, presque égaux; fleurs jaunâtres, à pétales ciliés; bractées très grandes, échancrées, en cœur. ♄. Croît en Corse? en Provence? en Italie.

5. RUE DE CORSE (*R. corsica*, DC. prod. 1. p. 710).

Tiges branchues, sous-ligneuses, à rameaux herbacés; feuilles surcomposées, à lobes obovales presque égaux; fleurs jaunâtres, en grappes très simples; pédicelles longs, divergens et uniflores; pétales entiers. ♄. Montagnes de la Corse.

Genre DICTAMNE (*Dictamnus*, L.).

Calice petit, caduc, à 4-5 divisions; corolle de 5 pétales inégaux; 10 étamines à filamens munis de tubercules glanduleux; ovaire presque stipité; style penché; stigmate double; fruit formé par 5 capsules disposées en étoile. (Voyez *Atl.*, pl. 97.)

Espèce 1. DICTAMNE BLANC (*Dictamnus albus*, L. sp. 548).

Tige simple, velue, cylindrique, droite, rougeâtre, haute de 1 à 2 pieds; feuilles alternes, ailées, avec impaire comme celles du frêne, d'où le nom vulgaire de *fraxinelle*; fleurs blanches ou rouges, en grappes terminales. ♃. Croît dans les bois du Midi.

Genre TRIBULE (*Tribulus*, LINNÉ).

Calice caduc, de 5 sépales; corolle de 5 pétales ouverts; 10 étamines; fruit formé par 4-5 carpelles réunis en forme d'étoile sur un axe commun, indéhiscens, pluriloculaires.

TRIBULE TERRESTRE (*Tribulus terrestris*, L. sp. 554).

Tige rameuse, étalée; feuilles ailées, stipulées; fleurs petites, jaunes; fruit formé de 4 carpelles en forme de cornes. ⊙. Croît au bord des chemins dans le Midi. De Candolle, prod., met cette plante dans les ZYGOPHYLLÉES de R. Brown.

CALICIFLORES ou à pétales libres ou plus ou moins soudés, toujours périgynes ou insérés sur le calice.

FAMILLE 27. FRANGULACÉES (*Frangulaceæ*, DC. RHAMNÉES, Juss.).

Calice monosépale, à 4-5 lobes; corolle rarement nulle, le plus souvent de 4-5 pétales onguiculés, alternant avec les divisions du calice, insérés sur un disque particulier, ou dans le haut du calice ; 4-5 étamines ; ovaire infère, surmonté par un ou plusieurs styles et par un ou plusieurs stigmates ; fruit capsulaire ou bacciforme, à plusieurs noix ou à plusieurs loges mono ou polyspermes ; embryon droit, axille ; périsperme nul ou charnu ; fleurs petites. Arbres ou arbrisseaux à feuilles alternes ou opposées, munies de deux petites stipules.

† *Étamines opposées aux pétales.*

Genre NERPRUN (*Rhamnus*, L. Juss.).

Calice urcéolé à 4-5 divisions ; corolle de 4-5 pétales quelquefois avortés ; 4-5 étamines ; 1 style ; 2-4 stigmates ; baie bi ou quadriloculaire, à 2 ou 4 graines.

Espèce 1. Nerprun purgatif (*Rhamnus catharticus*, L. sp. 279).

Arbrisseau à rameaux épineux, à écorce noirâtre, très rameux, haut de 12-15 pieds ; feuilles ovales, à dents aiguës ; fleurs petites, jaunâtres, dioïques, disposées en bouquets axillaires ; fruits noirs, bacciformes. ♄. Croît dans les bois, dans les haies.

2. Nerprun des teinturiers (*R. infectorius*, L. mant. 49).

Arbrisseau épineux, très rameux, haut de 8-10 pieds ; feuilles ovales, elliptiques, pubescentes en dessous ; fleurs dioïques, petites, jaunâtres, disposées en bouquets axillaires. ♄. Croît dans les lieux arides des provinces méridionales. Ces baies, connues sous le nom de *graines d'Avignon*, sont employées pour la teinture en jaune.

3. Nerprun des rochers (*R. saxatilis*, L. sp. 1671).

Très petit arbrisseau, très rameux, très épineux, à écorce noirâtre, haut de 1 à 2 pieds ; feuilles elliptiques ; fleurs hermaphrodites, petites, pédicellées, axillaires. ♄. Croît dans les montagnes arides du Dauphiné.

4. Nerprun a feuilles d'olivier (*R. oleoïdes*, L. sp. 279).

Petit arbrisseau épineux, très rameux, à écorce noirâtre, haut de 4-6 pieds ; feuilles oblongues, très entières, roulées sur leurs bords ; fleurs jaunâtres, très petites, axillaires, hermaphrodites et solitaires. ♄. Croît aux environs de Cannes et de Carcassonne.

5. Nerprun alaterne (*R. alaternus*, L. sp. 281).

Arbrisseau non épineux, toujours vert, rameux, haut de 9-10 pieds ; feuilles ovales-oblongues, dentées en scie, luisantes, coriaces ; fleurs jaunâtres, petites, axillaires, dioïques ou hermaphrodites. ♄. Croît dans les provinces méridionales. On le cultive dans les bosquets.

6. Nerprun bourdaine (*R. frangula*, L. sp. 280).

Arbrisseau non épineux, rameux, à écorce noire tachée de blanc, haut de 6-10 pieds ; feuilles très entières, ovales ; fleurs verdâtres, axillaires, pédonculées, hermaphrodites ; fruit rouge, devenant noir à la maturité. ♄. Commun dans les bois taillis.

7. Nerprun des Alpes (*R. Alpinus*, L. sp. 280).

Arbrisseau non épineux, rameux, à écorce brune, haut de 6-8 pieds ; feuilles ovales-lancéolées, crénelées, glanduleuses ; fleurs dioïques, jaunâtres, petites, axillaires, à pédoncules courts. ♄. Croît dans les montagnes du Dauphiné et de la Provence.

8. Nerprun nain (*R. pumilus*, L. mant. 49).

Très petit arbrisseau, non épineux, très rameux, haut de 1-2 pieds ; feuilles ovales, crénelées, à nervures tomenteuses en dessous ; fleurs axillaires, petites, d'un jaune verdâtre. ♄. Croît dans les montagnes du Dauphiné et du Languedoc.

Genre JUJUBIER (*Zizyphus*, Tourn. *Rhamnus*, L.).

Calice ouvert à cinq divisions ; corolle de 5 pétales ;

5 étamines; 2 styles; drupe ovale; noyau biloculaire, disperme.

Espèce 1. JUJUBIER COMMUN (*Zizyphus vulgaris*, LAM. *R. zizyphus*, L. sp. 282).

Arbre à écorce noirâtre, épineux, à rameaux nombreux, étalés; feuilles ovales-oblongues, rétuses, glabres, dentées; fleurs petites, axillaires, jaunâtres, à pédoncules courts; fruit rouge, ovoïde, d'une saveur douce. ♄. Originaire de Syrie, naturalisé dans la France la plus méridionale : les jujubes sont des fruits doux et pectoraux.

Genre PALIURE (*Paliurus*, TOURN. *Rhamnus*, L.).

Calice ouvert à 5 divisions; corolle de 5 pétales; 5 étamines; 3 styles; drupe sec, à rebord membraneux, large; noyau bi ou triloculaire.

Espèce 1. PALIURE AIGUILLONNÉ (*Paliurus aculeatus*, L. *R. paliurus*, L. sp. 281).

Arbrisseau haut de 4-6 pieds, à rameaux flexibles, aiguillonnés; feuilles ovales, un peu dentées, marquées de 5 nervures saillantes; fleurs jaunes, en grappes axillaires; fruits à rebords saillans. ♄. Croît dans nos provinces méridionales.

†† *Étamines alternant avec les pétales.*

Genre STAPHYLEA (*Staphylea*, LIN. JUSS.).

Calice à 5 lobes, muni intérieurement d'un disque urcéolé; corolle de 5 pétales; 5 étamines; 2-3 styles; fruit capsulaire, renflé; graines osseuses, globuleuses, tronquées à la base, insérées sur le milieu de la cloison.

Espèce 1. STAPHYLEA AILÉ (*Staphylea pinnata*, L. sp. 386).

Grand arbrisseau rameux, haut de 12-15 pieds; feuilles opposées, ailées avec impaire; folioles ovales-oblongues, dentées sur leurs bords; fleurs blanches, assez grandes, en grappes pendantes. ♄. Croît en Alsace. Cultivé dans les parcs et les bosquets.

Genre FUSAIN (*Evonymus*, Tourn. Lin.).

Calice à 4-5 divisions, muni intérieurement d'un disque pelté ; corolle ouverte, de 4-5 pétales ; 4-5 étamines insérées sur le disque ; 1 style ; capsule quinquéloculaire, quinquévalve ; graines entourées d'un arille coloré.

Espèce 1. Fusain d'Europe (*Evonymus Europæus*, L. sp. 286).

Arbrisseau de moyenne taille, rameux, à écorce verdâtre, avec les angles blanchâtres ; feuilles glabres, ovales-lancéolées, pointues, finement dentées ; à pétales courts ; fleurs petites, d'un jaune verdâtre ; à pédoncules rameux ; fruits d'un rose vif, à 4 ou 5 cornes. ♄. Commun dans les haies. On l'appelle vulgairement *bonnet carré, bonnet de prêtre*, etc.

2. Fusain a larges feuilles (*E. latifolius*, Jacq. aust. t. 289).

Ressemble beaucoup au précédent ; s'en distingue par ses feuilles plus larges et par ses fruits plus gros, à angles aigus. ♄. Croît dans les montagnes sousalpines.

Genre HOUX (*Ilex*, Lin.).

Calice très petit, à 5 dents ; corolle de 4 pétales, soudés à leur base ; 4 étamines ; 4 stigmates ; fruit bacciforme, arrondi ; noyaux à 4 graines. (Voyez *Atl.*, pl. 113.)

Espèce 1. Houx commun (*Ilex aquifolium*, L. sp. 181).

Arbre ou arbrisseau de taille variable, très rameux ; feuilles vertes, luisantes, glabres, persistantes, hérissées d'aiguillons sur leurs bords ; fleurs petites, blanches, axillaires ; fruit d'un rouge de corail. Commun dans les bois. ♄. C'est de l'écorce de cet arbre qu'on extrait la glu.

Nota. Ces trois derniers genres font partie des Célastrinées de R. Brown.

FAMILLE 28. JUGLANDÉES (*Juglandeæ*, DC.
TÉRÉBINTHACÉES, Juss.)!

Fleurs monoïques; fleurs mâles en chaton; étamines en nombre indéterminé, insérées sur un disque;
fleurs femelles solitaires, à calice double ou simple,
adhérent; ovaire infère, uniloculaire, surmonté par
2 stigmates ou par 1 style court, à stigmate quadrifide; fruit un peu charnu, espèce de drupe contenant
une noix à 2 ou 4 valves; graine cérébriforme, qua-
drilobée; embryon homotrope; spermoderme membraneux. Arbres à feuilles alternes, composées; fleurs
à la partie supérieure des rameaux de la dernière
année.

Genre NOYER (*Juglans*, LINNÉ).

Monoïque; fleurs mâles en chaton; femelles solitaires, à étamines indéfinies, insérées sur un disque;
2 styles; stigmate renflé; le fruit est un drupe à 2-4
valves; graine à 4 lobes.

Espèce 1. LE NOYER COMMUN (*Juglans regia*, L. sp.
1415).

Grand arbre à rameaux réunis en une large tête;
feuilles d'une odeur forte non désagréable, glabres,
composées de 7 folioles entières, à nervures saillantes,
un peu dentées; fruit en drupe, débiscent à la maturité. ♄. Cet arbre, connu de tout le monde, est originaire de la Perse.

FAMILLE 29. TÉRÉBINTHACÉES (*Terebin-
thaceæ*, Juss.).

Calice monosépale à 4-5 divisions; corolle quelquefois nulle, le plus souvent de 4-5 pétales alternant
avec les divisions calicinales; étamines de 4-5 ou de
8-10, rarement plus, toujours hypogynes; ovaire supère, simple ou multiple, terminé par plusieurs stigmates, rarement sessiles; le fruit est une capsule; un
drupe ou un fruit bacciforme à plusieurs loges mono-

spermes; graines le plus souvent renfermées dans un noyau osseux; périsperme souvent nul; embryon droit ou recourbé; arbres ou arbrisseaux à feuilles alternes, dépourvues de stipules, laissant souvent découler un suc résineux. M. De Candolle a partagé cette famille en 7 tribus, qui sont de véritables familles pour quelques botanistes; mais comme ces plantes sont peu nombreuses en France, nous n'y ferons aucune subdivision.

Genre SUMAC (*Rhus*, L. Juss.).

Calice à 5 divisions; corolle de 4 pétales; 3 styles courts; espèce de drupe à noyau monosperme.

Espèce 1: Sumac fustet (*Rhus cotinus*, L. sp. 383).

Arbrisseau rameux, à écorce lisse, haut de 6-8 pieds; feuilles simples, ovales-arrondies, à nervures très saillantes; fleurs verdâtres, paniculées; pédoncules divergens, à pédicelles extrêmement velus après la floraison. ♄. Croît aux environs de Grenoble, de Gap, et en Provence.

2. Sumac des corroyeurs (*R. coriaria*, L. sp. 379).

Arbrisseau rameux, à écorce roussâtre et à bois tendre, à racine émettant des jets de place en place; feuilles ailées, à folioles ovales-oblongues, dentées, velues en dessous; fleurs en épis serrés, blanchâtres; fruit devenant d'un rouge foncé après la floraison, et paraissant comme des espèces de fleurs à cause du duvet qui les recouvre. ♄. Croît dans le Midi.

Genre CAMELÉE (*Cneorum*, L. Juss.).

Calice persistant, très petit, à 3 divisions; 3 étamines; 1 style à 3 stigmates; fruit sec, bacciforme, triloculaire, à loges monospermes.

Espèce 1. Camelée a trois coques (*Cneorum tricoccon*, L. sp. 49).

Petit arbrisseau rameux; haut de 2-4 pieds; feuilles alternes, petites, sessiles, allongées; fleurs jaunes, assez petites. ♄. Croît dans les rocailles des provinces méridionales. Par le fruit il ressemble à une euphorbe.

Genre PISTACHIER (*Pistacia*, Linné).

Dioïque, point de corolle ; fleurs mâles en chaton, à écailles uniflores ; calice très petit, à cinq lobes ; 5 étamines ; fleurs femelles en grappe, à calice petit, trilobé ; 3 styles ; fruit sec, ovale ou arrondi, renfermant un noyau osseux, monosperme.

Espèce 1. PISTACHIER COMMUN (*Pistacia verâ*, L. sp. 1454).

Arbre de moyenne taille, à écorce cendrée ; feuilles impari-pinnées, à folioles un peu ovales, assez larges, ternées ou quinées ; fleurs petites ; fruits ridés. ♄. Originaire de Syrie. Cultivé dans nos provinces méridionales.

2. PISTACHIER TÉRÉBINTHE (*P. terebinthus*, L. sp. 1455).

Arbre un peu moins grand que le précédent ; feuilles impari-pinnées, à folioles ovales, lancéolées, septennées ; fleurs petites, paniculées ; fruits d'un vert bleuâtre, à peine ridés. ♄. Croît aux environs de Grenoble, en Provence et en Languedoc. La *térébenthine de Chio* est produite dans l'Orient par cet arbre.

3. PISTACHIER LENTISQUE (*P. lentiscus*, L. sp. 1455).

Petit arbre à écorce rougeâtre, à rameaux très étalés ; feuilles pinnées, composées de 8 folioles lancéolées, étroites, entières, portées sur un pétiole ailé ; fleurs rougeâtres, petites, paniculées, axillaires ; fruits petits, bacciformes, devenant rouges à la maturité. ♄. La résine appelée *mastic* est fournie dans l'Orient par cet arbre.

FAMILLE 3o. LÉGUMINEUSES (*Leguminosæ*, Juss. PAPILIONACÉES, Tourn.).

Calice monosépale, à plusieurs divisions; corolle de 4 pétales, quelquefois soudés, irréguliers : 1 supérieur, plus grand, appelé *étendard*; 2 plus petits, latéraux, nommés *ailes*; et 1 inférieur, replié ou *carène*; 10 étamines souvent réunies en deux faisceaux, 9 dans un et une dans l'autre, insérées sur le calice; anthères petites, biloculaires, arrondies-oblongues; ovaire supère, surmonté d'un style à stigmate simple; le fruit est une gousse déhiscente : dans un petit nombre le fruit est indéhiscent, monosperme; quelquefois aussi la gousse est partagée par des cloisons transversales; périsperme nul; embryon droit ou recourbé; fleurs solitaires, en épi, en grappe, etc. Arbres, arbrisseaux, herbes, à feuilles souvent alternes, pétiolées, simples ou composées.

† *Étamines libres.*

Genre CAROUBIER (*Ceratonia*, L. Juss.).

Fleurs apétales, polygames; calice à 5 divisions inégales; 5-7 étamines, longues, insérées sur le calice; ovaire entouré d'un disque charnu quinquélobé; fruit siliquéforme, allongé, comprimé, indéhiscent, pulpeux intérieurement, coriace à l'extérieur; graines dures, luisantes.

Espèce 1. Caroubier commun (*Ceratonia siliqua*, L. sp. 1513).

Arbre de moyenne taille, à rameaux étalés, à écorce rougeâtre; feuilles arrondies, ovales, obtuses; fleurs rougeâtres, en grappe, ramassées par bouquets; fruits noirâtres, comprimés et allongés. ♄. Croît dans nos provinces méridionales. On mange ses fruits, qui ont une saveur douceâtre; ils portent le nom de *carouges*.

Genre GAINIER (*Cercis*, L. Juss.).

Calice urcéolé, renflé à sa base, à 5 dents; corolle papilionacée, onguiculée; 10 étamines, à filets distincts non réunis; fruit comprimé, sec, déhiscent, polysperme, bordé en dessus par une aile étroite. (V. *Atl.*, pl. 3, f. 1.)

Espèce 1. GAÎNIER COMMUN (*Cercis siliquastrum*, L. sp. 534).

Arbre de taille moyenne, à rameaux étalés; feuilles glabres, nerveuses, presque réniformes, pétiolées; fleurs rouges, papilionacées, naissant par paquets sur les rameaux, et paraissant en quelque sorte sortir de l'écorce; fruits secs, comprimés, noirs. ♄. Croît dans les forêts élevées du Languedoc. On le cultive comme arbre d'ornement sous le nom d'*arbre de Judée*.

Genre ANAGYRIS (*Anagyris*, LINNÉ).

Calice urcéolé, persistant, à 5 dents; corolle papilionacée, à étendard court, obcordé; carène de 2 pétales, 10 étamines; gousse allongée, comprimée, recourbée, polysperme.

Espèce 1. ANAGYRIS FÉTIDE (*Anagyris fœtida*, L. sp. 534).

Arbrisseau rameux, à écorce grisâtre, haut de 4-6 pieds; feuilles ternées, à folioles blanchâtres, pubescentes; fleurs jaunes, en grappe; fruit oblong, cylindrique; graines réniformes. ♄. Croît en Provence et en Languedoc.

†† *Étamines monadelphes.*

Genre AJONC (*Ulex*, LINNÉ).

Calice à 2 divisions profondes, carénées et munies de 2 petites folioles squammeuses; carène de 2 pétales; étamines monadelphes; gousse renflée, presque de la longueur du calice; graines peu nombreuses. (Voyez *Atl.*, pl. 3., f. 2.)

Espèce 1. AJONC D'EUROPE (*Ulex Europæus*, L. sp. 1045).

Arbrisseau rameux, haut de 4-8 pieds; feuilles pointues, très piquantes; petites, persistantes, linéaires; fleurs jaunes, solitaires, axillaires; dents du calice peu prononcées, conniventes; bractées ovales, lâches. ♄. Commun dans les landes et les bruyères sablonneuses. Il porte les noms vulgaires de *vignons, jonc-marin.*

2. AJONC NAIN (*U. nanus*, SMITH. fl. bot. 757).

Beaucoup plus petit que le précédent, ayant la même inflorescence, presque rampant; rameaux naissant de la racine, souvent très étalés; dents calicinales distantes; bractées petites, serrées. ♄. Croît aux environs de Paris, en Languedoc, etc.

3. AJONC DE PROVENCE (*U. provincialis*, LOIS. not. p. 105. t. 6. f. 2).

Ressemble aux deux précédens; il se distingue du premier par ses branches, qui ne sont jamais velues, et ses bractées serrées, très petites, et son calice à dents très prononcées; il se rapproche beaucoup plus du dernier, et n'en est probablement qu'une variété; seulement on peut l'en distinguer par ses rameaux plus glabres et moins garnis de petits faisceaux de jeunes pousses. ♄. Croît en Provence et en Anjou.

Genre GENÊT (*Genista*, LAM. *Genista* et *Spartium*, L.).

Calice à deux lèvres, la supérieure bidentée, l'inférieure tridentée; carène ne cachant qu'en partie les organes sexuels; fleurs jaunes.

† *Rameaux épineux.*

Espèce 1. GENÊT ÉPINEUX (*Genista scorpius*, L. sp. 995).

Arbrisseau très rameux, à rameaux hérissés d'un grand nombre de piquans; feuilles oblongues, aiguës, molles, soyeuses; fleurs jaunes, naissant au sommet sur les épines les plus fortes, axillaires, et réunies 3 ou 4 ensemble. ♄. Croît en Provence, en Languedoc, en Dauphiné, etc.

2. GENÊT ANGLAIS (*G. anglica*, L. sp. 999).

Petit arbrisseau haut de 2 ou 3 pieds, diffus, très rameux, garni d'épines nombreuses; feuilles glabres, petites, lancéolées, étroites; fleurs jaunes, axillaires, à pédicelles courts, disposées sur les rameaux non épineux; fruits glabres. ♄. Se trouve parmi les bruyères, dans une grande partie de la France.

3. GENÊT ALLEMAND (*G. germanica*, L. sp. 999).

Tiges rameuses, hautes de 2 pieds, feuillées, garnies d'épines simples avant la floraison, devenant ensuite rameuses; fleurs jaunes, en grappes terminales portées sur des rameaux non épineux; fruits velus. ♄. Croît en Alsace et dans le Midi.

4. GENÊT ESPAGNOL (*G. hispanica*, L. sp. 999).

Tiges couchées, rameuses, hautes de 1 pied, feuillées; feuilles velues, lancéolées comme dans l'espèce précédente; épines rameuses, très piquantes; fleurs jaunes, en grappes terminales; fruits à peine velus, devenant glabres à la maturité. ♄. Dauphiné, Languedoc, Provence.

5. GENÊT DE LOBEL (*G. Lobelii*, DC. fl. fr. 3816).

Petit arbrisseau diffus, très rameux, très épineux, haut de 1 pied; feuilles simples ou ternées, légèrement velues; rameaux alternes, tuberculeux, et très garnis d'épines; fleurs petites, jaunes, axillaires et presque sessiles; pétales couverts de poils soyeux. ♄. Croît dans les montagnes de la Provence et de l'île de Corse.

6. GENÊT DE SALZMANN (*G. Salzmanni*, DC. prod. 2. p. 147).

Ressemble beaucoup au *Lobelii*, dont il n'est peut-être qu'une variété : tiges rameuses, ligneuses, épineuses; feuilles simples ou trifoliées, pubescentes, soyeuses ; fleurs jaunes, géminées le long des rameaux, à pédicelles soyeux ; calice à divisions inférieures aussi longues que les supérieures. ♄. Corse.

7. GENÊT DE CORSE (*G. Corsica*, DC. *S. Corsicum*, Lois. fl. gall. 440).

Petit arbrisseau diffus, très rameux, haut de 1 pied, à rameaux glabres, se terminant par des épines ; feuilles glabres, oblongues ; fleurs jaunes, disposées en espèce de grappe ; calice à dents subulées ; pétales glabres. ♄. Croît dans les sables maritimes de la Corse.

8. GENÊT HORRIBLE (*G. horrida*, DC. *G. radiata*, VILL. dauph.).

Petit arbrisseau ramassé en tête, haut de 12-15 pouces, très épineux au sommet ; feuilles opposées, ternées, linéaires ; fleurs jaunes, terminales, presque géminées ; calice pubescent ; rameaux opposés, épineux. Croît aux environs de Lyon, de Bayonne, de Bordeaux et dans les Pyrénées.

†† *Rameaux non épineux.*

9. GENÊT MONOSPERME (*G. monosperma*, LAM. *S. mo-nospermum*, L. sp. 995).

Tige dressée, rameuse, à rameaux effilés, presque nus ; feuilles peu nombreuses ; sessiles, lancéolées, velues ; fleurs jaunes, en grappes latérales ; gousses monospermes. ♄. Environs de Montpellier.

10. GENÊT PURGATIF (*G. purgans*, L. sp. 999).

Tiges dressées, rameuses, hautes de 1-2 pieds ; rameaux inférieurs presque nus ; feuilles lancéolées, velues, sessiles ; fleurs jaunes, axillaires, solitaires. ♄. Provinces méridionales.

11. GENÊT CENDRÉ (*G. cinerea*, DC. *S. cinereum*, VILL. prosp. 40).

Arbrisseau dressé, rameux, d'une couleur cendrée, à rameaux effilés, marqués de 10 sillons ; feuilles lancéolées, sessiles, velues; fleurs jaunes, solitaires, axillaires; fruit velu, à 3-5 graines. ♃. Croît sur les coteaux, en Provence et en Dauphiné.

12. Genêt jonc (*G. juncea*, Lam. *S. junceum*, L. sp. 995).

Grand arbrisseau, haut de 4-8 pieds et beaucoup plus quelquefois, à rameaux flexibles, verdâtres, effilés comme du jonc, presque dépourvus de feuilles; feuilles lancéolées, glabres; fleurs jaunes, odorantes, grandes, à l'extrémité des rameaux. ♄. Croît dans nos provinces méridionales. Cultivé dans les bosquets sous le nom de *genêt d'Espagne*.

13. Genêt en ombelle (*G. umbellata*, DC. *S. umbellatum*, Desf. atl.).

Petit arbrisseau, à rameaux cylindriques, effilés, presque nus; feuilles inférieures ternées, supérieures de 2 folioles et même à une seule au sommet; fleurs jaunes, sessiles, au nombre de 5-7 au sommet des tiges. ♄. Ile de Corse.

14. Genêt des teinturiers (*G. tinctoria*, L. sp. 998).

Tiges couchées, un peu ligneuses, à rameaux striés et très garnis de feuilles; feuilles lancéolées, glabres; fleurs nombreuses, jaunes, en grappe ou en épi; fruit glabre. ♄. Commun au bord des bois secs. On lui donne le nom vulgaire de *genestrole*.

15. Genêt velu (*G. pilosa*, L. sp. 999).

Tiges rameuses, un peu couchées, ligneuses, longues de 12-15 pouces; feuilles très petites, lancéolées, pliées en gouttière, un peu velues en dessous; fleurs jaunes, presque sessiles, axillaires, nombreuses; la corolle et le calice sont couverts de poils soyeux, ainsi que les fruits. ♄. Croît dans les lieux pierreux des basses montagnes : on le trouve à Fontainebleau.

16. Genêt couché (*G. prostrata*, Lam. D. 2. p. 618).

Petit arbrisseau très rameux, étalé par terre, à rameaux grêles, légèrement velus et striés; feuilles lancéolées, aiguës; fleurs jaunes, axillaires, pédicellées; corolle glabre; calice et pédicelles velus; fruits oblongs, hérissés. ♄. Croît dans les lieux pierreux de la Bourgogne et du Jura.

17. Genêt en gazon (*G. humifusa*, L. sp. 998).

Tiges rameuses, velues, striées, gazonnantes, petites, naissant d'une souche ligneuse, longues de 2-3 pouces; feuilles lancéolées, velues des deux côtés; fleurs solitaires, presque sessiles, jaunes; corolle velue; fruits velus. ♄. Croît aux environs de Gap, sur les montagnes.

18. Genêt ailé (*G. sagittalis*, L. sp. 998).

Tiges à peine ligneuses, presque couchées, simples, longues de 1 pied, légèrement velues, et bordées par une membrane verte, formant des saillies rétrécies à la naissance des feuilles; feuilles ovales, lancéolées, sessiles; fleurs jaunes, en grappes courtes; calice velu. ♄. Commun dans les bois sablonneux.

19. Genêt triquètre (*G. triquetra*, Ait. kew. 3. p. 14).

Petit arbrisseau touffu, à rameaux rendus triangulaires par 3 appendices foliacés; feuilles inférieures ternées, supérieures simples; fleurs jaunes, disposées comme dans l'espèce précédente; calice pubescent, à 5 divisions aiguës. ♄. Corse.

20. Genêt a balais (*G. scoparia*, Lam. *Spart. scoparium*, L. sp. 996).

Grand arbrisseau, haut de 8-10 pieds, mais souvent moins, à rameaux nombreux, dressés, fastigiés, anguleux, flexibles; feuilles ternées inférieurement, les supérieures simples, ovales-lancéolées; fleurs grandes, jaunes, disposées en épis longs; gousses longues, garnies de poils longs sur leurs bords. ♄. Très commun dans tous les bois de plaine.

21. •GENÊT BLANCHATRE (*G. candicans*, L. *Cytisus candicans*, LAM.)

Petit arbrisseau haut de 2-4 pieds, à tiges dressées, rameuses, cannelées; feuilles ternées, à folioles obovales, pubescentes, d'un blanc grisâtre; fleurs jaunes, petites, ramassées, 4-5 sur des pédoncules feuillés et alternes; fruit hérissé de poils mous. ♄. Corse, Languedoc.

22. GENÊT A FEUILLES DE LIN (*G. linifolia*, L. sp. 405. *Cytisus linifolius*, LAM.).

Petit arbrisseau à rameaux dressés, cylindriques, marqués de sillons très sensibles; feuilles ternées, sessiles, à folioles linéaires, lancéolées, soyeuses en dessous, un peu roulées sur les bords; fleurs jaunes, en grappes terminales; fruits velus. ♄. Habite les îles d'Hyères.

Genre CYTISE (*Cytisus*, LAM. *Cyt. Spartium* et *Genista*, LINNÉ).

Calice bilabié; lèvre supérieure bidentée, lèvre inférieure, tridentée; carène droite renfermant entièrement les organes sexuels; étamines monadelphes; gousse comprimée, légèrement alternée à sa base; feuilles ternées; fleurs jaunes.

Espèce 1. CYTISE DES ALPES (*Cytisus laburnum*, 1041).

Arbre de moyenne taille, à écorce verdâtre, rameux, s'élevant à 20-25 pieds; feuilles ternées, à folioles ovales-oblongues, velues inférieurement; fleurs d'un jaune pâle, grandes, en belles grappes pendantes; gousses un peu velues. ♄. Croît dans les Alpes et le Jura : on le cultive comme arbre d'ornement, sous le nom de *faux ébénier*. Le *C. alpinus*, MIL., en est une simple variété locale.

2. CYTISE A FEUILLES SESSILES (*C. sessilifolius*, L. sp. 1041).

Arbrisseau de taille moyenne, glabre, très branchu; feuilles ternées, petites, nombreuses, sessiles seulement au haut des rameaux; folioles arrondies, terminées par une petite pointe; fleurs jaunes, pédicellées, au nombre de 2-5 au haut de chaque rameau; fruits glabres. ♄. Croît sur les collines chaudes du Dauphiné, de la Provence et du Languedoc.

3. CYTISE ÉPINEUX (*C. spinosus*, LAM. DC. *Sp. spinosum*, L.).

Arbrisseau haut de 3-4 pieds, rameux, ligneux, garni d'épines fortes; feuilles pétiolées, ternées, à folioles petites, un peu obtuses; fleurs jaunes, en petits bouquets sur les épines. ♄. Croît en Provence, en Languedoc et en Corse.

4. CYTISE LAINEUX (*C. lanigerus*, DC. *Spart. villosum*, DESF.).

Arbrisseau haut de 4-5 pieds, rameux, ligneux, garni de fortes épines; feuilles ternées, pubescentes, à folioles petites, un peu obtuses; fleurs jaunes, par petits bouquets sur les épines, axillaires; calice et bractées couverts de poils soyeux; gousses renflées, garnies de longs poils laineux. ♄. Corse.

5. CYTISE A TROIS FLEURS (*C. triflorus*, DC. fl. fr. 3826).

Arbrisseau de 4-5 pieds, branchu, à rameaux effilés, velus; feuilles pétiolées, couvertes de poils roussâtres, à folioles obtuses; fleurs axillaires, pédicellées, naissant 3 à 3, calice velu; fruits extrêmement velus. ♄. Croît en Provence et aux environs de Narbonne.

6. CYTISE EN TÊTE (*C. capitatus*, JACQ. DC. *Cyt. supinus*, L. sp. 1842).

Tiges ligneuses, dressées, presque simples, feuillées, hautes de 2-3 pieds; feuilles ternées, à folioles ovales, obtuses, velues en dessous ; fleurs jaunes, grandes, disposées en bouquets de 7-8 au sommet des rameaux ; gousses très velues. ♄. Commun dans les bois du Midi.

7. CYTISE COUCHÉ (*C. supinus*, JACQ. aust. 1. t. 20).

Tige couchée, redressée, rameuse, longue de 1 pied, ligneuse, à rameaux très velus ; feuilles pétiolées, à folioles cunéiformes ; fleurs jaunes, ramassées en tête de 7-8 ; calice tubuleux, très velu, ainsi que le fruit. ♄. Croît dans les Alpes. Je l'ai trouvé au Sappey, près Grenoble. M. Mérat l'indique à Valvins, près Fontainebleau ; mais je n'ai pu l'y retrouver.

8. CYTISE ARGENTÉ (*C. argenteus*, L. sp. 1043).

Petit sous-arbrisseau, à tiges longues de 6-15 pouces, ligneuses, branchues ; feuilles pétiolées, à folioles lancéolées, garnies, surtout en dessous, d'un duvet soyeux et argentin, ainsi que le calice et les jeunes pousses ; fleurs jaunes, presque sessiles, axillaires ; gousses linéaires, soyeuses. ♄. Commun sur les collines pierreuses du Midi.

Genre ADÉNOCARPE (*Adenocarpus*, DC. *Cytisus*, BROT.).

Calice bilabié ; lèvre supérieure bifide, l'inférieure plus longue, trilobée ; corolle papilionacée ; carène droite ; étamines monadelphes ; fruit oblong, comprimé, glanduleux, rétréci à sa base ; feuilles ternées.

Espèce 1. ADÉNOCARPE A PETITES FEUILLES (*Adenocarpus parvifolius*, DC. suppl. *Cyt. complicatus*, DC. fl. fr.).

Petit arbrisseau très rameux, diffus, à rameaux inférieurs, couchés, rampans ; feuilles ternées, à folioles petites, pliées en deux, velues en dessous ; fleurs jaunes, en grappes lâches et terminales ; calice garni de glandes pédicellées, ainsi que les gousses. ♄. Environs de Montpellier, en Poitou, en Provence, etc.

2. Adénocarpe de Toulon (*A. Telonensis*, DC.
suppl. *Cytis. Telonensis*, Lois. fl. gall.).

Petit arbrisseau, très rameux, diffus, à rameaux
inférieurs, couchés, rampans, à écorce verdâtre;
feuilles ternées, petites, pliées, velues en dessous;
fleurs jaunes, en grappe, peu fournies, terminales;
calice dépourvu de glandes, garni de quelques poils
blanchâtres. ♄. Croît dans la Lozère, les Pyrénées,
les Cévennes et la Provence.

Genre LUPIN (*Lupinus*; Linné).

Calice bilabié; carène de deux pétales; étamines
monadelphes; gousses coriaces, oblongues, polyspermes, contenant plusieurs graines; feuilles pinnées.

Espèce 1. Lupin blanc (*Lupinus albus*, L. sp. 1015).

Tige un peu velue, dressée; feuilles pétiolées, composées de 5-7 folioles, oblongues, entières, soyeuses
en dessus et d'un vert foncé en dessous; fleurs alternes,
blanches, dépourvues de bractées; lèvre supérieure
du calice entière; lèvre inférieure tridentée. ⊙. Cultivé dans nos provinces méridionales.

2. Lupin bigarré (*L. varius*, L. sp. 1015).

Tige dressée, un peu rameuse, velue, haute de 12-
18 pouces; feuilles composées de 5-8 folioles digitées,
lancéolées; fleurs rouges ou bleues, presque verticillées, munies de bractées; lèvre supérieure du calice
bifide, l'inférieure tridentée. Croît parmi les moissons,
dans la France méridionale.

3. Lupin a feuilles étroites (*L. angustifolius*, L.
sp. 1015).

Tige dressée, à peine rameuse, haute de 1 à 2 pieds;
feuilles nombreuses, pétiolées, à 5-7 folioles, linéaires,
obtuses, un peu velues en dessous; fleurs bleues,
sessiles, alternes, munies de bractées; lèvre supérieure du calice à deux dents, l'inférieure entière.

⊙. Croît dans les environs de Bordeaux, du Mans, d'Orléans, etc.

4. LUPIN JAUNE (*L. luteus*, L. sp. 1015).

Tige dressée, peu rameuse, légèrement velue dans le haut; feuilles composées de 7-9 folioles, oblongues inférieurement, linéaires dans le haut; fleurs petites, jaunes, verticillées, munies de bractées; lèvre supérieure du calice à 2 divisions profondes, l'inférieure tridentée. ⊙. Croît dans les champs, aux environs de Montpellier.

5. LUPIN VELU (*L. hirsutus*, L. sp. 1015).

Tige dressée, peu rameuse, hérissée de poils roussâtres; feuilles à 7-9 folioles, oblongues, linéaires; fleurs jaunes, très petites, alternes, munies de bractées; lèvre supérieure du calice à 2 divisions profondes, l'inférieure tridentée. ⊙. Croît dans les champs, aux environs de Montpellier.

Genre ONONIS (*Ononis*, LINNÉ, JUSS.).

Calice campanulé, 5 divisions linéaires; étendard strié; étamines monadelphes; gousse renflée, sessile; graines peu nombreuses.

Espèce 1. ONONIS DES CHAMPS (*Ononis arvensis*, LAM. *O. spinosa*, L. sp. 1006).

Tige un peu ligneuse, couchée, diffuse, longue de 12-15 pouces, un peu velue sur les branches, qui deviennent épineuses en vieillissant; feuilles inférieures ternées, légèrement visqueuses, à folioles ovales, dentées, les supérieures simples; fleurs presque sessiles, assez grandes, roses, axillaires; gousse velue, globuleuse. ♃. Croît dans les champs incultes et les prairies arides. L'*ononis antiquorum*, LINNÉ, n'en est qu'une variété plus épineuse. On emploie la racine de cette plante comme apéritive, sous le nom d'*arrête-bœuf* ou de *bugrane*. L'*ononis altissima*, LAM., est une plante piémontaise, qui ne se trouve point en France. Cependant M. Mérat l'indique à Saint - Germain, où elle aura peut-être été semée, si elle y existe réellement.

2. ONONIS MOLLET (*O. mollis*, LAG. nov. sp. p. 22).

Tige rameuse ; feuilles ternées, à folioles oblongues-ovales, denticulées au sommet ; stipules entières ; fleurs purpurines, solitaires, à pédoncules de la longueur des feuilles ; gousses ne dépassant pas le calice. ⊙? Je l'ai reçu de Corse.

3. ONONIS DENTÉ (*O. serrata*, VAHL. symb. 1. p. 52).

Tiges nombreuses, couchées, visqueuses, velues ; feuilles trifoliées, à folioles oblongues, dentées en scie ; stipules denticulées ; fleurs purpurines et blanches, en grappes terminales ; calice à divisions trinervées aussi longues que la corolle et que la gousse. ⊙. Corse. (Rare.) L'*ononis mitissima*, L., est aussi indiqué en Corse.

4. ONONIS QUEUE DE RENARD (*O. alopecuroides*, L. sp. 1008).

Tige droite, velue, presque simple ; feuilles simples, elliptiques ; stipules très grandes, denticulées ; fleurs roses, en un gros épi terminal ; divisions calicinales très velues, et dépassant de beaucoup la corolle. ⊙. Corse, Sardaigne.

5. ONONIS A PETITES FLEURS (*O. columnæ*, ALL. ped. n. 1166. *O. parviflora*, DC.).

Tige petite, rameuse, un peu ligneuse, pubescente, longue de 4-6 pouces ; feuilles ternées, à folioles un peu cunéiformes, inégales, dentées, à stipules lancéolées, feuilles quelquefois simples dans le haut ; fleurs jaunes, assez petites, axillaires, sessiles ; fruit pubescent. ♄. Croît sur les collines arides, à Fontainebleau, aux environs de Rouen, de Grenoble, de Gap, de Clermont, etc. L'*ononis ornithopodioides*, L., croît en Italie et en Corse.

6. ONONIS TRÈS PETITE (*O. minutissima*, L. sp. 1007).

Tige petite, grêle, rameuse, glabre, ainsi que toute la plante, longue de 4-6 pouces; feuilles ternées, à folioles cunéiformes, étroites, dentées, les supérieures simples; fleurs petites, jaunes, axillaires, en épis terminaux; stipules sétacées, très entières; fruit pubescent. ♃. Croît sur les rocailles exposées au soleil, aux environs de Grenoble, de Montpellier et en Provence.

7. ONONIS STRIÉE (*O. striata*, DC. fl. fr. 3839).

Tige très petite, grêle, couchée, rameuse, longue de 4-6 pouces; feuilles ternées, à folioles obcordées, dentées et pubescentes, les supérieures simples; fleurs jaunes, sessiles, axillaires, solitaires; calice visqueux, scarieux. ♃. Croît dans les Pyrénées, les Cévennes et les environs de Gap.

8. ONONIS BIGARRÉE (*O. variegata*, L. sp. 1008).

Tiges rameuses, étalées, couvertes de poils visqueux, longues de 4-6 pouces; feuilles petites, simples, cunéiformes, denticulées; stipules plus grandes que les feuilles, cordiformes, dentées; fleurs solitaires, légèrement pédonculées, panachées de jaune et de rouge. ☉? Je l'ai reçue de l'île de Corse.

9. ONONIS RECLINÉE (*O. reclinata*, L. sp. 1011).

Tiges petites, rameuses, légèrement velues, un peu visqueuses; feuilles ternées, à folioles ovales-arrondies, striées, dentées à leur sommet; stipules larges, ovales - obtuses; fleurs blanchâtres, à étendard rougeâtre, solitaires, sur des pédoncules axillaires aussi longs que les feuilles. ☉. Croît sur les bords de la mer, en Languedoc.

10. ONONIS DU MONT-CÉNIS (*O. Cenisia*, L. mant. 267).

Tiges très rameuses, étalées sur la terre, longues de 4-8 pouces; feuilles ternées, à folioles cunéiformes, dentées au sommet; stipules lancéolées, dentées en scie; fleurs roses, portées sur des pédicelles axillaires, moitié plus longs que les feuilles. ♃. Croît dans les Alpes de Provence et du Dauphiné. Je l'ai recueillie abondamment sur une montagne près Briançon. L'*ononis villosissima*, Desf., atl., croît en Corse, Espagne et Italie.

11. Ononis de Cherler (*O. Cherleri*, L. sp. 107).

Tige rameuse, diffuse, redressée, haute de 8-10 pouces; feuilles ternées, à folioles dentées au sommet, velues et visqueuses en dessous; fleurs purpurines, portées sur des pédoncules uniflores, munies d'une espèce de pointe aristée; calice à poils visqueux. ☉. Croît dans les lieux sablonneux des montagnes peu élevées du midi.

12. Ononis des sables (*O. arenaria*, DC. suppl. 3844ª).

Tiges très rameuses, hautes de 8-10 pouces; feuilles visqueuses, ternées, à folioles oblongues, dentées en scie à leur sommet; fleurs jaunes, à étendard rayé de pourpre, nombreuses, portées sur des pédicelles à peu près de la longueur des feuilles, dressées. ♄. Croît aux environs de Montpellier, sur les bords de la mer. L'*ononis ramosissima*, Desf., atl., ne croît point en France; elle se distingue à ses fleurs pendantes, à pédicelles deux fois plus longs que les feuilles.

13. Ononis pubescente (*O. pubescens*, L. mant. 267).

Tiges droites, rameuses, hérissées de poils longs et visqueux, ainsi que toute la plante, haute de 6-10 pouces; feuilles ternées, à folioles étroites, longues, denticulées au sommet; stipules lancéolées, aiguës; fleurs jaunes, à étendard purpurin, portées sur des pédicelles plus courts que les feuilles. ♃? Des environs de Montpellier.

14. Ononis visqueuse (*O. viscosa*, L. sp. 1009).

Tiges dressées, garnies de poils glutineux, hautes de 12-15 pouces; feuilles simples, visqueuses, oblongués, dentelées ; les plus inférieures ternées ; fleurs jaunes, à étendard purpurin, axillaires, solitaires, à pédoncules longs et aristés. ⊙ Croît en Provence et aux environs de Montpellier.

• 15. ONONIS NATRIX (*O. natrix*, L. sp. 1008).

Tiges dressées, un peu ligneuses, quelquefois un peu couchées, garnies de poils courts, visqueux, d'une odeur désagréable, hautes de 12-18 pouces ; feuilles ternées, à folioles visqueuses, oblongues, dentelées au sommet ; fleurs jaunes, assez grandes, portées sur des pédoncules aristés. ♄. Croît au bord des chemins et des bois, dans une grande partie de la France. L'*ononis pinguis*, LIN., est une variété plus visqueuse, à étendard rayé de purpurin.

16. ONONIS A FLEURS COURTES (*O. breviflora*, DC. prod. 2. p. 160).

Ressemble beaucoup au *viscosa* : tige rameuse, velue, visqueuse ; feuilles inférieures trifoliées ; les supérieures simples, toutes à folioles elliptiques, dentées en scie, obtuses ; stipules dentées, aussi longues que le pétiole ; fleurs jaunes, à corolle plus courte que le calice ; gousse beaucoup plus longue que le calice. ♃. Provence.

17. ONONIS ARACHNOÏDE (*O. arachnoidea*, DC. suppl. 3846ᵃ).

Tiges dressées, un peu ligneuses, garnies de longs poils blancs, crépus, non visqueux, hautes de 10-12 pouces ; feuilles ternées, à folioles ovales, dentées au sommet ; fleurs jaunes, assez grandes, à étendard rayé, portées sur des pédoncules aristés, plus longs que les feuilles. ♃. Environs de Perpignan.

18. ONONIS FRUTESCENTE (*O. fruticosa*, L. sp. 1010).

Tiges ligneuses, glabres, blanchâtres, rameuses, hautes de 2-3 pieds ; feuilles presque sessiles, à folioles lancéolées, dentées ; stipules scarieuses, engaînantes, terminées par des arêtes ; fleurs purpurines,

assez grandes, réunies deux ou trois sur chaque pédoncule. ♄. Croît aux environs de Digne, de Grenoble,
et dans le Quéyras.

19. ONONIS D'ARAGON (*O. Aragonensis*, DC.
suppl. 3847ᵃ).

Tiges frutescentes, très rameuses, hautes de plusieurs pieds; feuilles glabres, ternées, à folioles arrondies, dentées en scie; stipules ovales à la base,
pointues; fleurs jaunes, en grappes longues, disposées
deux à deux sur des rameaux aphylles. ♃. Très commune à la vallée de Vénasque, dans les Pyrénées.

20. ONONIS A FEUILLES RONDES (*O. rotundifolia*, L.
sp. ed. 1. p. 719).

Tiges herbacées, pubescentes, ainsi que toute la
plante, un peu couchées, hautes de 1 pied; feuilles
ternées, à folioles très grandes, ovales, arrondies,
dentées; fleurs purpurines, réunies trois à trois sur
des pédoncules axillaires. ♃. Cette belle espèce croît
le long des torrens, dans les Alpes du Dauphiné et les
Pyrénées. Je l'ai recueillie au Bourg-d'Oysans.

Genre ANTHYLLIDE (*Anthyllis*, LINNÉ).

Calice ovale, oblong, renflé au milieu, connivent au
sommet, persistant, à 5 dents; étamines monadelphes;
gousse petite, monosperme ou disperme, cachée par
le calice.

Espèce 1. ANTHYLLIDE A QUATRE FEUILLES (*Anthyllis
tetraphylla*, L. sp. 1011).

Tiges herbacées, velues, couchées, longues de 8-10
pouces; feuilles composées, à folioles impaires, très
grandes; fleurs jaunâtres, petites, latérales; calice pubescent, vésiculeux. ⊙. Habite au bord des champs,
dans les provinces méridionales.

2. ANTHYLLIDE VULNÉRAIRE (*A. vulneraria*, L.
sp. 1012).

Tiges herbacées, couchées, un peu rameuses, longues de 10-15 pouces; feuilles ailées, à foliole terminale beaucoup plus grande; feuilles inférieures, à folioles très peu nombreuses; fleurs jaunes ou blanchâtres, formant des petites têtes, doubles et terminales; calice très velu, blanchâtre. ♃. Habite les pâturages secs.

3. ANTHYLLIDE DES MONTAGNES (*A. montana*, L. sp. 1012).

Tiges herbacées, velues, couchées, blanchâtres, ainsi que toute la plante, longues de 6-8 pouces; feuilles ailées, velues, soyeuses, à folioles petites, égales entre elles; fleurs purpurines, réunies en capitule terminal. ♃. Cette belle espèce croît dans les lieux chauds des montagnes, aux environs de Montpellier, dans les Pyrénées, les Alpes de Provence. Nous l'avons trouvée à la Grande-Chartreuse, aux environs de Briançon, etc.

4. ANTHYLLIDE DE GERARD (*A. Gerardi*, L. mant. 100).

Tiges herbacées, menues, rameuses, glabres; feuilles ailées, glabres, à 7-9 folioles, linéaires, les deux inférieures stipuliformes; fleurs blanchâtres, très petites, réunies en têtes latérales, à pédoncules beaucoup plus longs que les feuilles. ☉. Croît en Provence, dans les forêts de pins; elle se retrouve en Corse et aux environs de Collioure.

5. ANTHYLLIDE BARBE DE JUPITER (*A. barba Jovis*, L. sp. 1013).

Tige arborescente, dressée, rameuse, haute de 6-8 pieds, couverte d'un duvet soyeux dans le haut; feuilles ailées, composées d'un grand nombre de folioles, petites, ovales, oblongues et égales; fleurs jaunes, en capitule latéral, dépourvu de feuilles, à pédoncule plus long que les feuilles. ♄. Croît sur les sables maritimes de la Provence et de la Corse.

6. ANTHYLLIDE FAUX CYTISE (*A. cytisoides*, L. sp. 1013).

Tige ligneuse, frutescente, à rameaux effilés, munis d'un duvet blanchâtre, haute de 2 pieds; feuilles ternées, à folioles inégales, légèrement tomenteuses; fleurs jaunes, en épis latéraux peu fournis; calice très laineux. ♄. Habite les collines élevées du Roussillon.

7. ANTHYLLIDE DE HERMANN (*A. Hermanniæ*, L. sp. 1014).

Tige ligneuse, frutescente, branchue, à rameaux presque épineux, haute de 1-2 pieds; feuilles sessiles, simples ou ternées, à folioles cunéiformes, obtuses; fleurs jaunes, petites, ramassées, trois ou quatre sur des pédoncules courts; calice non renflé, campaniforme. ♄. Je l'ai reçu de la Corse par M. Thomas.

8. ANTHYLLIDE HÉRISSON (*A. erinacea*, L. sp. 1014).

Tige frutescente, épineuse, rameuse; feuilles extrêmement peu nombreuses, ovales-elliptiques; fleurs jaunes, réunies en petites têtes terminales. ♄. Corse (Viviani), Pyrénées? Espagne.

††† *Étamines diadelphes.*

Genre PSORALIER (*Psoralea*, LINNÉ).

Calice persistant, à points calleux, à 5 divisions; corolle de 5 pétales libres; étamines diadelphes ou monadelphes; gousse monosperme.

Espèce 1. PSORALIER BITUMINEUX (*Psoralea bituminosa*, L. sp. 1075).

Tige droite, ligneuse, rameuse, velue au sommet, haute de 3-4 pieds; feuilles ternées, pétiolées, à folioles ovales-lancéolées, pubescentes; fleurs d'un bleu violet, réunies en capitules sur des pédoncules axillaires, à bractées écailleuses, noirâtres : toute la plante a une odeur forte, bitumineuse. ♄. Croît dans les lieux arides des provinces méridionales.

Genre TRÈFLE (*Trifolium*, LINNÉ).

Calice persistant, à 5 dents ; carène d'une seule pièce, plus courte que les ailes et l'étendard ; gousse très petite, à une ou deux graines, cachée par le calice ; fleurs en capitule ; feuilles ternées.

† *Fleurs jaunes ; étendards persistans, déjetés en bas après la floraison ; capitules petits.*

Espèce 1. TRÈFLE BRUN (*Trifolium badium*, SCHREIB. fl. germ. ic.).

Tiges dressées, simples, presque glabres, hautes de 2-8 pouces ; folioles ovales, oblongues, très peu échancrées au sommet ; stipules étroites ; fleurs jaunes, en petits capitules ovales, devenant brunes ; dents calicinales, velues, subulées, les deux supérieures ovales, très courtes. ⊙. Commun dans les prairies des montagnes.

2. TRÈFLE BAI (*T. spadiceum*, L. sp. 1087).

Tiges dressées, simples, presque glabres, hautes de 2-8 pouces ; folioles ovales, oblongues ; stipules étroites ; fleurs jaunes, devenant brunes, en petits capitules, plus minces et plus allongés que dans l'espèce précédente ; dents calicinales, poilues, inégales. ⊙. Prairies des montagnes alpines.

3. TRÈFLE DES CAMPAGNES (*T. agrarium*, L. sp. 1087).

Tiges dressées, simples, presque glabres, hautes de 4-10 pouces ; folioles ovales, oblongues, cunéiformes, insérées ensemble au sommet du pétiole ; stipule presque glabre ; fleurs jaunes, en épis ovales, ne brunissant pas après la floraison ; dents calicinales, aiguës, presque égales, glabres. ⊙. Habite les prairies et les champs un peu humides.

4. TRÈFLE DE PARIS (*T. Parisiense*, DC. *T. aureum*, VILL. dauph. 3. p. 492).

Cette espèce est peut-être le véritable *agrarium* de

Linné ; sa tige est droite, diffuse, grêle, rameuse, légèrement velue, haute de 1 à 2 pieds ; folioles ovales, oblongues, cunéiformes, dentées au sommet ; fleurs jaunes, en tête arrondie ; calice glabre, à dents inégales, stipules ovales, glabres, aiguës. ⊙. Croît dans les prairies humides, aux environs de Paris.

5. TRÈFLE CHAMPÊTRE (*T. campestre*, SCHR. fl. germ.).

Tige droite, rameuse, roide, légèrement velue, haute de 5-12 pouces ; folioles ovales, cunéiformes, denticulées au sommet, la moyenne un peu pétiolée et les deux autres s'insérant sensiblement au-dessous ; stipules lancéolées, ciliées, aiguës ; fleurs jaunes, en tête arrondie ; calice à 5 dents très inégales, non pubescent. ⊙. Commun dans les champs après la moisson.

6. TRÈFLE TOMBANT (*T. procumbens*, L. sp. 1088).

Tige étalée, rameuse, diffuse ; folioles un peu pétiolées ; stipules lancéolées, ciliées ; fleurs jaunes, en tête oblongue ; calice à 5 dents presque égales. ⊙. Croît dans les lieux frais, les allées des bois, etc. Peu distinct du précédent.

7. TRÈFLE FILIFORME (*T. filiforme*, L. sp. 1088).

Tige grêle, couchée, longue de 8-12 pouces, pubescente ; folioles cunéiformes-allongées, échancrées et denticulées ; l'impaire un peu pétiolée ; stipules lancéolées, étroites, acérées ; fleurs jaunes, en petite tête, de 6-12 fleurs peu serrées ; calice glabre, à dents inégales, étendard non strié. ⊙. Croît dans les prés et les bois. Le *trifolium dubium*, ABBOT, en est une variété, à tige plus courte et à capitules plus fournis : elle croît dans les bois secs.

†† *Fleurs blanches ou rouges ; étendards caducs ; calices renflés après la floraison.*

8. TRÈFLE ÉCUMEUX (*T. spumosum*, L. sp. 1085).

Tiges menues, grêles, couchées, glabres, longues de 8-10 pouces ; folioles cunéiformes, obtuses, obcordées, denticulées; fleurs purpurines; calice renflé, glabre, à dents sétacées, recourbées. ♃: Pelouses herbeuses de la France méridionale.

9. Trèfle vésiculeux (*T. vesiculosum*, Savi. fl. pis. 2. p. i65).

Tiges menues, grêles, dressées, glabres, sillonnées, hautes de 4-8 pouces; folioles ovales, oblongues, pointues, dentées en scie; fleurs d'un blanc jaunâtre; calice glabre, scarieux, renflé, à 5 dents roides et recourbées. ⊙. Corse.

10. Trèfle retourné (*T. resupinatum*, L. sp. io86).

Tige dressée ou couchée, glabre, rameuse; folioles obovales, quelquefois cunéiformes, glabres, dentées en scie; fleurs en capitules arrondis, d'un rose pâle; corolle retournée, ayant l'étendard par en bas; calice renflé, membraneux, pubescent, à dents sétacées. ⊙. Croît communément dans les prairies des montagnes.

11. Trèfle tomenteux (*T. tomentosum*, L. sp. io86).

Tige dressée ou couchée, glabre, rameuse; folioles obovales ou cunéiformes, glabres, dentées en scie; fleurs purpurines, en capitules arrondis; calice renflé, membraneux, très cotonneux, à dents sétacées. ⊙. Croît dans les lieux herbeux et maritimes des provinces méridionales.

12. Trèfle-fraise (*T. fragiferum*, L. sp. io86).

Tige dure, dressée ou étalée, peu rameuse, haute de 4-8 pouces; folioles glabres, finement dentées en scie, obtuses ou légèrement échancrées; fleurs roses, en capitules arrondis, ayant l'aspect d'une fraise après la floraison; calice renflé, membraneux et pubescent, à dents sétacées, dont deux réfléchies. ♃. Croît dans les lieux un peu humides, sur le bord des mares, des routes, etc.

††† *Fleurs blanches ou rouges ; étendards caducs ; calices velus ou hérissés, jamais renflés.*

13. TRÈFLE ENTERRÉ (*T. subterraneum*, L. sp. 1080).

Tiges couchées, rameuses, très velues, longues de 4-12 pouces ; folioles velues, obcordées, portées par un pétiole long et velu, muni de 2 stipules, glabres, lancéolées et membraneuses ; fleurs blanchâtres, de 3-5, réunies en capitule ; calice à 5 lanières hérissées de poils mous : après la floraison, les capitules s'enfoncent en terre, les folioles du sommet s'endurcissent et deviennent épineuses. ⊙. Cette plante remarquable croît sur les pelouses et les collines d'une grande partie de la France.

14. TRÈFLE DES ROCHES (*T. saxatile*, ALL. ped. n. 1108. t. 59. f. 3).

Tiges un peu étalées, dressées, pubescentes, longues de 8-10 pouces ; folioles pubescentes, lancéolées, cunéiformes, échancrées ; fleurs petites, blanchâtres, en capitule terminal, souvent accompagnées de deux autres petits capitules axillaires ; dents du calice subulées, de la longueur de la corolle. ⊙. Croît au bord des torrens, dans les Hautes-Alpes. Je l'ai trouvé au Bourg-d'Oysans.

15. TRÈFLE DE CHERLER (*T. Cherleri*, L. sp. 1081).

Tiges couchées, velues, peu rameuses, longues de 4-8 pouces ; folioles très entières, obcordées, velues sur les deux faces ; fleurs d'un blanc jaunâtre, terminales, en capitule arrondi, accompagnées de bractées larges et tronquées ; dents calicinales, sétacées, plus longues que la corolle. ⊙. Croît dans les lieux maritimes des départemens méridionaux.

16. TRÈFLE HISPIDE (*T. hispidum*, DESF. atl. 2. p. 200. t. 209. f. 1).

Tiges dressées, dures, rameuses, hautes de 1-2 pieds, velues ainsi que toute sa plante ; folioles en

cœur renversé, denticulées; fleurs purpurines, en capitule ovoïde, serrées, ayant une espèce d'involucre
coloré et terminé en pointe acérée; calice hérissé, à
dents sétacées, plus courtes que la corolle. ⊙. Corse,
Montpellier?

17. TRÈFLE CILIÉ (*T. ciliosum*, THUIL. fl. par. 380.
T. diffusum, WILLD.).

Tiges diffuses, couchées, couvertes de poils droits;
folioles ovales, allongées, entières, ciliées; stipules
glabres, se terminant en une longue pointe acérée;
fleurs purpurines, en capitule assez gros, foliacé à la
base; calice velu, à dents munies de cils roux, de la
longueur de la corolle. ⊙. Plaine de la Glandée près
Fontainebleau. Je l'ai trouvé en Normandie.

18. TRÈFLE BARDANE (*T. lappaceum*, L. sp. 1082).

Tiges diffuses, rameuses, étalées, longues de 8-10
pouces, un peu velues; folioles petites, cunéiformes,
légèrement velues et un peu échancrées au sommet;
stipules glabres inférieurement, hérissées au sommet;
fleurs d'un blanc jaunâtre, en petits capitules terminaux; dents calicinales ciliées, pointues, de la longueur de la corolle. ⊙. Croît au bord des champs
dans nos départemens du Midi.

19. TRÈFLE ROUGE (*T. rubens*, L. sp. 1081).

Tige dressée, peu rameuse, haute d'un pied, glabre; folioles linéaires, lancéolées, très glabres, denticulées; stipules ensiformes; fleurs rouges, en épi allongé, gros et sans folioles à sa base; dents du calice
velues, ayant la division inférieure de la longueur de
sa corolle. ♃. Habite les bois et les prairies montueux.

20. TRÈFLE DES PRÉS (*T. pratense*, L. sp. 1082).

Tige dressée, rameuse, couchée à sa base, un peu
velue, haute de 1-2 pieds; folioles ovales, courtes,
élargies, marquées d'une espèce de croissant noirâtre;
stipules demi-membraneuses; glabres se terminant en

pointe sétacée; fleurs rouges, en capitule gros, arrondi, foliacé à la base; calice velu, à dents ciliées, l'inférieure plus longue, mais n'atteignant pas la longueur de la corolle. ♃. Commun dans les prés. C'est cette espèce qu'on cultive dans les prairies artificielles pour la nourriture des bestiaux.

M. Desvaux a décrit, sous le nom de *Trif. microphyllum*, une variété qui croît dans les lieux secs; elle ne diffère guère que par les dents calicinales, qui sont à peu près égales, et la tige, qui est glabre et peu garnie de feuilles.

21. TRÈFLE INTERMÉDIAIRE (*T. medium*, L. suec. 2. p. 558).

Tige flexueuse, dressée, pubescente, peu rameuse, haute d'un pied; folioles ovales, oblongues, lancéolées, pubescentes, légèrement ciliées; stipules entières, se terminant en pointes sétacées; fleurs rouges, en capitules gros, arrondis; corolle monopétale; dents du calice ciliées, l'inférieure presque aussi longue que la corolle. ♃. Croît dans les bois et les prairies élevés.

22. TRÈFLE DES ALPES (*T. Alpestre*, L. sp. 1082).

Tige droite, peu rameuse, ferme, légèrement velue; folioles lancéolées, à dents très fines; stipules velues, se terminant en pointe acérée; fleurs rouges, serrées en capitules gros, solitaires ou géminés; dents du calice velues, l'inférieure presque aussi longue que la corolle, qui est monopétale. ♃. Habite les prairies des montagnes des Alpes et des Pyrénées.

22. TRÈFLE DE HONGRIE (*T. pannonicum*, L. mant. 276).

Tige droite, peu rameuse, ferme, légèrement velue; folioles oblongues, velues, entières, lancéolées, un peu obcordées; stipules étroites, se prolongeant en lanières droites et acérées; fleurs blanches, serrées, en capitules gros, ovales-oblongs, terminaux; calice velu, à dents presque épineuses, l'inférieure double en longueur. ♃. Habite les environs de Montauban et le col de Vars en Dauphiné. (Rare.)

23. Trèfle incarnat (*T. incarnatum*, L. sp. 1083).

Tige dressée, velue, haute de 8-24 pouces; folioles arrondies, cunéiformes, pubescentes, crénelées; stipules courtes, obtuses, un peu dentelées; fleurs roses, en épi long et bien fourni; calice très velu, à dents égales, sétacées. ⊙. Se trouve dans les bois et les prés aux environs de Paris, de Montpellier, etc. On le cultive quelquefois comme fourrage.

24. Trèfle jaunatre (*T. ochroleucum*, L. syst. nat. p. 233. éd. 12).

Tige dressée, couchée à la base, rameuse, longue de 12-15 pouces; folioles inférieures obcordées, les supérieures oblongues; fleurs jaunâtres, en capitule assez gros; stipules entières, se terminant en pointe sétacée; calice glabre, à dents ciliées, les inférieures plus grandes. ♃. Croît dans les prés et les bois secs, aux environs de Paris, de Rouen, de Falaise, de Grenoble, etc.

25. Trèfle barbu (*T. barbatum*, DC. cat. hort. monsp. 152).

Tige dressée, velue, un peu couchée à la base, longue de 8-12 pouces; folioles très longues, velues, oblongues; stipules très longues, linéaires, aiguës; fleurs jaunâtres, en capitules oblongs, entourés de deux feuilles au moment de la floraison; calice très velu, à dents inégales, les inférieures plus longues que la corolle. ♃. Je l'ai reçu de Montpellier.

26. Trèfle de montagne (*T. montanum*, L. sp. 1087).

Tige dressée, un peu couchée à la base, presque simple, ferme, pubescente, longue de 1 pied; folioles ovales-allongées, pubescentes, à dents acérées; stipules velues; fleurs blanches, souvent réfléchies, en capitules arrondis de grosseur moyenne; calice presque glabre, à dents égales. ♃. Commun dans les pâ-

turages des montagnes : se trouve à Fontainebleau,
Strasbourg, etc.

27. Trèfle de Balbis (*Trifolium balbisianum*, DC.
prod. 2. p. 201).

Tiges velues, couchées, gazonnantes; folioles ovales-
obtuses, denticulées, à nervures nombreuses; stipules
lancéolées; fleurs purpurines, en petits capitules hé-
misphériques, solitaires, à pédoncules beaucoup plus
longs que la tige; divisions calicinales égales, ouvertes,
plus longues que le tube de la corolle, et moins longues que la carène. ♃. Mont Lachen en Provence.
(Ser.)

28. Trèfle a feuilles étroites (*T. angustifolium*,
L. sp. 1083).

Tige dressée, presque simple, légèrement velue,
haute de 1 pied; folioles linéaires, entières, velues,
étroites, longues; stipules engaînantes, acérées; fleurs
d'un rouge pâle, en épi velu, allongé, conique; calice velu; à dents sétacées presque égales entre elles,
n'atteignant pas la longueur de la corolle. ⊙. Croît
dans les champs et les lieux secs des provinces méridionales.

29. Trèfle pourpre (*T. purpureum*, Lois. fl. gall.
484. t. 14).

Tige dressée, presque simple, légèrement velue,
haute de 1 à 2 pieds et plus; folioles entières, velues,
longues, étroites; stipules acérées engaînantes; fleurs
d'un pourpre vif, en épi velu, allongé, conique; calice velu, à dents inégales, les inférieures très longues;
corolle deux fois plus longue que le calice.

30. Trèfle pied de lièvre (*T. lagopus*, Willd.
sp. 3. p. 1365).

Tige très velue, très diffuse, rameuse; folioles cunéiformes, dentées; stipules lancéolées, très larges,
courtes; fleurs purpurines, en épis oblongs terminaux, solitaires, sessiles; calice à divisions égales très

velues, plus courtes que la corolle. ☉. Croît en Roussillon, en Espagne.

31. TRÈFLE DES CHAMPS (*T. arvense*, L. sp. 1083).

Tige très rameuse, couchée à la base, velue, haute de 8-10 pouces; folioles entières, oblongues, étroites; stipules pointues; fleurs petites, très nombreuses, serrées en un capitule très velu, petit, ovoïde; calice très velu, à dents presque égales. ☉. Très commun à la fin de l'été dans les champs.

32. TRÈFLE DE LIGURIE (*T. Ligusticum*, Lois. fl. gall. 2. p. 731).

Tiges rameuses, diffuses, longues de 4-10 pouces; folioles cunéiformes, légèrement échancrées et denticulées au sommet; stipules velues, étroites, pointues; fleurs rougeâtres, en capitules ovoïdes, solitaires ou géminées; dents du calice subulées, égales et plus longues que la corolle. ☉. Croît aux îles d'Hyères et aux environs de Toulon.

33. TRÈFLE ÉTOILÉ (*T. stellatum*, L. sp. 1083).

Tiges diffuses, étalées, très velues, longues de 1 à 2 pieds; folioles velues, ovoïdes ou obcordées, crénelées; stipules larges, foliacées, arrondies; fleurs purpurines, en épis terminaux; calice étalé en forme d'étoile après la floraison. ☉. Au bord des champs et des routes dans les départemens les plus méridionaux.

34. TRÈFLE A FLEUR BLANCHE (*Trifolium leucanthum*, Bieb. fl. taur. 2. p. 214).

Tiges dressées, peu rameuses, velues ou pubescentes; folioles ovales-oblongues, légèrement denticulées au sommet; stipules lancéolées-subulées, très entières; fleurs blanches, en capitules arrondis, pédonculés; divisions calicinales ouvertes, presque égales, plus courtes que le fruit. ☉. Corse.

35. TRÈFLE RUDE (*T. squarrosum*, L. sp. 1082).

Tige dressée, à peine pubescente, rameuse, haute de 8-10 pouces; folioles ovales-oblongues, presque glabres; stipules ciliées, étroites, grêles, se terminant en pointe acérée; fleurs d'un rouge pâle, en épis terminaux ovales, un peu allongés; calice légèrement velu, à dents inégales, l'inférieure beaucoup plus longue et réfléchie. ⊙. Croît dans les lieux humides aux environs de Dax, de Paris, et dans quelques autres localités.

36. TRÈFLE DE XATARD (*T. Xatardii*, DC. suppl. 388rb).

Tige dressée, peu rameuse, couverte de poils mous étalés; folioles oblongues, cunéiformes; les inférieures échancrées; les supérieures obtuses; fleurs blanchâtres, en capitules ovales; calice court, strié, à 5 dents aiguës, dont l'inférieure plus longue. ⊙. Découvert par M. Xatard, dans les Pyrénées orientales, à Prato de Mollo. Le *trifolium supinum* de Savi ne croît point naturellement en France.

37. TRÈFLE MARITIME (*T. maritimum*, SMITH. fl. brit. 786.- *T. irregulare*, DC. fl. fr.).

Tige rameuse, dressée, étalée, haute de 1-2 pieds, pubescente; folioles ovales-oblongues, plus étroites dans le haut de la plante; stipules velues, étroites, acérées-lancéolées; fleurs d'un rouge pâle, en capitules assez gros, ovoïdes; calice strié, à 5 dents velues, nerveuses, égales, plus courtes que la corolle. ♃. Croît aux environs du Havre, d'Harfleur, de Nantes, d'Angers, de Montpellier, etc.

38. TRÈFLE CEINT (*T. cinctum*, DC. cat. hort. monsp. 152).

Tiges dressées, pubescentes, rameuses, hautes de 8-12 pouces; folioles ovales-oblongues, légèrement velues; stipules membraneuses, blanchâtres, marquées de nervures rougeâtres; fleurs d'un blanc jaunâtre, réunies en capitules ovales, entourés à leur base par 2 bractées divisées en 7-8 lanières aiguës ; calice à 5 dents inégales velues. ⊙. Environs de Montpellier.

39. TRÈFLE SCABRE (*T. scabrum*, L. sp. 1084).

Tige étalée, couchée, rameuse, longue de 4-10 pouces, roide, un peu velue ; folioles pubescentes, obcordées ; stipules courtes, pointues ; fleurs blanchâtres, en capitules oblongs, foliacés à la base ; calice hispide, à dents mucronées, inégales, plus longues que la corolle, se recourbant après la floraison. ⊙. Croît dans les lieux sablonneux aux environs de Paris, en Auvergne, en Languedoc et en Provence.

40. TRÈFLE STRIÉ (*T. striatum*, L. sp. 1085).

Tige pubescente, rameuse, dressée, haute de 4-8 pouces ; folioles entières, pubescentes, obovales ; stipules entières, aristées ; fleurs purpurines, en capitules oblongs, sessiles, axillaires ou terminaux ; calice velu, strié, à dents courtes, égales entre elles. ⊙. Croît dans les prés secs et au bord des routes, aux environs de Paris, de Fontainebleau, d'Orléans, et Saint-Sever, etc.

41. TRÈFLE DE BOCCONE (*T. Bocconi*, SAVI. LOIS. not. III).

Tige dressée, rameuse, velue, haute de 4-8 pouces, un peu blanchâtre ; folioles oblongues, cunéiformes, obtuses, pubescentes ; stipules étroites, aristées ; fleurs blanches, à étendard rougeâtre, en petits capitules ovales, solitaires ou terminaux, munies d'une feuille sessile à leur base ; calice à cinq dents égales, pubescentes, de la longueur de la corolle. ⊙. Corse.

42. TRÈFLE DES COLLINES (*T. collinum*, BAST. supp. p. 5).

Tige dressée, presque simple, glabriuscule, haute de 3-4 pouces ; folioles oblongues - cunéiformes, obtuses, presque glabres ; stipules étroites, aristées ;

fleurs purpurines, en petits capitules allongés ; calice à dents inégales, l'inférieure aussi longue que la corolle. ☉. Découvert par M. Bastard, sur les coteaux de Layon en Anjou.

†††† *Fleurs rouges ou blanches ; étendard caduc ; calice glabre, non renflé après la floraison.*

43. TRÈFLE ALPIN (*T. Alpinum*, L. sp. 1080).

Tiges naissant d'une souche ligneuse, grêles, nues, hautes de 2-5 pouces ; feuilles toutes radicales, à folioles très longues, très étroites, glabres ; fleurs rouges (rarement blanches), pédicellées, grandes (ressemblant un peu à celles du sainfoin), peu nombreuses, en bouquets lâches. ♃. Croît dans les hautes montagnes des Alpes et des Pyrénées, du Mont-d'Or et du Cantal.

44. TRÈFLE ROIDE (*T. strictum*, L. sp. 1079).

Tiges couchées, étalées, glabres, diffuses ; folioles oblongues-linéaires, denticulées ; stipules rhomboïdales, adhérentes entre elles, striées et denticulées ; fleurs petites, purpurines, en capitule court, ovoïde, arrondi, porté sur un pédoncule roide et long ; calice atteignant la longueur de la corolle. Croît dans les lieux humides et découverts, en Provence, dans les Landes et à Fontainebleau.

45. TRÈFLE RAMPANT (*T. repens*, L. sp. 1080).

Tige rampante, glabre ; folioles ovales, marbrées, élargies, légèrement denticulées ; stipules engaînantes ; fleurs blanches, en capitule moyen, sphéroïde ; calice à dents inégales, courtes ; gousse tétrasperme. ♃. Partout dans les prairies, sur le bord des chemins : il est connu sous le nom de *triolet*.

46. TRÈFLE DE VAILLANT (*T. Vaillantii*, POIR. D. 8. p. 4. *T. elegans*, SAVI, fl. pis. 2. p. 2. t. 1. f. 2.)

Tiges couchées, pleines, un peu redressées, rameuses, à peine pubescentes, longues de 12-15 pouces; folioles ovales-élargies, denticulées, marbrées, glabres; fleurs d'un blanc rosé, en capitules nombreux, sphéroïdes, de grosseur moyenne; calice à dents égales, courtes et sétacées. ♃. Croît sur les pelouses et au bord des routes, aux environs de Paris, en Bourgogne, dans l'Orléanais, etc.

47. TRÈFLE DE MICHELI (*T. Michelianum*, SAVI, fl. pis. 2. p. 159. *T. hybridum*, β. L.).

Tige redressée, fistuleuse, rameuse, glabre, haute de 8-15 pouces; folioles ovales-cunéiformes, grandes, dentées, légèrement échancrées; stipules entières, aiguës; fleurs d'un blanc rosé, en capitules sphéroïdes, nombreux, peu fournis; calice à dents inégales, longues et sétacées. ☉. Croît en Champagne, en Bourgogne, aux environs de Paris, d'Angers, etc.

48. TRÈFLE HYBRIDE (*T. hybridum*, L. sp. 1080? *T. hybrid.* SAVI, *pallescens*, SCHR.).

Tiges ascendantes, pleines, glabres, hautes de 1 pied; folioles ovales, marbrées, élargies, légèrement denticulées, un peu échancrées au sommet; fleurs blanches, en capitules sphéroïdes, nombreux, de grosseur moyenne; calice à dents presque égales, plus longues que le tube. ♃. Croît dans les lieux cultivés, aux environs de Montpellier.

49. TRÈFLE ANGULEUX (*T. angulatum*, DC. suppl. 3860ª).

Tiges ascendantes, pleines, anguleuses, étalées, rameuses, glabres; folioles cunéiformes, un peu échancrées au sommet; stipules étroites, aiguës; fleurs blanches, devenant roses, en capitules sphéroïdes, portées sur des pédoncules plus longs que les feuilles; calice à cinq dents subulées, égales, de la longueur de la corolle. ☉. Environs de Montpellier.

Remarque. Avant le travail de M. Savi, de Pise, les auteurs avaient confondu, sous le nom d'*hybridum*, les quatre espèces précédentes.

50. Trèfle gazonnant (*T. cæspitosum*, DC. fl. fr. *T. thalii*, Vill. dauph.).

Il a le port du *repens*; ses tiges sont en gazon serré, longues de 2-3 pouces; folioles ovoïdes, élargies au sommet, obtuses, finement denticulées; fleurs d'un blanc légèrement rosé, en capitules sphéroïdes; calice à dents égales; gousse tétrasperme. ♃. Commun dans les pâturages des Hautes-Alpes et des Pyrénées.

51. Trèfle aggloméré (*T. glomeratum*, L. sp. 1084.)

Tiges glabres, diffuses, rameuses, étalées; folioles ovales, denticulées; stipules lancéolées, acérées; fleurs roses, en capitules sphériques, serrés, sessiles, axillaires ou terminaux; dents du calice ouvertes, roides, égales entre elles. ☉. Croît dans les prés secs et pierreux du Languedoc, aux environs de Falaise, etc. Le *trifolium suffocatum*, L., est indiqué dans plusieurs localités, mais je doute qu'il se trouve en France.

52. Trèfle uniflore (*T. uniflorum*, L. amœn. 4. p. 285).

Tiges courtes, réunies en gazon serré; folioles petites, ovales, obtuses, un peu rétrécies; stipules larges et acérées, enveloppant les tiges; pédoncules simples ou portant plusieurs pédicelles, terminées par une seule fleur blanchâtre assez grande. ♃. Cette belle plante est très rare; elle se trouve aux environs de Marseille.

Genre MELILOT (*Melilotus*, Tournef.).

Calice tubuleux, à 5 dents; carène simple, plus courte que les ailes et l'étendard; gousse plus longue que le calice; fleurs en grappes lâches; feuilles ternées.

Espèce 1. Melilot officinal (*Melilotus officinalis*, DC. *Trifol. melilotus officin.* L. sp. 1078).

Tige dressée, rameuse, haute de 2-3 pieds; folioles ovales-oblongues, dentées, glabres; stipules sétacées; fleurs jaunes, nombreuses, réfléchies, en grappes axillaires, 2 fois plus longues que les feuilles, calice gibbeux d'un côté; gousses rugueuses, pubescentes, mono ou dispermes. ⊙. Commun dans les champs et les bois. Le *melilotus altissima*, Thuil., est une variété plus grande et à folioles supérieures plus étroites et dentées plus profondément. Il croît dans les bois. Le *melilotus leucantha*, Koch, est, je crois, aussi une simple variété à fleurs blanches plus petites, à fruits non pubescens, et plus ordinairement monospermes. Il se trouve dans les lieux sablonneux et humides, au bord des fleuves. Je l'ai trouvé très communément au bord du Rhône, au-dessous de Pérache.

2. Melilot de Koch. (*M. Kochiana*, Willd. enum. 790).

Tiges rameuses, dressées, étalées à leur base, longues de 1-2 pieds; folioles portées sur des pétioles longs; les inférieures obovales, les supérieures lancéolées-oblongues; fleurs jaunes, inodores, en grappes 2 fois plus longues que les feuilles; calice gibbeux en dessus; ailes 2 fois plus longues que la carène; gousses renflées, surmontées par une petite pointe. ♂. Croît dans la vallée du Rhin et dans le Roussillon.

3. Melilot d'Italie (*M. Italica*, DC. *Trif. melil. Ital.* L. sp. 1078).

Tige droite, rameuse, haute de 1 pied; folioles entières, glabres; stipules dentées; fleurs jaunes, en petites grappes peu fournies; gousses obtuses, presque sphériques, rugueuses. ⊙. Commun aux environs de Montpellier, dans les Pyrénées, etc.

4. Melilot parviflore (*M. parviflora*, Desf. atl. *Trifol. M. indica δ*, L. sp. 1077).

Tige droite, rameuse, haute de 8-12 pouces; folioles oblongues, dentées en scie, obtuses, un peu tronquées; stipules pubescentes, linéaires-lancéolées; fleurs d'un jaune pâle, très petites; gousses pendantes, ovales, un peu rugueuses, surmontées par le style. ⊙. Croît en Roussillon.

5. MELILOT GRÊLE (*M. gracilis*, DC. suppl. 3895).

Tige droite, grêle, glabre, haute de 8-10 pouces; folioles glabres, denticulées, obovées, celle du milieu plus large; stipules entières, très étroites, aristées; fleurs d'un jaune pâle, en grappes 3-4 fois aussi longues que les feuilles; gousses globuleuses-ovoïdes, à côtes saillantes, redressées. ⊙. Bord de la mer, en Provence.

6. MELILOT SILLONNÉ (*M. sulcata*, DESF. atl. *Trif. mel. indica*, γ, L. sp. 1077).

Tiges grêles, dressées, étalées, hautes de 8-10 pouces; folioles dentées en scie, presque linéaires; stipules aiguës, entières; fleurs petites, jaunes, en grappes plus longues que les feuilles; gousses obovales, obtuses, marquées de stries concentriques. ⊙. Environs de Montpellier.

7. MELILOT DE MESSINE (*M. Messanensis*, LAM. *Trif. mel. Messanensis*, L. mant. 275).

Tige droite, rameuse, haute de 1 pied; folioles portées par un pétiole long, cunéiformes-tronquées, légèrement dentées; fleurs jaunes, en grappes plus courtes que les feuilles; gousses monospermes, ovales, marquées de stries concentriques et surmontées par le style. ⊙. Environs de Toulon.

Genre LUZERNE (*Medicago*, LIN.)

Calice presque cylindrique, à 5 divisions; carène écartée de l'étendard; gousse polysperme, de forme très variable, toujours falquée ou contournée en spirale.

* *Gousses falquées ou contournées circulairement.*

Espèce 1. LUZERNE CULTIVÉE (*Medicago sativa*, L. sp. 1096.)

Tige dressée, rameuse, diffuse, légèrement pubescente, haute de 1-2 pieds; folioles dentées, oblongues; fleurs violettes, quelquefois jaunâtres, en

-grappe ; gousses glabres, lisses, faisant 1 ou 2 tours de cercle. ♃. Croît dans les prairies : la luzerne est très cultivée comme fourrage.

2. LUZERNE FALQUÉE (*M. falcata*, L. sp. 1096).

Tiges redressées, couchées à leur base, glabres, longues de 10-18 pouces ; folioles oblongues, dentelées et échancrées au sommet ; fleurs en grappes d'un jaune violâtre; fruit en forme de faux ou faisant un tour de cercle. ♃. Croît dans les prés secs et au bord des chemins.

3. LUZERNE SOUS-FRUTESCENTE (*M. suffruticosa*, DC. fl. fr. 3902).

Racine ligneuse, donnant naissance à des tiges couchées, sous-frutescentes, longues de 1 pied ; folioles ovales-arrondies, presque entières; fleurs jaunes ou un peu violettes, réunies 4 à 4 sur un pétiole 2 fois plus long que les feuilles ; gousses un peu pubescentes, faisant un seul tour de cercle. ♃. Découverte par Ramond, dans les Pyrénées.

4. LUZERNE A FRUITS LISSES (*M. leiocarpa*, BENTH. l. c.).

Tiges couchées, un peu frutescentes, glabres, ainsi que toute la plante; folioles arrondies, un peu échancrées en cœur; stipules larges, à peine denticulées ; fleurs en grappe, à pédoncule double du pétiole; fruits faisant 2-5 tours de spire. ♃. Collines du Roussillon.

5. LUZERNE OBSCURE (*M. obscura*, WILLD. sp. 3. p. 1406).

Tiges droites, rameuses, un peu diffuses, longues de 8-10 pouces ; folioles obovales, denticulées au sommet; stipules à dents aiguës ; fleurs jaunes, en grappes peu fournies; gousses dispermes, faisant 1 seul tour, à nervures proéminentes. ☉. Je l'ai reçue du Languedoc.

6. LUZERNE LUPULINE (*M. lupulina*, L. sp. 1097).

Tiges couchées, rameuses, diffuses, longues de

4-18 pouces ; folioles ovales-cunéiformes, denticulées au sommet, glabres ; fleurs en petits capitules,
ovoïdes, jaunes, axillaires ; stipules élargies, lancéolées, pointues, dentées à la base ; gousses petites,
réticulées, monospermes. ☉. Commune dans les endroits cultivés. On commence à la cultiver comme
fourrage sous le nom de *minette*.

7. LUZERNE DE WILLDENOW (*M. Willdenowii*, MÉRAT,
fl. par. p. 296).

Elle ressemble beaucoup à la précédente ; elle s'en
distingue par ses stipules entières, par sa tige plus
velue, plus longue et plus couchée. ☉ Elle est presque aussi commune.

8. LUZERNE RAYONNÉE (*M. radiata*, L. sp. 1096).

Tiges étalées, couchées, branchues, longues de 1
pied, pubescentes ; folioles ovales, denticulées ; fleurs
jaunes, petites, réunies 2 ou 3 sur chaque pédoncule ;
gousse formant un demi-disque très comprimé, à dentelures saillantes sur les bords. ☉. Provence, Corse.

9. LUZERNE CIRCINNÉE (*M. circinnata*, L. sp. 1096).

Tige très velue ainsi que toute la plante, faible,
couchée ; feuilles ailées à 5-7 folioles ovales entières,
l'impaire beaucoup plus grande ; point de stipules ;
fleurs d'un jaune rougeâtre, réunies en une espèce
de bouquet corymbiforme ; gousses pubescentes, à
peu près comme dans la *radiata*. ☉. Croît en Corse
et en Provence.

** *Gousses glabres, roulées de manière à former plusieurs
spires non épineux.*

10. LUZERNE ORBICULAIRE (*M. orbicularis*, ALL. ped.
1150. *M. polymorpha orbicularis*, L. sp. 1097).

Tige couchée, étalée, rameuse, longue d'un pied,
glabre, ainsi que toute la plante ; folioles ovales-cunéiformes, dentées ; stipules pinnatifides ; pédicelles sup-
portant une ou deux fleurs jaunes, petites ; fruits

planes, larges, lisses, faisant 5 tours de spire. ⊙.
Croît dans les prairies méridionales. Je l'ai trouvée
aux environs de Paris et de Rouen..

11. Luzerne a bouclier (*M. scutellata*, All. ped.
u. 1155).

Diffère de l'orbiculaire par sa tige pubescente, par
ses feuilles plus dentées, par ses stipules dentées et non
pinnatifides et par ses fruits non comprimés, mais à
spires roulés l'un sur l'autre en hémisphère convexe
d'un côté et concave de l'autre. ⊙. Croît dans les
mêmes lieux.

12. Luzerne rugueuse (*M. rugosa*, Lam. D. 3. p. 632).

Tige couchée, étalée, rameuse; folioles rhomboïdales, dentées au sommet; stipules dentées; fleurs
jaunes, petites, portées de 2-4 sur des pédoncules
plus courts que les feuilles; fruits à rides transverses,
saillans, faisant 2 ou 3 tours de spire. ⊙. Provinces
méridionales (Lois.).

13. Luzerne striée (*M. striata*, Bast. jour. bot. 1814.
v. 3. p. 19).

Tiges couchées, étalées, un peu velues au sommet;
folioles ovales, obtuses, dentées, velues en dessous;
stipules dentées en scie; fleurs jaunes, petites, réunies 5-6 sur un pédoncule pubescent, plus long que
les feuilles; fruit glabre, ayant quelques tubercules
très petits, saillans et faisant 3-5 tours de spire. ⊙.
Croît aux sables d'Olonne et dans beaucoup d'autres
lieux voisins.

14. Luzerne barillet (*M. tornata*, Wild. sp. p.
1409. *M. polymorpha* γ, L. sp. 1098).

Tige couchée, glabre, étalée; folioles ovales - arrondies, dentées, un peu cunéiformes; stipules à
dents profondes, aiguës; fleurs jaunes, petites; fruit
faisant 6-7 tours de spire, et formant une espèce de
cylindre ou barillet. ⊙. Provence.

15. **Luzerne turbinée** (*M. turbinata*, **All.** ped. n° 1155. *M. polymorpha δ*, L. sp. 1098).

Diffère de la précédente par ses folioles, qui sont rhomboïdales, par ses stipules moins dentées, par ses pédoncules, qui ne portent que 1-2 fleurs, et par le fruit plus gros, formant un cylindre à spires très rapprochées, ventru au milieu. ☉. Croît en Languedoc et en Provence.

16. **Luzerne tuberculée** (*M. tuberculata*, **Willd.** sp. 3. p. 1410).

Diffère des deux précédentes par son fruit, qui est roulé de même en barillet, mais qui est chargé sur le dos de deux séries de tubercules épais. ☉. Croît dans la France méridionale.

*** *Gousses contournées, faisant plusieurs tours de spires, pubescentes et légèrement épineuses.*

17. **Luzerne roide** (*M. rigidula*, **Lam.** D. 3. p..634).

Tige dressée, glabre, étalée; folioles cunéiformes, denticulées au sommet, pubescentes en dessous; stipules petites, dentées à la base; pédoncules 2-3-flores; fruit en barillet, pubescent et hérissé de petits tubercules aigus. ☉. Provinces méridionales.

18. **Luzerne velue** (*M. villosa*, DC. fl. fr. 3912. *M. Gerardi*, **Willd.**).

Tige couchée, rameuse, velue, blanchâtre, longue de 4-6 pouces; folioles velues, cunéiformes, denticulées au sommet; stipules dentées, sétacées; 1-2 fleurs jaunes; fruits faisant 4-5 tours, comprimés, pubescens, épineux. ☉. Croît en Dauphiné, en Provence et aux environs de Paris.

19. **Luzerne naine** (*M. minima*, **Willd.** sp. 3. p. 1418. *M. polymorpha μ*, L. sp.).

Tiges couchées, étalées ou très droites, longues de 4-6 pouces, velues; folioles ovales-cunéiformes, velues sur les deux faces, ayant quelques dents au sommet; pédoncules axillaires, 2-3-flores; fruit poilu sur les faces planes, garni en dehors de pointes droites un peu recourbées. ☉. Croît dans les lieux sablonneux et arides.

20. LUZERNE MARINE (*M. marina*, L. sp. 1097).

Tige blanche, cotonneuse, ainsi que toute la plante, rameuse, couchée; folioles très entières, cunéiformes; stipules entières; pédoncules multiflores; fruit cotonneux, tuberculeux, petit, roulé en spirale; fleurs d'un jaune vif. ♃. Croît au bord de la mer, en Corse, en Languedoc, en Provence, etc.

21. LUZERNE ENTRELACÉE (*M. intertexta*, GAERT. fruct. 2. p. 350. *M. polymorpha ε*, L. sp. 1098).

Tiges couchées, rameuses, glabres, longues de 8-12 pouces; folioles dentées, obovales; stipules dentées, ciliées; fleurs jaunes, petites; pédoncules 1-2-flores; fruits faisant 5-6 tours, formant un corps ovoïde, épineux sur le dos, à aiguillons entrecroisés, garnis de poils cotonneux. ☉. Provinces méridionales.

**** *Gousses glabres, épineuses, roulées en plusieurs spires.*

22. LUZERNE HÉRISSON (*M. echinus*, DC. *M. echinata α*, LAM. D. 3. p. 637).

Tiges couchées, glabres, longues de 8-10 pouces; folioles dentées, obovales; stipules dentées, ciliées; fleurs jaunes; pédoncules plus longs que les feuilles, 5-6-flores; fruits glabres, ressemblant pour le reste à ceux de la précédente. ☉. Provinces méridionales.

23. LUZERNE LACINIÉE (*M. laciniata*, ALL. ped. n. 1159).

Tiges glabres, dressées, longues de 6-8 pouces; folioles linéaires, tronquées, incisées, dentées, ciliées; fleurs jaunes, à pédoncules 1-2-flores; fruits à 5-6 spires, ovoïdes, à épines longues, divergentes, oncinées au sommet. ☉. Provinces méridionales.

24. Luzerne en disque (*M. disciformis*, DC. cat. hort. monsp. 124).

Tiges dressées ou étalées, munies de poils couchés ; folioles velues, obcordées, denticulées au sommet ; stipules denticulées ; fleurs jaunes ; pédoncules plus longs que les feuilles, 3-4-flores ; fruit à 5 spires très serrés, dont les 4 premiers sont garnis sur le dos d'épines oncinées ; le dernier est lisse ; tous sont disposés de manière à former une espèce de disque. ⊙. Cette espèce, rare, a été trouvée par M. De Candolle à Castelnau, près Montpellier.

25. Luzerne tribule (*M. tribuloïdes*, Lam. D..3. p. 635).

Tiges couchées, légèrement velues ; folioles cunéiformes, dentées au sommet ; stipules étroites, fortement dentées à leur base ; pédoncules 2-flores, plus courts que les feuilles ; fruit cylindrique, à 4-5 spires, garni de deux rangs d'épines divergentes. M. De Candolle en décrit une variété à épines couchées. ⊙. Croît en Provence et en Roussillon.

26. Luzerne hérissée (*M. muricata*, All. ped. n. 1158. *M. polymorpha* ξ, L. sp.)

Tiges diffuses, couchées, glabres ; folioles un peu obcordées-cunéiformes, denticulées au sommet, mucronées ; stipules dentées et ciliées ; pédoncules 5-8-flores ; fruits à 3-4 spires, glabres, striés, garnis d'épines divergentes. ⊙. Croît dans les lieux sablonneux d'une grande partie de la France.

27. Luzerne a fruit rond (*M. sphærocarpos*, Bert. ital. dec. 3. p. 60).

Tige rameuse, étalée, glabre ; feuilles à folioles rhomboïdales, à dents aiguës ; stipules laciniées ; fleurs jaunes, pédonculées ; fruits contournés en une espèce de sphère, à spires très serrés, sillonnés et munis de quelques aiguillons très courts. ⊙. Provence, Corse.

28. **Luzerne littorale** (*M. littoralis*, Lois. not. 118).

Tiges couchées, pubescentes, longues de 4-10 pouces; folioles cunéiformes, velues, dentées au sommet; stipules dentées; pédoncules 2-4-flores, de la longueur des feuilles; fruits à 4 spires, formant un cylindre garni d'épines rares un peu oncinées. ⊙. Croît sur les sables maritimes de la France méridionale.

29. **Luzerne a feuilles tachées** (*M. maculata*, Willd. sp. 3. p. 1412. *M. polymorpha* ɴ, L. sp.).

Tiges couchées, diffuses, rameuses, glabres, longues de 1-2 pieds; folioles tachées de noirâtre, obcordées, dentées; stipules dentées, lancéolées; fleurs d'un jaune vif; pédoncules 2-4-flores; fruits à 3-4 spires, comprimés, garnis d'épines divergentes. ⊙. Très commune dans les prés humides.

30. **Luzerne a pointes** (*M. apiculata*, Willd. sp. 3. p. 1414).

Tiges dressées, diffuses, rameuses, longues de 1-2 pieds; folioles obovales, cunéiformes, à peine denticulées au sommet, légèrement mucronées; pédoncules 3-7-flores; fruits à 3-4 spires, réticulés de lignes saillantes, et garnis d'épines divergentes; stipules dentées et ciliées. ⊙. Croît aux environs de Rouen, de Paris, d'Abbeville et ailleurs.

31. **Luzerne a petites épines** (*M. spinulosa*, DC. -suppl. *M. apiculata*, Bast. essai 280).

Diffère de l'*apiculata* par sa tige plus glabre et couchée, et par ses fruits non réticulés de lignes saillantes; les épines sont aussi plus courtes. ⊙. Croît dans l'Anjou et la Touraine.

32. **Luzerne denticulée** (*M. denticulata*, Willd. sp. 3. p. 1414).

Diffère de l'*apiculata* par ses fruits, qui ne forment que 2 spires, garnis d'épines longues et fines, et par

ses feuilles plus denticulées. ⊙. Croît dans nos provinces méridionales.

33. LUZERNE BARDANE (*M. lappacea*, LAM. D. 3.
p. 637).

Diffère de l'*apiculata* par ses fruits plus gros, en
disque plat, et garnis d'épines plus longues que le
diamètre de la gousse. ⊙. Croît aux environs de
Montpellier.

34. LUZERNE A CINQ SPIRES (*M. pentacycla*, DC. cat.
hort. monsp. 124).

Ressemble beaucoup à la *lappacea*, mais elle en est
distincte par ses fruits, qui ont toujours 5 spires, réunis en un ovoïde et non en un disque. ⊙. Croît aux
environs de Perpignan et de Narbonne.

35. LUZERNE PRÉCOCE (*M. præcox*, DC. cat. hort.
M. 123).

Tiges fermes, couchées, étalées, légèrement velues ; folioles petites, obcordées, denticulées ; stipules
à dents profondes ; pédoncules courts, 1-2 flores ; fruits
lisses, blanchâtres, à trois spires, écartés, réticulés,
garnis de deux séries d'épines longues et oncinées. ⊙.
Croît au bord de la mer, en Provence.

36. LUZERNE COURONNÉE (*M. coronata*, LAM. D. 3.
p. 634. *M. polym.* ϑ, L. sp).

Tiges courtes, pubescentes, un peu diffuses ; folioles obovales, dentées au sommet ; stipules dentées ;
pédoncules 3-5-flores ; fruits petits, à 2 spires, réunis
3-5 sur un pédoncule long ; épines implantées sur le
bord extérieur des gousses. ⊙. Languedoc, Provence.

37. LUZERNE PUBESCENTE (*M. pubescens*, DC. cat.
h. monsp. 124).

Tiges redressées, tétragones, garnies de longs poils
blancs et soyeux ; folioles grandes, ovales-obtuses,
denticulées ; stipules foliacées, grandes, dentées ; pédoncules 4-7-flores, plus longs que les feuilles ; fruits

sphériques, à 5 spires, garnis d'épines nombreuses. ☉.
Environs de Montpellier.

38. Luzerne tarière (*M. terebellum*, Willd. sp. 3.
p. 1416).

Tiges glabres, ainsi que toute la plante, rameuses,
diffuses; folioles obovales, rétuses; stipules divisées
en lanières acérées; pédoncules 3-4-flores; fruits en
barillet, à 5-6 spires, écartés et munis d'épines cro-
chues et divergentes. ☉. Provence, Languedoc. Rare.

Genre TRIGONELLE (*Trigonella*, Linné).

Calice en cloche, à 5 divisions; carène très petite;
ailes et étendard un peu ouverts; corolle paraissant
formée de 3 pétales; gousse oblongue, comprimée ou
cylindrique, acuminée, droite ou un peu courbée,
polysperme; feuilles ternées.

Espèce 1. Trigonelle hybride (*Trigonella hybrida*,
Pourr. act. toul. 3. p. 331).

Tiges couchées, un peu redressées, rameuses,
longues de 10-15 pouces; folioles glabres, presque
entières, cunéiformes; stipules grandes, sagittées,
dentées; pédondules 3-4-flores; fleurs jaunes; calice
pubescent; gousses pédonculées, comprimées, terminées par un crochet formé par le style. ♃. Croît dans
les Corbières. (Pourr.)

2. Trigonelle corniculée (*T. corniculata*, L.
sp. 1094).

Tiges dressées, rameuses; folioles ovales, dentées
au sommet; pédoncules 8-10-flores; fleurs jaunes;
gousses pédonculées, comprimées, pendantes, courbées en faux. ☉. Croît en Provence et en Dauphiné.

3. Trigonelle pied d'oiseau (*T. ornithopodioides*, L.
sp. 1078).

Tiges diffuses, couchées, rameuses, longues de 4-6
pouces; folioles ovales, denticulées, à pétioles longs;

pédoncules axillaires, 2-3-flores ; fleurs rougeâtres ;
gousses pédonculées, un peu comprimées et courbées
en faucille, contenant 8-10 graines. ⊙. Cette plante
est indiquée aux environs de Caen, mais il est douteux qu'elle croisse en France.

4. Trigonelle fenugrec (*T. fœnum græcum*, L.
sp. 1095).

Tige droite, fistuleuse, un peu velue, haute de
12-15 pouces ; folioles ovales, obtuses, cunéiformes,
crénelées ; gousses sessiles, axillaires, solitaires ou
géminées, longues, étroites, courbées et terminées
par une pointe longue. ⊙. Croît au bord des champs,
dans le Midi. On la cultive dans plusieurs cantons.
La semence du fenugrec a une odeur très forte ; on
l'emploie à l'extérieur comme émolliente. La médecine vétérinaire en fait un usage fréquent à l'intérieur.

5. Trigonelle couchée (*T. prostrata*, DC. suppl.
Tr. fœn. græcum β, L. sp. 1095).

Tiges couchées, étalées, longues de 3-5 pouces,
très velues ; folioles obcordées, cunéiformes ; pédoncules axillaires, 1-flores ; gousse velue, un peu enflée
au milieu, contenant 5-6 graines, n'atteignant que
deux pouces de longueur, tandis que celles du fénu-
grec sont longues de 5-6. ⊙. Croît dans les garigues
du Midi.

6. Trigonelle a plusieurs cornes (*T. polycerata*,
L. sp. 1093).

Tiges couchées, rameuses, diffuses ; folioles petites,
cunéiformes, dentées au sommet ; fleurs axillaires,
réunies 3-4 ensemble, jaunes ; gousses sessiles, droites
et linéaires. ⊙. Croît dans les champs des provinces
méridionales.

7. Trigonelle de Montpellier (*T. Monspeliaca*,
L. sp. 1095).

Tiges couchées, étalées, rameuses, pubescentes ;
folioles ovales-cunéiformes, denticulées, pubescentes

en dessous ; fleurs jaunes, petites, axillaires, réunies 8-12 ensemble ; gousses réunies 6-8 ensemble, droites, linéaires, trois fois plus courtes que dans l'espèce précédente. ⊙. Croît au bord des champs, dans les provinces méridionales.

Genre LOTIER (*Lotus*, Linné).

Calice tubuleux, persistant, à 5 divisions ; ailes rapprochées par en haut, plus courtes que l'étendard ; gousse droite, oblongue, quelquefois garnie de membranes qui la rendent quadrangulaire ; fleurs jaunâtres ou rougeâtres, généralement assez grandes.

Espèce 1. Lotier siliqueux (*Lotus siliquosus*, L. sp. 1089).

Tige velue, couchée, étalée, redressée, rameuse, longue de 4-12 pouces ; folioles entières, oblongues, velues, légèrement cunéiformes ; stipules foliacées, ovales, aiguës, obliques ; fleurs d'un jaune pâle, assez grandes ; gousses solitaires, quadrangulaires ; bractées lancéolées. ♃. Le *lotus maritimus*, L., est une variété à feuilles glabres. Croît dans les prairies humides d'une grande partie de la France.

2. Lotier tétragone (*L. tetragonolobus*, L. sp. 1089).

Tige velue, couchée, rameuse, étalée, redressée ; folioles ovales, rétrécies à la base, la mitoyenne légèrement dentée ; stipules grandes, ovales ; fleurs rouges, assez grandes ; gousses grosses, à 4 ailes membraneuses. ⊙. Corse, Provence.

3. Lotier conjugué (*L. conjugatus*, L. sp. 1089).

Tige velue, dressée, un peu branchue, haute de 12-15 pouces ; folioles cunéiformes ou presque rhomboïdales ; stipules petites, ovales ; fleurs jaunes ; pédoncules 2-flores ; gousses à ailes membraneuses. ⊙. Environs de Montpellier.

4. LOTIER COMESTIBLE (*L. edulis*, L. sp. 1090).

Tige presque glabre, dressée, rameuse; folioles glabres, ovales-oblongues; stipules ovales; fleurs jaunes; gousse glabre, épaisse, un peu courbée, munie de deux rides suturales qui disparaissent à la maturité. ⊙. Je l'ai reçu de Corse.

5. LOTIER PIED D'OISEAU (*L. ornithopodioides*, L. sp. 1091).

Tige droite, grêlé, glabre, pubescente au sommet, haute de 4-6 pouces; folioles cunéiformes; stipules ovales; fleurs petites, jaunes; gousse comprimée, arquée, et comme articulée par la saillie des graines. ⊙. Croît en Provence, en Languedoc, etc. Je l'ai aussi trouvé aux environs de Grenoble.

6. LOTIER FAUX CYTISE. (*L. cytisoides*, L. sp. 1092).

Tiges dressées, menues, un peu-rameuses, velues vers le sommet; folioles très obtuses, oblongues; stipules lancéolées; fleurs jaunes, réunies 2-4 sur chaque pédoncule; calice blanchâtre; gousses un peu bosselées, glabres, cylindriques, droites ou un peu en faucille. ⊙. Corse et environs de Marseille.

7. LOTIER ARISTÉ (*L. aristatus*, DC. cat. h. m. 122. *L. coimbrensis*, Lois. fl. gal. 488).

Tiges glabres, menues, nombreuses, couchées; folioles obovales, terminées par une petite houppe de poils; stipules lancéolées; fleurs solitaires, blanches, avec l'extrémité de la carène rougeâtre; gousses un peu en faucille, cylindriques. ⊙. Trouvée par Balbis aux environs de Fréjus.

8. LOTIER CORNICULÉ (*L. corniculatus*, L. sp. 1092).

Tige grêle, couchée, redressée, un peu velue; folioles ovales-cunéiformes, entières, velues, légèrement mucronées; stipules ovales; fleurs jaunes, quelquefois d'un jaune un peu brunâtre, réunies 6-10, en tête déprimée; gousses écartées, droites, cylindriques; calice velu. ♃. Cette plante varie à l'infini. Le *lotus villosus*, Th., croît dans les bois; sa tige est longue, dressée et très velue, ainsi que les feuilles. Le *lotus tenuifolius*, Pollich, est une autre variété à folioles et à stipules étroites. Le *lotus alpinus*, Schleich, en est encore une autre à tige très petite et à fleurs peu nombreuses. Le *lotus corniculatus* est, au reste, très commun dans toutes les prairies de l'Europe.

9. LOTIER HISPIDE (*L. hispidus*, Desf. cat. 190).

Tiges branchues, couchées, hérissées de poils blancs, longs; folioles ovales-oblongues, pointues; stipules foliacées, ovales-aiguës; fleurs jaunes, réunies 4-5 sur des pédoncules très hérissés, ainsi que le calice; gousses cylindriques trois fois plus longues que le calice. ♃. Croît en Languedoc et en Corse. Le *Lot. pilosissimus*, Poir., me paraît être une variété plus hérissée.

10. LOTIER DIFFUS (*L. diffusus*, Smith, fl. br. 794).

Diffère du précédent parce que ses pédoncules dépassent trois à quatre fois la longueur des feuilles; qu'ils ne portent que 1-3 fleurs, et que ses gousses sont plus longues et plus grêles. ☉. Croît en Normandie, en Anjou, dans les Landes, et aux environs de Nantes.

11. LOTIER TRÈS ÉTROIT (*L. angustissimus*, L. sp. 1090).

Ressemble extrêmement à l'*hispidus*; mais ses pédoncules, de la longueur des feuilles, ne portent que 1-3 fleurs; et ses gousses, qui sont plus longues et plus grêles, atteignent jusqu'à un pouce de longueur. ☉. Croît aux environs de Montpellier, en Bretagne et aux îles d'Hyères.

12. LOTIER A PETITES FLEURS (*L. parviflorus*, Desf. fl. atl. 2. p. 206. t. 211).

Tiges branchues, couchées, hérissées de poils roides, surtout au sommet; folioles ovales-oblongues;

stipules foliacées, ovales - pointues ; fleurs petites, jaunes, réunies 4-5 sur des pédoncules très hérissés ; gousse cylindrique, à peine de la longueur du calice, et renfermant 3-5 graines.

13. LOTIER SOYEUX (*L. sericeus*, DC. cat. hort. monsp. 122).

Diffère de l'*hispidus* parce qu'il est couvert de longs poils soyeux, courbés, que ses tiges sont moins longues et que ses calices sont beaucoup plus velus. ♃. Croît aux îles d'Hyères.

14. LOTIER DROIT (*L. rectus*, L. sp. 1092).

Tige dressée, haute de 3-4 pieds ; folioles ovales-cunéiformes, velues, glauques en dessous ; stipules ovales, un peu obcordées ; fleurs rougeâtres, réunies 18-20, en capitule ; gousses grêles, droites et raccourcies. ♄. Croît au bord des ruisseaux, dans nos provinces méridionales.

15. LOTIER DE CRÈTE (*L. creticus*, L. sp. 1091).

Tiges ligneuses, rameuses, soyeuses, ainsi que les feuilles, qui sont à folioles obovales ; stipules ovales ; fleurs jaunes, en capitules de 4-5 fleurs ; bractées linéaires, lancéolées, plus courtes que le calice ; gousses glabres, cylindriques. ♄. Corse.

Genre. DORYCNIE (*Dorycnium*, TOURN. *Lotus*, L.).

Calice bilabié, à 5 dents ; stigmate en tête ; gousse renflée, contenant une ou deux graines ; feuilles ternées, garnies de stipules ressemblant à des feuilles.

Espèce 1. DORYCNIE FRUTESCENTE (*Dorycnium suffruticosum*, VILL. dauph. *Lot. dorycnium*, L.).

Tige menue, très rameuse, ligneuse ; feuilles petites, paraissant formées de 5 folioles linéaires, à cause des deux stipules qui ressemblent à des feuilles ; fleurs blanchâtres, nombreuses, en capitule, sur des pédoncules axillaires ; calice velu, soyeux. ♄. Croît dans les garigues du Midi.

2. DORYCNIE HERBACÉE (*Dorycnium herbaceum*, VILL.
dauph. 3. p. 417).

Se distingue de la précédente par sa tige herbacée,
et surtout par ses folioles obtuses, obovales et non lancéolées, pointues. ♃. Croît au bord du Drac et de
l'Isère, aux environs de Grenoble. Le genre *Phaseo-
lus*, *haricot*, est exotique, et ne croît point naturellement en France.

Genre RÉGLISSE (*Glycyrrhiza*, LIN.).

Calice tubuleux, bilabié; lèvre supérieure à 4 divisions, l'inférieure simple, linéaire; carène de 2 pétales; gousse ovale, un peu comprimée, contenant de
3-6 grains; feuilles ailées; fleurs en épi.

Espèce. RÉGLISSE GLABRE (*Glycyrrhiza glabra*, L. sp.
1046).

Racines cylindriques, demi-ligneuses, d'une saveur
très sucrée, d'une odeur un peu désagréable; tiges
rameuses, fermes; feuilles ailées avec impaire à 13-15
folioles ovales; fleurs petites, rougeâtres, en épis axillaires; gousses glabres. ♄. Croît dans les départemens
méridionaux et la Bourgogne. Tout le monde connaît la racine de réglisse; elle est extrêmement employée : on la cultive dans plusieurs cantons.

Genre GALEGA (*Galega*, LIN.).

Calice en cloche, à 5 dents pointues presque égales;
gousse oblongue, comprimée, dressée, souvent bosselée par la saillie des graines; feuilles ailées, stipulées.

Espèce. GALEGA OFFICINAL (*Galega officinalis*, L.
sp. 1062).

Tiges droites, glabres, fistuleuses, hautes de 3-4
pieds; feuilles ailées, à folioles glabres, lancéolées,
mucronées; stipules en fer de flèche; gousses dressées,
grêles. ♃. Cette plante, quoique assez rare, se trouve

çà et là dans une infinité de localités du midi et du centre de la France : on la nomme vulgairement *rue de chèvre*, *lavanèse*, etc.

Genre BAGUENAUDIER (*Colutea*, LIN.).

Calice à 5 divisions; carène obtuse; style barbu dans toute sa longueur; gousse vésiculeuse, déchiscente par la suture supérieure; feuilles ailées, avec impaire.

Espèce. BAGUENAUDIER COMMUN (*Colutea arborescens*, L. sp. 1045).

Arbrisseau rameux, haut de 4-8 pieds; feuilles ailées avec impaire, à folioles obcordées; fleurs jaunes, en grappes de 5-6 fleurs; gousses vésiculeuses, faisant une petite explosion lorsqu'on les comprime. ♄. Croît dans les départemens méridionaux, en Auvergne, en Bourgogne, etc. Le genre *Robinia* (faux acacia), que l'on cultive partout, est indigène de l'Amérique.

Genre PHAQUE (*Phaca*, LINNÉ. *Colutea*, LAM.).

Calice à 5 divisions; carène obtuse; style non barbu; stigmate en tête; gousse uniloculaire, renflée, légèrement pédicellée sur le calice; feuilles ailées, avec impaire.

Espèce 1. PHAQUE DES ALPES (*Phaca alpina*, DC. astr. 47. *Colutea alpina*, LAM.).

Tige dressée, légèrement velue, haute de 12-15 pouces, branchue; feuilles ailées, avec impaire, à 15-25 folioles pubescentes, ovales, oblongues; stipules lancéolées-linéaires; fleurs d'un blanc jaunâtre, en grappes allongées; carène presque de la longueur de l'étendard; gousses pendantes, renflées, un peu arquées. ♃. Croît dans les Alpes du Dauphiné et dans les Pyrénées.

2. PHAQUE DES GLACIERS (*Phaca frigida*, JACQ. aust. t. 166).

Tige dressée, glabre, anguleuse, haute de 8-12

pouces ; feuilles ailées, à pétioles glabres, composées
de 7-9 folioles glabres, ovales ; bractées oblongues ;
fleurs jaunâtres, en grappe ; calice glabre ; gousse
droite, oblongue, renflée. ♃. Croît sur le sommet
des Hautes Alpes.

3. Phaque glabre (*P. glabra*, Clarion, bull. phil. n. 61).

Tiges couchées, demi-ligneuses, glabres, de même
que toute la plante ; feuilles ailées, à 9-13 folioles
ovales-oblongues, pointues ; stipules ciliées ; fleurs
blanches, ayant la carène et les ailes tachées de violet ;
gousses pédicellées dans le calice, ovoïdes et retour-
nées. ♃. Croît dans les Alpes de Provence.

4. Phaque australe (*P. australis*, L. mant. 103).

Tiges glabres, étalées, diffuses, peu rameuses ;
feuilles à 13-15 folioles ovales, glabres ou à peine velues ; fleurs purpurines, en grappes serrées ; stipules
foliacées, arrondies-obtuses ; corolle à ailes bifides,
plus longues que la carène ; gousse garnie de poils
noirâtres, glabre à la maturité. ♃. Croît dans les
lieux escarpés des Alpes et des Pyrénées. Je l'ai recueillie sur le Galibier.

5. Phaque astragale (*P. astragalina* DC. astr. 52. *Astragalus alpinus*, L. sp. 1070).

Tiges diffuses, étalées, branchues, de 4-6 pouces ;
feuilles de 19-23 folioles pubescentes, oblongues, obtuses, quelquefois un peu échancrées ; stipules lancéolées, aiguës ; fleurs violettes, pendantes, disposées en
grappe lâche ; carène plus courte que les ailes ; gousses
pédicellées dans le calice, pendantes, aiguës aux deux
bouts. ♃. Croît dans les prés des Hautes-Alpes et des
Pyrénées.

†††† *Étamines diadelphes ; gousses biloculaires.*

Genre OXYTROPIS (*Oxytropis*, DC. *Astragalus*, Linné.)

Espèce 1. OXYTROPIS DES MONTAGNES (*Oxytropis montana*, DC. *Astragalus montanus*, L. sp. 1070).

Tiges velues, courtes, dressées ou couchées, naissant d'une souche ligneuse, écailleuse ; feuilles un peu velues, à 21-25 folioles ovales-oblongues ; fleurs violettes ou rougeâtres, disposées en épi sur des pédoncules radicaux ; étendard ovale, un peu plus long que les ailes ; carène munie d'une pointe courte ; gousses droites, velues, oblongues, surmontées par le style. ♃. Prairies sèches des hautes montagnes.

2. OXYTROPIS DE L'OURAL (*O. Uraliensis* DC. astr. 55. *Astragalus Uraliensis*, L. sp. 1071 ?).

Tiges très courtes, naissant d'une racine écailleuse ; feuilles radicales, soyeuses, blanchâtres, à 27-31 folioles oblongues-pointues ; fleurs violettes ou purpurines, réunies 20-25 sur des pédoncules radicaux très velus ; gousses droites, pubescentes, cylindriques, renflées, terminées par le style. ♃. Pyrénées.

3. OXYTROPIS DES CHAMPS (*O. campestris*, DC. astr. *Astrag. campestris*, L. sp. 1072).

Plante sans tige, à racine ligneuse, écailleuse ; feuilles radicales, presque glabres ou velues, à 17-21 folioles elliptiques, aiguës ; fleurs d'un blanc jaunâtre, en épi ovalaire, portées sur des pédoncules droits ou tortueux ; fruits droits, ovales, renflés, pubescens. ♃. Commun dans les prairies sous-alpines.

4. OXYTROPIS FÉTIDE (*O. fœtida*, DC. astr. 60. *Astrag. fœtidus*, VILL. dauph. 3. p. 465).

Plante sans tige, glabre, un peu visqueuse, d'une odeur fétide ; feuilles à 21-25 folioles, petites, elliptiques, étroites, pointues ; fleurs en épi, d'un blanc jaunâtre ; pédoncules laineux dans le haut ; gousses cylindriques, droites, renflées, un peu courbées. ♃. Croît dans les lieux rocailleux des Hautes-Alpes, du Queyras. Je l'ai observé sur le Galibier.

5. OXYTROPIS POILUE (*O. pilosa*, DC. astr. 73. *Astrag. pilosus*, L. sp. 1065).

Dans cette espèce, les stipules ne tiennent point au pétiole : tiges droites, presque simples, munies de poils blanchâtres, longues de 12-15 pouces ; feuilles poilues, à 21-25 folioles oblongues, aiguës ; fleurs d'un blanc jaunâtre, en épi assez gros, réunies 20-22 sur des pédoncules axillaires ; gousses droites, velues, cylindriques, pointues. ♃. Croît dans les rochers des montagnes : il est assez commun au bord du Drac.

Genre ASTRAGALE (*Astragalus*, DC. *Astragali*, L.).

Calice à 5 dents ; carène obtuse ; gousses droites, velues, cylindriques, pointues ; feuilles ailées, avec impaire ; fleurs jaunâtres ou purpurines.

** Fleurs rougeâtres.*

Espèce 1. ASTRAGALE D'AUTRICHE (*Astragalus austriacus*, L. sp. 1070).

Tiges couchées, redressées, glabres, menues, longues de 4-15 pouces ; feuilles à 13-19 folioles linéaires, échancrées au sommet ; stipules soudées ; fleurs petites, violettes, en épi ; gousses pendantes, ovales, oblongues, comprimées. ♃. Croît sur les montagnes de l'Auvergne et du Dauphiné.

2. ASTRAGALE ÉTOILÉ (*A. stella*, L. syst. veg. 567).

Tiges diffuses, branchues, longues de 12-15 pouces, couvertes de poils blancs ; feuilles à 17-21 folioles ovales-obtuses ; fleurs violettes, réunies 12-15 en tête sur des pédoncules axillaires ; gousses disposées en une espèce d'étoile, à rayons subulés, pointus. ☉. Environs de Montpellier.

3. Astragale sesame (*A. sesameus*, L. sp. 1068).

Tiges diffuses, rameuses, redressées, velues; feuilles à 17-19 folioles, ovales-obtuses et légèrement échancrées au sommet; fleurs petites, d'un bleu violet, réunies de 4-5 sur des pédoncules axillaires; gousses subulées, un peu velues, réunies par fascicules non rayonnées à l'aisselle des feuilles. ☉. Provinces méridionales.

4. Astragale vésiculeux (*A. vesicarius*, L. sp. 1071).

Tiges couchées, peu rameuses, munies de poils courts, blanchâtres, ainsi que toute la plante, longues de 8-15 pouces; feuilles à 19-23 folioles subovales; fleurs purpurines, mélangées d'un peu de blanc, réunies 6-9 sur des pédoncules plus longs que les feuilles; gousses velues, ovales, un peu renflées, plus longues que le calice. ♃. Croît dans les départemens méridionaux, dans le Queyras et le Briançonnais.

5. Astragale a cinq fruits (*A. pentaglottis*, L. mant. 274).

Tiges couchées, étalées, hérissées, peu rameuses, longues de 6-10 pouces; feuilles très velues, à 15-21 folioles ovales, tronquées; fleurs violettes, réunies en tête de 8-10, sur des pédoncules aussi longs que les feuilles; gousses à loges monospermes, hérissées de crêtes saillantes, et surmontées par une pointe roide recourbée. ☉. Croît en Corse et en Provence.

6. Astragale pourpre (*A. purpureus*, Lam. dict. 1. p. 314. DC. astr. p. 93).

Tiges étalées, couchées, quelquefois un peu ascendantes, presque simples; feuilles à 23 - 29 folioles pubescentes, ovales - oblongues, bidentées au sommet; stipules réunies; fleurs purpurines, disposées en tête serrée de 8-12, sur des pédoncules beaucoup plus longs que les feuilles; gousses réunies en tête, creusées sur le dos, velues, à loges contenant chacune 3 graines. ♃. Pâturages montueux de la Provence.

7. **Astragale hypoglotte** (*A. hypoglottis* ; L. mant. 474).

Tiges couchées, velues, presque simples, longues de 4 pouces ; feuilles à 19-29 folioles ovales - oblongues, légèrement échancrées au sommet, velues, blanchâtres en dessous ; fleurs purpurines, en tête de 8-12 fleurs, sur des pédoncules plus longs que les feuilles ; bractées obtuses ; calice garni de poils noirs ; fruits droits, réunis en tête, velus, sillonnés sur le dos, à loges monospermes. ♃. Provence et environs de Strasbourg.

8. **Astragale glaux** (*A. glaux*, L. sp. 197).

Tiges couchées, diffuses, peu rameuses ; feuilles ailées, à folioles oblongues ; fleurs purpurines, réunies en tête ; étendard linéaire très long ; gousses droites, ovales, renflées, garnies de tubercules saillans. ♃. Croît aux environs d'Avignon, au bord de la Durance.

9. **Astragale esparcette** (*A. onobrychis*, L. sp. 1070).

Tiges couchées, rameuses ; feuilles pubescentes, à 21-29 folioles oblongues ; stipules larges, très distinctes ; fleurs violettes ou purpurines, disposées en épi ovale ; étendard droit, linéaire, de moitié plus long que les ailes ; fruits droits, pubescens, triquètres. ♃. Commun dans les prairies sèches du Dauphiné et de la Provence.

10. **Astragale de Bayonne** (*A. Bayonnensis*, Loïs. fl. gall. 474).

Tiges couchées, rameuses, couvertes de poils blanchâtres, courts, ainsi que toute la plante ; feuilles de 11-19 folioles, petites, ovales, pliées en gouttière ; stipules réunies, opposées aux feuilles ; fleurs violettes, réunies 4-6 sur des pédoncules aussi longs que les feuilles ; bractées scarieuses ; fruits pubescens, cylindriques, terminés par le style. ♃. Environs de

Bayonne, île d'Oléron, et parties maritimes de la Bretagne.

*** Fleurs jaunâtres ou blanches.*

11. ASTRAGALE DÉPRIMÉ (*A. depressus*, L. sp. 1073).

Tiges très courtes, naissant d'une souche écailleuse, étalée, haute de 1-2 pouces; feuilles presque radicales, longues, de 19-21 folioles ovales-obtuses, un peu échancrées au sommet; fleurs petites, blanchâtres, réunies 4-6 sur des pédoncules radicaux; gousses pendantes, droites, longues, glabres, déprimées. ♃. Alpes du Dauphiné, Pyrénées.

12. ASTRAGALE EN HAMEÇON (*A. hamosus*, L. sp. 1067).

Tiges étalées, redressées, velues, longues de 1-2 pieds; feuilles à 19-27 folioles elliptiques, échancrées au sommet, velues en dessous; fleurs jaunâtres, en épi court; gousses glabres, recourbées en hameçon. ☉. Dauphiné, Bourgogne, Provence, Corse, etc.

13. ASTRAGALE RÉGLISSE (*A. glycyphyllos*, L. sp. 1067).

Tiges tombantes, couchées, rameuses, longues de 3-4 pieds; feuilles grandes, à 11-13 folioles, glabres, ovales-arrondies; stipules lancéolées; fleurs d'un jaune verdâtre, en épi oblong; étendard de la longueur des ailes; gousses glabres, presque triangulaires, sessiles, un peu arquées. ♃. Commun au bord des bois, dans toute la France.

14. ASTRAGALE ÉPIGLOTTE (*A. epiglottis*, L. mant. 274).

Tiges grêles, couchées, blanchâtres, longues de 3-5 pouces; feuilles à 9-11 folioles étroites, garnies de poils soyeux; fleurs blanchâtres, petites, en épi, presque sessiles; gousses pendantes, pubescentes, cordiformes, mucronées, repliées sur les bords et réunies par faisceaux. ☉. Croît dans les bois des montagnes de Provence.

15. ASTRAGALE DE BÉOTIE (*A. bœticus*, L. sp. 1068).

Tige couchée, pubescente; folioles rétuses, obovales, de 10-15 paires; stipules membraneuses, acuminées; fleurs jaunâtres, disposées en épis courtement pédonculés; gousses triangulaires, glabres, dressées, un peu recourbées en crochet pointu vers leur sommet. ⊙. Corse.

16. ASTRAGALE POIS CHICHE (*A. cicer*, L. sp. 1067).

Tige glabre, étalée, diffuse, longue d'un pied; feuilles velues, à 21-25 folioles ovales-obtuses; stipules semi-amplexicaules; fleurs d'un jaune blanchâtre, réunies en épi sur des pédoncules plus courts que les feuilles; gousses arrondies, renflées, velues, surmontées par le style, contenant 4-5 graines. ♃. Croît dans les lieux secs des régions sous-alpines; il se trouve aussi aux environs de Paris et de Vernon.

17. ASTRAGALE QUEUE DE RENARD (*A. alopecuroides*, L. sp. 1064).

Tiges fermes, grosses, velues, hautes de 2-3 pieds; feuilles très longues, à 39-41 folioles oblongues-aiguës, velues; pétiole laineux; fleurs jaunes, formant de grosses têtes velues, très serrées, ovales, presque sessiles; calice aussi long que la corolle; fruits tétraspermes. ♃. Croît aux environs d'Embrun, en Dauphiné?

18. ASTRAGALE DE NARBONNE (*A. Narbonnensis*, GOUAN, ill. 47. DC. astr. 147).

Diffère de l'*alopecuroides* par sa stature plus petite, par ses feuilles à 17-21 folioles seulement, par ses calices plus courts que la corolle, et par ses têtes de fleurs moins grosses et tout-à-fait sessiles. ♃. Environs de Narbonne.

19. ASTRAGALE DE MARSEILLE (*A. Massiliensis*, LAM. D. 1. p. 320. DC. astr. 161).

Tiges frutescentes, rameuses, diffuses, épineuses

par les anciens pétioles, qui se sont endurcis, blanchâtres; feuilles à 19-20 folioles, cotonneuses, ovales-obtuses, l'impaire presque caduque; fleurs blanches, disposées à 5-6 sur des pédoncules axillaires; calice à 5 dents élargies. ♃. Sur les bords de la mer, aux environs de Marseille.

20. **Astragale aristé** (*A. aristatus*, DC. astr. 163. *Astragalus tragacantha*, Vill. dauph.).

Tiges frutescentes, dressées, rameuses, épineuses par les anciens pétioles qui sont persistans et endurcis; feuilles à 17-19 folioles, oblongues, pointues, velues; fleurs blanches ou rougeâtres, en épi court, sur des pédoncules axillaires, moitié moins longs que les feuilles; calice partagé en 5 lanières pointues. ♃. Croît dans les Pyrénées, les Alpes de Provence : je l'ai retrouvé sur le Lautaret et dans le polygone de Grenoble.

21. **Astragale blanchatre** (*A. incanus*, L. sp. 1072).

Plante sans tige, naissant d'une souche écailleuse; feuilles radicales, à 31-37 folioles ovales, très petites, blanchâtres; fleurs nombreuses, purpurines (très rarement blanches), en épis courts et serrés, sur des pédoncules radicaux; gousses subulées, un peu recourbées, tomenteuses. ♃. Habite les lieux arides des provinces méridionales.

22. **Astragale de Montpellier** (*A. Monspessulanus*, L. sp. 1072).

Plante sans tige, gazonnante; feuilles à 25-31 folioles ovales, glabres ou pubescentes; fleurs purpurines ou blanches, en épi lâche, sur des pédoncules radicaux couchés; étendard très long; gousses glabres, subulées, cylindriques, un peu recourbées. ♃. Croît dans les provinces méridionales; se retrouve sur les coteaux de la Seine, entre Rouen et Paris.

Nota. Dans les quatre dernières espèces, les stipules n'adhèrent point au pétiole, tandis que dans toutes les autres elles sont attachées à cet organe.

Genre BISSERRULE (*Bisserrula*, LINNÉ).

Calice à 5 dents ; carène obtuse ; gousse biloculaire, comprimée ; valves sinuées et dentées sur les deux côtés.

Espèce. BISSERRULE PÉLÉCINE (*Bisserrula pelecinus*, L. sp. 1073).

Tige grêle, rameuse, étalée ; feuilles ailées, avec impaire ; fleurs très petites, bleuâtres. ⊙. Croît au bord de la mer, en Provence et aux environs de Montpellier.

††††† *Étamines diadelphes ; feuilles ailées sans impaire ; pétiole dégénérant en vrille ; cotylédons hypogés.*

Genre GESSE (*Lathyrus*, LINNÉ).

Calice à 5 divisions, les deux supérieures plus courtes ; style aplati, plus large au sommet, plus ou moins velu antérieurement ; gousse oblongue, polysperme.

* *Pédoncule portant d'une à trois fleurs.*

Espèce 1. GESSE SANS FEUILLE (*Lathyrus aphaca*, L. sp. 1029).

Tige grêle, dressée, un peu rameuse, glabre ; pétioles sans folioles, se prolongeant en vrilles simples ; stipules grandes, foliacées, opposées, sagittées, ressemblant à des feuilles ; fleurs jaunes, solitaires sur chaque pédoncule ; gousse oblongue, comprimée. ⊙. Se trouve partout dans les moissons.

2. GESSE DE NISSOLE (*L. nissolia*, L. sp. 1029).

Tige grêle, faible, grimpante, glabre, haute de 12-15 pouces ; feuilles simples (ressemblant à une feuille de gramen), longues, linéaires, très étroites ; stipules linéaires, demi-sagittées ; pédoncules portant 1-2 fleurs purpurines ; gousse glabre, linéaire. ♃. Croît dans les moissons.

3. **Gesse jaunâtre** (*L. ochrus*, DC. fl. fr. *Pisum ochrus*, L. sp. 1027).

Tiges grêles, faibles, étalées, glabres, longues de 15 – 18 pouces; pétioles foliacés, membraneux, décurrens, se prolongeant en plusieurs vrilles dans le haut; stipules nulles; pédoncules axillaires, portant une seule fleur blanchâtre. ☉. Environs de Montpellier.

4. **Gesse articulée** (*L. articulatus*, L. sp. 1031).

Tiges ailées, anguleuses, tombantes, longues de 15-18 pouces; pétiole foliacé dans le bas de la plante, foliacé et portant des vrilles dans le milieu, portant des vrilles et 4·6 folioles alternes dans le haut; pédoncules articulés au sommet, portant 1 – 3 fleurs purpurines. ☉. Croît en Languedoc.

5. **Gesse clymène** (*L. clymenum*, L. sp. 1030).

Tiges menues, faibles, glabres, ailées inférieurement; pétioles inférieurs aphylles, les supérieurs à 5-6 folioles oblongues, aiguës, se terminant en vrille; stipules demi-sagittées; pédoncules plus longs que les feuilles, portant 1-6 fleurs purpurines, avec les ailes et la carène bleues. ☉. Environs de Toulon et de Perpignan.

6. **Gesse cultivée** (*L. sativus*, L. sp. 1030).

Tiges ailées, glabres, faibles, longues de 2-3 pieds; feuilles à 2 ou 4 folioles grandes; pédoncules articulés au sommet, portant 1-2 fleurs, roses ou violettes; gousses ovales, comprimées, ayant deux rebords ou ailes sur le dos. ☉. Province du Midi : on la cultive comme fourrage.

7. **Gesse pois chiche** (*L. cicera*, L. sp. 1030).

Se distingue de la précédente par ses gousses non membraneuses, mais sillonnées sur le dos, par la fleur qui est rouge, et par les pédoncules qui sont articulés au-dessous du milieu. ☉. Croît dans les champs du Midi : on la cultive comme fourrage.

8. Gesse anguleuse (*L. angulatus*, L. sp. 1031).

Tige dressée, faible, glabre, haute de 1 pied; pétioles portant 2 folioles, et se terminant en vrilles; pédoncule aristé, portant une seule fleur violette; gousse linéaire, glabre, non striée, à graines grosses, anguleuses. ⊙. Croît dans les moissons çà et là. Le *Lath. alatus*, Tenore, est une variété à grandes fleurs du *Clymenum*.

9. Gesse sphérique (*L. sphæricus*, Retz. obs. p. 39).

Distincte de l'espèce précédente par ses pétioles de moitié moins longs, par ses pédoncules, qui sont égaux aux pétioles, par sa fleur rouge, par ses gousses bosselées, et enfin par ses graines arrondies. ⊙. Croît dans les moissons, en Provence, en Dauphiné.

10. Gesse a fleurs cachées (*L. inconspicuus*, L. sp. 1030).

Tiges grêles, triangulaires; feuilles composées de deux folioles lancéolées, pointues, les inférieures à vrilles presque nulles, les supérieures à vrilles longues, sétacées; fleurs extrêmement petites, blanchâtres, portées sur des pédoncules uniflores très courts. ⊙. Provinces méridionales. (Rare.)

11. Gesse axillaire (*L. axillaris*, Lam. D. 2. p. 706).

Elle a presque tous les caractères du *sphæricus*; mais elle en est aisément distinguée par sa fleur blanche, petite, dont le calice est presque égal à la corolle, et surtout par ses gousses, qui sont presque sessiles. ⊙. Croît en Provence.

12. Gesse a petite fleur (*L. micranthus*, Lois. not. 106).

Tiges droites, grêles, anguleuses; feuilles se terminant en vrille, à 2 folioles linéaires-lancéolées; stipules dépassant le pétiole; fleurs rougeâtres, solitaires, sur des pédicelles courts, axillaires; gousse comprimée, plus large que les folioles. ⊙. Croît en Provence, parmi les moissons. (Rare.)

13. Gesse a feuilles sétacées (*L. setifolius*, L. sp. 1031).

Tiges glabres, anguleuses, tombantes, longues de 1-3 pieds; pétioles se terminant en vrilles, et portant sur les côtés 2 folioles sétacées; stipules linéaires, auriculées; fleurs rouges, solitaires, portées sur des pédicelles longs, axillaires. ⊙. Croît dans les lieux arides et stériles des départemens méridionaux.

14. Gesse annuelle (*L. annuus*, L. sp. 1032).

Tige glabre, légèrement ailée, grêle, rameuse, longue de 2-3 pieds; feuilles à 2 folioles, longues, ensiformes; pétiole dégénérant en vrille rameuse; stipules linéaires; pédoncules axillaires, portant 2 fleurs; gousses longues, comprimées. ⊙. Habite parmi les moissons, en Provence, en Dauphiné, en Languedoc et en Auvergne. Le *lathyrus odoratus*, ou *pois de senteur*, que l'on cultive dans les jardins, n'est point indigène d'Europe.

15. Gesse velue (*L. hirsutus*, L. sp. 1032).

Tige grêle, ailée, branchue, longue de 2-3 pieds; feuilles à 2 folioles oblongues, mucronées au sommet; pétiole dégénérant en vrilles; fleurs blanches ou purpurines, réunies 2-3 sur des pédoncules allongés; gousses oblongues, velues, ainsi que le calice. ⊙. Croît parmi les moissons, dans une grande partie de la France, excepté dans le nord. Elle est assez commune.

** Pédoncules portant plus de trois fleurs.*

16. Gesse tubéreuse (*L. tuberosus*, L. sp. 1033).

Racines tubéreuses, solides, donnant naissance à des tiges grimpantes, rameuses, glabres, hautes de 1-2 pieds; pétiole dégénérant en vrilles et portant 2 folioles ovales, obtuses, mucronées; fleurs roses, réunies 5-6 sur le même pédoncule; fruit glabre. ♃. Croît dans les champs d'une grande partie de la France.

17. GESSE DES PRÉS (*L. pratensis*, L. sp. 1033).

Tiges tombantes, faibles, glabres ou légèrement pubescentes, longues de 12-18 pouces; pétioles dégénérant en vrilles, et portant 2 folioles lancéolées, trinervées; stipules sagittées, aussi longues que les feuilles; fleurs jaunes, réunies 4-8 sur des pédoncules velus, ainsi que le calice. ♃. Commune partout, dans les bois et les prés humides.

18. GESSE SAUVAGE (*L. sylvestris*, L. sp. 1033).

Tige grimpante, ailée, rameuse, longue de 2-4 pieds; pétiole dégénérant en vrilles, portant 2 folioles ensiformes, nerveuses; fleurs grandes, purpurines, réunies 4-5 sur des pédoncules longs et axillaires. ♃. Habite les bois et les prairies montueuses.

19. GESSE A LARGES FEUILLES (*L. latifolius*, L. sp. 1034).

Tiges ailées, glabres, grimpantes, rameuses, hautes de 3-4 pieds; pétiole dégénérant en vrilles, portant 2 folioles larges, nerveuses, mucronées; stipules ovales, lancéolées, nerveuses; fleurs rouges, grandes, nombreuses, réunies en belles grappes sur des pédoncules longs. ♃. Croît dans les prés et au bord des vignes, dans les départemens méridionaux.

20. GESSE A FEUILLES VARIABLES (*L. heterophyllus*, L. sp. 1034).

Tige ailée, grimpante, longue de 2-3 pieds; pétiole dégénérant en vrilles, portant 2-4 folioles oblongues, mucronées, trinervées; stipules lancéolées, acérées; fleurs grandes, purpurines, réunies 6-8 sur chaque pédoncule. ♃. Croît dans les prairies pierreuses du Dauphiné, de la Provence et du Languedoc.

21. GESSE DES MARAIS (*L. palustris*, L. sp. 1034).

Tige ailée, grimpante, tombante, longue de 1 à 2 pieds; pétiole finissant en vrilles, portant 4-8 folioles, linéaires-lancéolées, pointues; stipules demi-sagittées;

fleurs bleuâtres, assez grandes, réunies 4-6 sur des pédoncules longs; gousse glabre. ♃. Croît dans les prés marécageux d'une grande partie de la France.

Genre POIS (*Pisum*, LINNÉ).

Calice campanulé, à 5 divisions, dont les 2 supérieures plus courtes; style trigone, caréné en dessous; stygmate velu; gousse oblongue, polysperme; graines sphériques; stipules arrondies, très grandes.

Espèce 1. POIS CULTIVÉ (*Pisum sativum*, L. sp. 1026).

Tige grimpante, presque simple, glabre; pétiole à vrilles, portant 4-6 folioles ovales, muni de 2 stipules, grandes, arrondies, dentées à leur base; fleurs blanches; gousses pendantes. ⊙. Cultivé partout.

2. POIS DES CHAMPS (*P. arvense*, L. sp. 1027).

Se distingue du précédent par ses folioles moins grandes et presque toujours dentées, et enfin par sa fleur presque purpurine, violette, solitaire. ⊙. Cultivé dans toute la France, sous le nom de *pisaille* ou de *pois gris*.

3. POIS MARITIME (*P. maritimum*, L. sp. 1027).

Cette plante est très remarquable par sa racine vivace, ses pétioles un peu aplatis, ses stipules sagittées, ses folioles, au nombre de 6-10, elliptiques, et par ses fleurs purpurines pendantes. ♃. Croît dans plusieurs localités, au bord de l'Océan, de la Manche et de la Méditerranée.

Genre OROBE (*Orobus*, LINNÉ).

Calice à 5 divisions, dont les 2 supérieures plus courtes; style grêle, linéaire, velu au sommet; gousse oblongue, polysperme, presque cylindrique; feuilles ailées.

Espèce 1. OROBE NOIR (*O. niger*, L. sp. 1028).

Tiges dressées, rameuses, anguleuses, hautes de 2 pieds; pétiole portant 4-6 paires de folioles petites,

ovales ; .stipules demi-sagittées ; fleurs purpurines ou
violettes , réunies sur des pédoncules axillaires. ♃.
Devient noire par la dessiccation. Croît à Fontainebleau et dans beaucoup d'autres lieux , mais plus particulièrement dans les bois des montagnes.

2. Orobe jaune (*O. luteus*, L. sp. 1028).

Tige rameuse, un peu ferme, striée, dressée, haute
de 1-2 pieds ; pétioles portant 3-5 paires de folioles
lancéolées , glauques en dessous ; stipules grandes ,
demi-sagittées et dentées à leur base ; fleurs jaunes ,
grandes, réunies 5-10 sur des pédoncules longs. ♃.
Cette belle plante se trouve assez communément dans
les prairies des montagnes.

3. Orobe du printemps (*O. vernus*, L. sp. 1028).

Tige anguleuse , dressée , glabre , peu rameuse ,
haute de 1 pied ; pétioles portant 2-3 paires de folioles, grandes, ovales, acuminées ; stipules entières ,
demi-sagittées ; fleurs bleues ou purpurines , réunies
6-8 sur des pédoncules longs. ♃. Croît dans les bois du
Midi et des environs de Paris. L'*Orob. variegatus*,
Tenore, est indiqué en Corse.

4. Orobe tubéreux (*O. tuberosus*, L. sp. 1028).

Racine tubéreuse ; tige simple , presque nue ,
haute de 1 pied ; pétioles portant 3-4 paires de folioles
ovales, entières, glauques en dessous ; stipules entières, demi-sagittées ; fleurs roses ou purpurines ,
réunies 3-4 sur chaque pédoncule ; gousses d'un rouge
noirâtre. ♃. Commun partout dans les bois , à la fin
du printemps.

5. Orobe filiforme (*O. filiformis*, Lam. fl. 2. p. 568.
        Or. angustifolius β, L. syst.).

Tige très grêle, filiforme, rameuse, longue de 4-5
pouces ; pétioles portant 2 paires de folioles très
étroites, lancéolées et pointues ; stipules subulées,
plus longues que le pétiole ; fleurs blanches, mélan-

gées de bleu, réunies 4-6 sur des pédoncules longs.
♃. Dans les lieux stériles du Midi.

6. Orobe blanc (*O. albus*, L. suppl. 327).

Tige simple, dressée, glabre, haute de 12-15 pouces;
pétioles portant 2 paires de folioles lancéolées-linéaires, auriculées à leur base; stipules simples, plus
courtes que le pétiole; fleurs d'un blanc lavé de jaune,
assez grandes, réunies 6-8 sur des pédoncules beaucoup plus longs que les feuilles. ♃. Alpes du Dauphiné, environs de Gap et d'Embrun.

7. Orobe de roches (*O. saxatilis*, Vent. h. cel. n. 94. t. 94).

Tige très grêle, simple, glabre, longue de 4-6
pouces; pétiole portant 2 paires de folioles linéaires,
offrant 3 dents dans les feuilles du bas de la tige;
stipules demi-sagittées; fleurs d'un blanc bleuâtre,
solitaires, sur des pétioles axillaires de la longueur
des feuilles. ☉. Découverte par Gérard, sur les collines arides, dans le département du Var.

Genre VESCE (*Vicia*, Lin. Juss.).

Calice tubuleux, à 5 divisions, dont 2 supérieures
plus courtes; corolle papilionacée; style filiforme,
formant un angle droit avec l'ovaire; stygmate velu
ou glabre; gousse oblongue, polysperme; feuilles à
folioles entières, nombreuses, munies de vrilles rameuses.

* *Fleurs axillaires, à pédoncules très courts, ou sessiles.*

Espèce 1. Vesce cultivée (*Vicia sativa*, L. sp. 1037).

Tige rameuse, dressée, anguleuse, velue, haute de
1-2 pieds; pétioles munis de vrilles, et portant 10 à
18 folioles ovales-oblongues, presque obcordées, mucronées; stipules demi-sagittées, laciniées et marquées
d'un point noir; fleurs d'un rouge violet, sessiles;
gousses globuleuses, à 8-12 graines. ☉. Se trouve dans

les moissons : on la cultive abondamment comme fourrage. Il y en a une variété à fleurs blanches.

2. VESCE DES MOISSONS (*V. segetalis*, TH. fl. par. p. 367).

Se distingue de la précédente par ses folioles ovales-lancéolées, ses stipules moins dentées et sans point noir, ses gousses plus courtes et ses fleurs rougeâtres plus petites. ⊙. Commune dans les moissons, aux environs de Paris.

3. VESCE A FEUILLES ÉTROITES (*V. angustifolia*, ROTH. germ 1. p. 310).

Tige couchée, anguleuse, rameuse, pubescente, longue de 1 pied ; feuilles vrillées, à folioles mucronées, obcordées, les supérieures linéaires, tronquées ; stipules sans taches, demi-sagittées et denticulées ; fleurs bleues, solitaires ; gousses comprimées. ⊙. Croît communément dans les champs, les bois sablonneux.

4. VESCE ÉTRANGÈRE (*V. peregrina*, L. sp. 1038).

Tige glabre, dressée, anguleuse, haute de 1 pied ; feuilles vrillées, à 6-10 folioles linéaires, tronquées et bifides au sommet ; stipules sans tache ; fleurs purpurines, solitaires ; gousses pubescentes, comprimées. ⊙. Commune dans les lieux sablonneux des départemens méridionaux.

5. VESCE FAUSSE GESSE (*V. lathyroides*, L. sp. 1037).

Tige anguleuse, rameuse, dressée, velue, haute de 4-8 pouces ; feuilles à vrille simple, portant 4-6 folioles, dont les inférieures obcordées, les supérieures mucronées, ovales-oblongues ; stipules entières ou à 2 dents ; fleurs violettes, petites, solitaires ; gousses dressées, glabres. ⊙. Croît dans les lieux secs.

6. VESCE A DEUX FRUITS (*V. amphicarpa*, DORTH. journ. ph. 36. p. 131).

Tiges grêles, glabres, rameuses, longues de 6-9 pouces ; pétiole à vrille simple, portant des folioles linéaires, tronquées; stipules demi-sagittées; fleurs purpurines, solitaires; gousses munies de poils courts, contenant 5-6 graines rondes. Cette plante est extrêmement remarquable en ce qu'on trouve des gousses inférieures, souterraines, contenant une à deux graines, provenant de fleurs sans étamines ni corolle.

7. VESCE DES PYRÉNÉES (*V. Pyrenaica*, POURR. àct. toul. 3. p. 333).

Racine munie de petits tubercules; tiges redressées, anguleuses, branchues, glabres, hautes de 8-10 pouces; pétiole vrillé, portant 6-12 folioles ovales, cunéiformes, très sensiblement mucronées; stipules presque entières, tachées, semi-sagittées; fleurs purpurines, grandes, solitaires. ⊙. M. De Candolle l'a trouvée abondamment parmi les buissons, dans les Pyrénées orientales.

8. VESCE DE HONGRIE (*V. Panonnica*, LOIS. fl. gal. 461. (*V. purpurascens*, DC. fl. fr.)

Tige velue, sillonnée, grisâtre, rameuse, haute de 1-2 pieds; pétiole à vrille rameuse, portant 5-6 paires de folioles échancrées au sommet, acuminées; fleurs rouges, réunies 2-3 aux aisselles; gousse courte, comprimée, pubescente. ⊙. Croît dans les moissons des provinces du Midi, se retrouve aussi aux environs de Paris.

9. VESCE JAUNE (*V. lutea*, L. sp. 1037).

Tige grêle, tombante, rameuse, anguleuse, haute de 1-2 pieds; pétiole à vrille courte, rameuse, portant 4-5 paires de folioles alternes, ciliées, légèrement velues, ovales – obtuses, mucronées; stipules tachées; fleurs d'un jaune pâle; gousses munies de poils tuberculeux et contenant 5-6 graines. ⊙. Croît dans les bois sablonneux et les moissons d'une grande partie de la France.

10. VESCE HÉRISSÉE (*V. hirta*, BALB. misc. alt. DC. suppl. 4023ᵃ).

Se distingue de la précédente par sa fleur, qui est

plutôt blanche que jaunâtre, par ses folioles plus étroites et plus velues, et enfin par ses fruits hérissés. ⊙. Commune dans les moissons, en Provence et en Languedoc.

11. VESCE HYBRIDE (*V. hybrida*, L. sp. 1037).

Ressemble aussi beaucoup à la *lutea*, mais elle en est distinguée par ses folioles plus nombreuses, à peine mucronées, tronquées et échancrées au sommet, par ses stipules entières non tachées, et enfin par l'étendard velu. ⊙. Croît dans les champs et les bois sablonneux d'une grande partie de la France.

12. VESCE DES HAIES (*V. sepium*, L. sp. 1038).

Tige grimpante, grêle, anguleuse, glabre, haute de 3-4 pieds; pétiole vrillé, portant 4-8 paires de folioles ovales, mucronées, velues; stipules très petites, quelquefois tachées; fleurs rougeâtres, réunies 1-4 sur des pédoncules très courts; gousses larges, droites et glabres. ♃. Croît dans les bois et les buissons.

13. VESCE DE NARBONNE (*V. Narbonnensis*, L. sp. 1038).

Tige droite, anguleuse; feuilles à 2 folioles vers le bas, 6 dans le haut, et souvent 4 au milieu de la plante. Toutes ces folioles sont très grandes, ovales, dentées en scie dans leur partie supérieure; stipules larges, incisées dans le haut de la plante; fleurs rouges, réunies 2-3 sur des pédoncules courts; gousse glabre, avec des poils sur les sutures. ⊙. Croît dans les Cévennes, en Auvergne, aux environs de Narbonne, etc.

14. VESCE DE BITHYNIE (*V. Bithynica*, L. sp. 1038).

Tiges anguleuses, longues de 2 pieds; feuilles à 1-3 paires de folioles oblongues ou linéaires; stipules grandes, à dents profondes; fleurs blanches, à étendard violet, subsolitaires, sessiles ou pédicellées; gousses pubescentes, presque droites. ☉. Parmi les moissons, dans les départemens voisins des Pyrénées. Le *Lath. cirrhosus*, DC., prod., est voisin de cette espèce.

** *Fleurs à pédoncules très longs.*

15. **Vesce a feuilles de pois** (*V.* pisiformis, L. sp. 1034).

Tige glabre, striée, rameuse, haute de 2 pieds ; pétiole portant 4 paires de folioles, grandes, ovales, un peu cordiformes, glabres, dont les inférieures rapprochées de la tige ; fleurs d'un blanc jaunâtre, nombreuses, réunies en grappe sur des pédoncules un peu plus courts que les feuilles. ♃. Provence, Alsace, Bourgogne.

16. **Vesce des buissons** (*V.* dumetorum, L. sp. 1035).

Tige glabre, anguleuse, rameuse, grimpante, haute de 3-4 pieds ; pétiole portant 4 paires de folioles réfléchies, ovales–lancéolées, mucronées ; stipules offrant quelques dents à leur base ; fleurs violettes, réunies 8-10 en grappe sur des pédoncules plus longs que les feuilles. ♃. Croît dans les buissons des pays de montagne.

17. **Vesce des rivages** (*V.* littoralis, Salzem. fl. od. bot. zeit. 1821. p. 110).

Tige glabre, tombante, rameuse, un peu velue, hispidiuscule ; folioles lancéolées – linéaires, mucronées ; stipules subulées, semi-sagittées ; fleurs violettes, réunies 8-10 en grappe sur des pédoncules plus longs que les feuilles ; gousses glabres, à 6-8 graines. ☉. Croît dans les sables maritimes de la Corse. (Lois.)

18. **Vesce argentée** (*V.* argentea, Lapeyr. abr. 417).

Tiges droites, anguleuses, un peu rameuses, couvertes, ainsi que toute la plante, d'un duvet soyeux et argenté ; feuilles ailées, avec impaire, non vrillées ; folioles de 9 à 13, oblongues, linéaires ; fleurs à étendard rose, à ailes jaunes et à carène blanchâtre. ♃. Pyrénées : rare.

19. Vesce des forêts (*V. sylvatica*, L. sp. 1035).

Tige glabre, grimpante, rameuse, haute de 4-5 pieds ; pétioles vrillés, portant 5-6 paires de folioles elliptiques, oblongues, un peu mucronées ; stipules profondément découpées ; fleurs mêlées de blanc et de bleu, réunies 5-10 sur des pédoncules plus longs que les feuilles. ♃. Croît dans les montagnes ; commune dans le Queyras.

20. Vesce de Gérard (*V. Gerardi*, Jacq. aust. t. 229).

Diffère de la *cracca* par ses folioles linéaires, lancéolées, argentées, par ses pédoncules plus courts que les feuilles, par ses fleurs plus petites et ses gousses plus étroites. ♃. Provinces méridionales : se trouve à Gentilly, près Paris.

21. Vesce pseudocraque (*V. pseudocracca*, Bert. pl. rar. 58).

Tige diffuse, rameuse, pubescente ; feuilles pinnées, à 8-12 folioles obtuses, mucronées ; stipules linéaires, demi-sagittées ; fleurs d'un bleu violet, réunies 5-6 sur des pédoncules flexueux, aussi longs que les feuilles ; gousses glabres, assez courtes. ☉. Corse.

22. Vesce a petites ffuilles (*V. tenuifolia*, Roth. germ. 1. 3090. 11. 183).

Tiges dressées, anguleuses, hautes de 1-2 pieds ; pétioles vrillés, portant 7-9 paires de folioles alternes ou opposées, linéaires, mucronées, velues sur leurs bords ; stipules entières, linéaires ; acérées, auriculées à leur base ; fleurs d'un violet mêlé de blanc, réunies 15-20 sur des pédoncules doubles des feuilles. ♃. Croît dans les Cévennes et en Roussillon.

23. Vesce craque (*V. cracca*, L. sp. 1035).

Tige grimpante, peu rameuse, légèrement velue, haute de 3-4 pieds ; pétioles vrillés, portant 7-8 paires de folioles linéaires, légèrement blanchâtres ;

acuminées ; stipules semi-sagittées, linéaires - lancéolées ; fleurs petites, d'un rouge bleuâtre, réunies 20-30 en grappe serrée sur des pédoncules plus longs que les feuilles ; gousse glabre, courte. ♃. Commune dans les bois, les moissons et les haies.

24. Vesce esparcette (*V. onobrychioides*, L. sp. 1036).

Tige rameuse, anguleuse, haute de 2 pieds ; pétiole vrillé, portant 6-8 paires de folioles linéaires, mucronées ; stipules semi-sagittées, linéaires - lancéolées, dentées à leur base ; fleurs purpurines, assez grandes, en grappes lâches sur des pédoncules plus longs que les feuilles. ☉. Habite les champs des Alpes. Je l'ai recueillie dans le Queyras.

25. Vesce multiflore (*V. multiflora*, Poll. pal. n. 683).

Tige carrée, presque glabre, grêle, haute de 2 pieds ; pétiole portant 10-15 paires de folioles oblongues, obtuses, mucronées, très légèrement pubescentes en dessous ; fleurs violettes, réunies 12-13 sur des pédoncules plus courts que les feuilles ; gousses ovales-oblongues, aiguës aux deux bouts. ♃. Croît dans la forêt de Fontevrault en Anjou, d'où je l'ai reçue de M. Carcel.

26. Vesce orobe (*V. orobus*, DC. suppl. *Orobus sylvaticus*, DC. fl. fr. n. 4002).

Tiges couchées, menues, très velues à leur base, longues de 12-15 pouces ; feuilles à 7-10 paires de folioles velues, petites, serrées, ovales - oblongues ; stipules demi-sagittées ; fleurs purpurines ou violettes, en grappe de 6-12, sur des pédoncules axillaires. ♃. Habite les montagnes de l'Auvergne, les Pyrénées et les Alpes.

27. Vesce pourpre - noir (*V. atropurpurea*, Desf. atl. 2. p. 164).

Tige carrée, velue, ainsi que toute la plante, haute

de 2 pieds; pétiole vrillé, portant 12-18 folioles oblongues, lancéolées, mucronées; stipules ovales, profondément dentées; fleurs d'un pourpre noir, réunies
10-15 sur des pédoncules un peu plus courts que les
feuilles. ♃. Iles d'Hyères.

28. VESCE VIVACE (*V. perennis*, DC. cat. hort.
monsp. 155).

Tiges grêles, dressées ou un peu couchées, anguleuses, pubescentes; feuilles couvertes de poils soyeux,
à 5-6 paires de folioles linéaires, oblongues; stipules
semi-sagittées; fleurs d'un pourpre noir; calice à lanières fines de la longueur du tube. ♃. Perpignan,
Collioure, îles d'Hyères.

29. VESCE A UNE FLEUR (*V. monantha*, DESF. atl. 2.
p. 165. *Erv. monanthos*, L.).

Tige glabre, branchue, anguleuse, haute de 1-2
pieds; feuilles glabres, à 3-6 paires de folioles linéaires,
obtuses, tronquées et mucronées au sommet; stipules
linéaires, acérées; fleurs purpurines, petites, solitaires ou réunies 2 à 2 sur des pédoncules plus courts
que les feuilles. ⊙. Provence. Cette espèce et les suivantes font partie du genre *Ervum* de LINNÉ.

30. VESCE ERS (*V. ervilia*, WILLD. *Erv. ervilia*, L.
sp. 1040).

Tige dressée, carrée, branchue, haute de 1 pied;
feuilles à 10-12 paires de folioles glabres, linéaires,
obtuses; stipules hastées à 3-5 dents; fleurs blanches,
à étendard strié de violet, solitaires ou réunies à 2 sur
des pédoncules beaucoup plus courts que les feuilles.
⊙. Croît dans les moissons : on la cultive : on emploie
la farine de ses graines en médecine, comme résolu-
tive, sous le nom d'*ers* ou d'*orobe*.

31. VESCE A DEUX GRAINES (*V. disperma*, DC. cat. h.
m. 154. *V. parviflora*, LOIS. fl. g. 460).

Tige faible, menue, branchue, pubescente; feuilles
velues sur les pétioles, à 8-9 paires de folioles oblongues-linéaires, pointues; stipules sagittées, aiguës;

fleurs petites, violettes; réunies 2-3 sur des pédoncules plus courts que les feuilles; gousses glabres, comprimées, à 2 graines. ⊙. Croît dans les lieux stériles des provinces du Midi.

32. VESCE A QUATRE GRAINES (*V. tetrasperma*, MOENCH. meth. 148. *Erv. tetraspermum*, L. sp. 1039).

Tige carrée, grimpante, faible, glabre, haute de 1-2 pieds; feuilles à 4-5 folioles oblongues-linéaires, tronquées, presque entièrement glabres; fleurs petites, d'un bleu pourpre, solitaires, ou réunies 2 à 2 sur des pédoncules plus courts que les feuilles; fruit glabre, à 4 graines. ⊙. Commune dans les buissons et les moissons.

33. VESCE GRÊLE (*V. gracilis*, LOIS. fl. gall. 460).

Diffère de la précédente par ses folioles plus étroites, moins obtuses, par ses pédoncules plus longs que les feuilles, et portant 1-5 fleurs, et enfin par ses gousses à 4-6 graines. ⊙. Croît parmi les moissons, dans une grande partie de la France.

34. VESCE VELUE (*V. hirsuta*, *Ervum hirsutum*, L. sp. 1039).

Tige faible, un peu grimpante; feuilles à 6-7 paires de folioles linéaires, obtuses; fleurs très petites, d'un blanc bleuâtre, réunies 2-4 sur des pédoncules axillaires; gousses velues, contenant 2 graines. ⊙. Croît dans les buissons et les moissons.

35. VESCE PUBESCENTE (*V. pubescens*, *Ervum pubescens*, DC. cat. h. monsp. 109).

Tiges très faibles; feuilles pubescentes, à 6-7 paires de folioles linéaires, tronquées; fleurs d'un blanc bleuâtre, très petites, réunies 2-3 sur des pédoncules plus longs que les feuilles; gousses pubescentes, à 4-5 graines. ⊙. Croît dans les buissons, en Provence.

36. VESCE LENTILLE (*V. lens*, *Ervum lens*, L. sp. 1039).

Tige grêle, anguleuse, rameuse, haute de 1 pied;

feuilles à 5-6 paires de folioles oblongues, un peu
obtuses au sommet ; fleurs blanches, réunies 2-3 sur
des pédoncules grêles, axillaires ; gousses courtes, larges, contenant 2-3 graines. ☉. Croît dans les moissons.
Les lentilles sont connues de tout le monde, et généralement cultivées : on cultive aussi, pour le même
usage, le *vicia monantha*, sous le nom de *petites lentilles*. Le *vicia faba*, L., ou la *fève commune*, forme
maintenant le genre *faba*. Cette plante, cultivée partout, est originaire de l'Asie-Mineure.

Genre CHICHE (*Cicer*, Linné).

Calice à 5 divisions, aussi longues que la corolle,
dont 4 supérieures penchées sur l'étendard ; gousse
rhomboïdale, renflée, contenant deux graines.

Espèce. Pois chiche commun (*Cicer arietinum*, L.
sp. 1040).

Tige rameuse, dressée, haute de 12-15 pouces,
velue ; feuilles à 5-6 paires de folioles ovales, pubescentes, dentées en scie ; fleurs blanches, solitaires, sur
des pédoncules axillaires. ☉. Croît dans les champs
des provinces méridionales. Cultivé.

†††††† *Étamines diadelphes ; gousses articulées, à cloisons transverses, indéhiscentes.*

Genre SCORPIURE (*Scorpiurus*, Linné).

Calice à 5 divisions ; carène bifide à sa base ; gousse
oblongue, coriace, contournée, sillonnée, articulée.

Espèce 1. Scorpiure vermiculé (*Scorpiurus vermi-
culata*, L. sp. 1050).

Tiges couchées, étalées, un peu velues ; feuilles
alternes, allongées, aiguës, spatulées ; fleurs jaunes,
petites, solitaires ; calice à 5 divisions profondes ; fruit
ressemblant à une chenille roulée. ☉. Croît dans les
champs, en Provence, en Languedoc : on l'appelle
vulgairement *chenille* ou *chenillette*.

2. Scorpiure rude (*S. muricata*, L. sp. 1050).

Se distingue du précédent par ses feuilles plus larges, par ses pédoncules qui portent de 1-3 feuilles, et par son fruit, muni de tubercules épais, droit, et se courbant en demi-cercle à son sommet. ⊙. Provinces méridionales.

3. Scorpiure sillonné (*S. sulcata*, L. sp. 1050).

Se distingue des deux précédens par ses fruits sillonnés, munis, sur le dos, de 4 rangs d'épines, et décrivant deux tours de spire à la manière des *medicago*. ⊙. Croît dans les champs, au bord des routes, dans le Midi.

4. Scorpiure velu (*S. subvillosa*, L. sp. 1050).

Diffère du *sulcata* par ses gousses munies d'épines plus longues et plus serrées, et se contournant en masse irrégulière. ⊙. Croît dans les champs des provinces méridionales. Le *S. acutifolia*, Viv., en est une variété.

Genre PIED D'OISEAU (*Ornithopus*, Lin. Juss.).

Calice tubuleux à 5 dents; carène très petite; gousse arquée, grêle, cylindrique, aiguë, articulée; feuilles composées.

Espèce 1. Pied d'oiseau très petit (*Ornithopus perpusillus*, L. sp. 1049).

Tige grêle, étalée par terre, rameuse, longue de 2-6 pouces; feuilles ailées, avec impaire, à 15-25 folioles, petites, ovales, pubescentes, mucronées; fleurs petites, blanches, mêlées de pourpre, réunies en tête sur des pédoncules axillaires; gousses pubescentes. ⊙. Commun dans les lieux sablonneux un peu ombragés. L'*Ornith. roseus*, Desv., paraît être une variété à fleurs un peu plus grandes.

2. Pied d'oiseau comprimé (*O. compressus*, L. sp. 1049).

Tiges couchées, étalées, rameuses, longues de 4-10 pouces; feuilles ailées, à 28-30 folioles ovales, velues, très rapprochées; fleurs réunies 3-4 sur des pédoncules

axillaires et munies d'une bractée; gousses comprimées, oncinées au sommet. ⊙. Croît dans les provinces méridionales, dans le Maine, la Basse-Normandie et la Bretagne.

3. PIED D'OISEAU SANS BRACTÉES (*O. ebracteatus*, LOIS.
fl. gall. 467).

Tige glabre, étalée, longue de 4-18 pouces; feuilles
ailées, à folioles ovales; stipules nulles; fleurs rougeâtres
extérieurement, réunies 2-3 au haut des pédoncules,
qui ne portent aucune espèce de feuilles; gousses cylindriques, arquées. ⊙. Croît dans les provinces méridionales, et surtout dans celles de l'ouest. Je l'ai aussi
reçue de Corse de M. Thomas. Cette espèce et la suivante font partie du genre *Astrolobium* de DESVAUX.

4. PIED D'OISEAU FAUX SCORPION (*O. scorpioides*, L.
sp. 1049).

Tiges lisses, glabres, dressées, hautes de 8 pouces;
feuilles ternées, à foliole mitoyenne, ovoïde, beaucoup
plus grande que les deux autres; fleurs jaunes, très
petites; gousses grêles, articulées et arquées. ⊙. Croît
dans nos départemens méridionaux.

Genre HIPPOCRÈPE (*Hippocrepis*, L. JUSS.).

Calice à 5 dents inégales; étendard à onglet plus
long que le calice; gousse oblongue, comprimée, membraneuse, à articulations courbées en fer à cheval.

Espèce 1. HIPPOCRÈPE A UN FRUIT (*Hippocrepis uni-
siliquosa*, L. sp. 1049).

Tiges grêles, rameuses, couchées, longues de 6-10
pouces; feuilles ailées, avec impaire, à folioles oblongues, échancrées au sommet; fleurs jaunes, très petites, solitaires; fruits solitaires, légèrement courbés.
⊙. Cette plante croît dans les provinces méridionales.

2. HIPPOCRÈPE A PLUSIEURS FRUITS (*H. multisiliquosa*,
L. sp. 1050).

Tiges rameuses, un peu couchées, hautes de 8-10
pouces; feuilles ailées, à 4-5 paires de folioles ovales,

obtuses, un peu échancrées au sommet; fleurs jaunes, petites, réunies 3-4 sur des pédoncules plus courts que les feuilles; gousses glabres, comprimées, contournées en cercle, ayant les sinus de chaque articulation en dedans de l'arc. ☉. Croît dans les lieux stériles du Midi.

3. Hippocrèpe bicontournée (*H. bicontorta* , Lois. an. soc. lin. par. sept. 1827).

Très distincte de la précédente par ses fruits contournés en double cercle, et de manière que les sinus de chaque articulation sont en dehors du cercle. ☉. Trouvée au pont Juvénal, près Montpellier.

4. Hippocrèpe en tête (*H. comosa* , L. sp. 1050).

Tiges un peu ligneuses, couchées, diffuses, longues de 6-12 pouces; feuilles ailées, avec impaire, à 7-11 folioles ovales, cunéiformes, mucronées; fleurs jaunes, en ombellule, comme dans les *lotus* et les *coronilla* ; gousses rudes, arquées en zigzags. ♃. Terrains sablonneux.

Genre CORONILLE (*Coronilla* , Lin. Juss.).

Calice campanulé, à 2 lèvres, la supérieure à dents rapprochées, l'inférieure tridentée; étendard à onglet long dépassant les ailes; gousse droite, à articulations monospermes.

Espèce 1. Coronille émérus (*Coronilla emerus* , L. sp. 1046).

Tige arborescente, à rameaux anguleux, nombreux; feuilles à 5-7 folioles ovales-cunéiformes; fleurs jaunes, réunies 2-3 sur des pédoncules de la longueur de la feuille; étendard rougeâtre en dehors; onglet plus que double du calice. ♄. Croît en Dauphiné, dans le Jura, le Languedoc et la Provence.

2. Coronille jonc (*C. juncea* , L. sp. 1047).

Tige frutescente, à rameaux effilés, presque nus, flexibles; feuilles glauques, à folioles obtuses, un peu charnues, quinées ou ternées ; stipules marcescentes, très petites ; feuilles jaunes, réunies 7-8, en forme de couronne, sur des pédoncules dépassant de beaucoup les feuilles. ♄. Croît sur les collines, aux environs de Marseille.

3. CORONILLE A GRANDES STIPULES (*C. stipularis*, LAM. D. 2. p. 120. *C. valentina*, L.).

Tige frutescente, très branchue, verte, glabre ; feuilles d'un vert bleuâtre, un peu charnues, de 7-9 ; stipules foliacées, grandes, arrondies et opposées ; fleurs jaunes, disposées en couronne. ♄. Croît dans les lieux montueux des provinces du Midi.

4. CORONILLE GLAUQUE (*C. glauca*, L. sp. 1047).

Tige frutescente, à rameaux nombreux, rougeâtres ; feuilles à 7 folioles cunéiformes, très obtuses, obcordées, d'un vert glauque ; stipules lancéolées ; fleurs jaunes, disposées en couronne et portées par des pédoncules plus longs que les feuilles. ♃. Provinces méridionales.

5. CORONILLE COURONNÉE (*C. coronata*, L. sp. 1047).

Tige sous-frutescente, étalée, diffuse, longue de 1 pied ; feuilles à 7 folioles elliptiques, un peu mucronées, d'un vert un peu glauque ; folioles inférieures très rapprochées de la tige ; stipules bifides, très petites ; fleurs jaunes, réunies en ombellule de 8-10 sur chaque pédoncule. ♃. Croît dans les provinces du Midi et dans les Basses-Alpes.

6. CORONILLE NAINE (*C. minima*, L. sp. 1047).

Tiges ligneuses, rameuses, couchées, longues de 4-10 pouces ; feuilles ailées, à 9 folioles obtuses, épaisses, cunéiformes ; stipules membraneuses, bifides ; fleurs jaunes, en ombellule de 8-10 fleurs. ♃. Croît dans les provinces du centre et du Midi, sur les coteaux calcaires. Se retrouve à Fontainebleau, Falaise, etc.

7. Coronille de montagne (*C. montana* , Scop. carn.
n. 912. t. 44).

Tige herbacée, dressée, haute de 12-15 pouces ;
feuilles ailées, à 11-12 folioles ovales - obtuses, dont
les 2 inférieures très rapprochées de la tige ; stipules
bifides ; fleurs jaunes, réunies 18-20 sur chaque pédoncule. ♃. Croît dans le Jura et en Provence.

8. Coronille bigarrée (*C. varia*, L. sp. 1048)!

Tige herbacée, branchue, couchée, redressée, longue de 1-3 pieds, glabre ; feuilles ailées, à 12-16
folioles glabres, lancéolées ; fleurs roses, 12-15 sur
chaque pédoncule. ♃. Croît dans les prés, dans les
provinces méridionales, aux environs de Paris, en
Bourgogne, etc.

**Genre SÉCURIGÈRE (*Securigera* , DC. *Coronilla* ,
Linné).**

Calice campanulé, bilabié, à 5 divisions, dont les
2 supérieures rapprochées ; étendard à onglet long ;
gousse comprimée, articulée, se terminant en une
corne subulée.

Espèce. Sécurigère coronille (*Securigera coronilla,*
DC. *Coron. securidaca*, L. sp. 1048).

Tiges couchées, herbacées, longues de 12-18 pouces ;
feuilles ailées, avec impaire, à 15-17 folioles, glabres,
cunéiformes ; fleurs jaunes, disposées en couronne. ♃.
Dans les champs, en Auvergne, en Provence.

Genre SAINFOIN (*Hedysarum*, Tourn. Lin.).

Calice persistant, à 5 divisions ; carène grande,
obtuse transversalement ; gousse articulée, comprimée, orbiculaire, lisse ou tuberculeuse.

Espèce 1. Sainfoin obscur (*Hedysarum obscurum,*
L. sp. 1057).

Tige dressée, presque simple, glabre ; feuilles ailées,
à 9-11 folioles glabres, ovales - obtuses ; fleurs d'un

blanc jaunâtre ou purpurines, en grappes longues ; bractées plus longues que le pédoncule ; gousse glabre, articulée, pendante. ♃. Hautes Alpes du Dauphiné.

2. Sainfoin humble (*H. humile*, L. sp. 1058).

Tige couchée, un peu redressée, longue de 10-15 pouces, glabre ; feuilles ailées, à 15-17 folioles, petites, linéaires, oblongues, pubescentes en dessous ; fleurs d'un beau rouge, disposées en grappes courtes ; ailes de la corolle très courtes ; gousses arrondies, velues, aiguillonnées. ♃. Habite les lieux pierreux du midi de la France. L'*hedysarum coronarium* ne croît point en France. L'*Hed. spinosissimum*, L., est une plante d'Italie. L'*Hed. capitatum*, Desf., est indiqué en Corse par Balbis.

Genre ESPARCETTE (*Onobrychis*, Tourn. DC. *Hedysarum*, L.).

Calice persistant, à 5 divisions ; carène transversalement obtuse ; ailes très courtes ; gousses comprimées, courtes, uniloculaires, monospermes, presque toujours aiguillonnées, avec la suture supérieure tronquée et aplatie.

Espèce 1. Esparcette cultivée (*Onobrychis sativa*, Lam. DC. *Hedysarum onobrychis*, L. sp. 1059).

Tige dressée, haute de 2 pieds, presque simple ; feuilles ailées, à folioles cunéiformes, étroites, se terminant en pointe ; fleurs d'un rouge vif, en épis fournis et terminaux ; gousses aiguillonnées, glabres. ♃. Croît dans les prairies et sur les collines calcaires. Très cultivé, comme fourrage, sous le nom de *sainfoin*.

2. Esparcette de montagne (*O. montana*, DC. fl. fr. 4056).

Tiges couchées, redressées. naissant d'une souche ligneuse ; feuilles ailées, à folioles ovales-oblongues, velues en dessous ; fleurs d'un poupre vif, en épis fournis ; carène plus longue que l'étendard ; ailes plus courtes que les dents du calice. ♃. Pâturages des Hautes-Alpes.

3. ESPARCETTE COUCHÉE (*O. supina*, DC. *Hed. supinum*, VILL. dauph.).

Tige couchée, diffuse, légèrement velue; feuilles ailées, à folioles oblongues, à peine mucronées; fleurs petites, d'un rouge pâle, disposées en épi; étendard plus court que les ailes et les dents du calice; gousses pubescentes. ♃. Croît sur les coteaux des Alpes de Provence et du Roussillon.

4. ESPARCETTE DES ROCHERS (*O. saxatilis*, LAM. fl. fr. *Hed. saxatile*, L. sp. 1059).

Tige glabre, courte, ascendante, rameuse; feuilles ailées, à 12-15 paires de folioles linéaires un peu blanchâtres; fleurs blanchâtres, en épi, assez petites; ailes un peu plus longues que les dents du calice; gousses glabres, aiguillonnées. ♃. Croît sur les collines pierreuses des départemens les plus méridionaux.

5. ESPARCETTE TÊTE DE COQ (*O. caput galli*, LAM. *Hed. caput galli*, L. sp. 1059).

Tige dressée, grêle, rameuse, haute de 12-18 pouces; feuilles ailées, à 6-7 paires de folioles oblongues, étroites, glabres; fleurs petites, réunies 3-4 ensemble; dents du calice presque aussi longues que la corolle; gousses arrondies, pubescentes, aiguillonnées. ♃. Croît dans les Alpes de Provence et aux environs de Montpellier. Je l'ai trouvée, ainsi que la précédente, dans le Briançonnais.

6. ESPARCETTE CRÊTE DE COQ (*O. crista galli*, LAM. *Hed. crista galli*, L. s. veg.).

Ressemble beaucoup à la précédente, mais elle est annuelle; ses feuilles sont plus courtes et souvent échancrées; ses pétales sont presque égaux entre eux; les gousses, qui sont aiguillonnés, sont garnies sur le dos d'une espèce de crête dentée et épineuse. ⊙.

Nota. Cette famille, l'une des plus nombreuses du règne végétal, est susceptible d'être scindée en un grand nombre de tribus qui deviendront par la suite le type de nouvelles familles.

FAMILLE 31. ROSACÉES (*Rosaceæ*, Juss.)

Calice monosépale, à 5-10 divisions ; corolle de 5 pétales, attachées dans le haut du calice, alternant avec les divisions calicinales, disposées en rose ; étamines de 18-30, ordinairement ayant la même insertion que les pétales ; ovaire, tantôt infère et simple, c'est-à-dire formé par la soudure de divers ovaires, surmonté par plusieurs styles, tantôt supère et multiple ; fruit extrêmement variable ; inflorescence variée. Herbes, arbustes et arbres à feuilles alternes stipulacées. Le savant botaniste de Genève divise cette famille en huit tribus, que nous regardons comme autant de familles distinctes : *la première* se compose de rosacées exotiques.

DEUXIÈME TRIBU. DRUPACÉES (*Drupaceæ*, DC.):

Calice monosépale, caduc, à 5 divisions, 5 pétales, une vingtaine d'étamines ; ovaire unique supère, surmonté par un style filiforme, devenant à la maturité un drupe monosperme ou disperme ; graines et feuilles répandant souvent une odeur d'acide hydrocyanique : arbres et arbustes.

Genre CERISIER (*Cerasus*, Juss. *Prunus*, Lin.).

Calice caduc, à 5 divisions ; corolle de 5 pétales ; drupe glabre, arrondi, charnu, offrant un sillon, jamais couvert de poussière, glauque ; noyau lisse, arrondi, ayant un angle saillant.

Espèce 1. CERISIER A GRAPPES (*Cerasus padus*, DC. *Pr. padus*, L. sp. 677).

Arbrisseau à rameaux nombreux, à écorce brunâtre ; feuilles ovales-lancéolées, glabres, décidues et doublement dentées ; fleurs blanches, disposées en grappes plus longues que les feuilles ; fruits rouges ou noirs, de la grosseur des merises. ♄. Bois-des-montagnes.

2. Cerisier mahaleb (*C. mahaleb*, Mill. D. n. 4.
Prunus mahaleb, L. sp. 678.

Grand arbrisseau et quelquefois arbre de moyenne
taille, à écorce grisâtre ; feuilles glabres, pétiolées,
ovales, pointues et dentées ; fleurs blanches, disposées
en coyrmbe ; fruit noir, de la grosseur des merises. ♄.
Habite le Dauphiné, les environs de Paris, où il aura
probablement été planté, ainsi que le précédent;
l'Auvergne, les environs de Sainte-Lucie en Lorraine, ce qui lui a fait donner le nom de *Bois* de
Sainte-Lucie.

3. Cerisier tardif (*C. semperflorens*, Willd. sp.
2. p. 992).

Arbre de moyenne taille ; feuilles ovales – lancéolées, dentées, glanduleuses à la base ; fleurs blanches,
en grappe ; calice à folioles très dentées ; fruit rouge
succulent, mûrissant jusqu'au commencement de l'hiver. ♄. Cultivé. On en trouve dans les bois une variété qui ne diffère que parce que les feuilles naissent
à la base des pédoncules.

4. Cerisier commun (*C. caproniana*, DC. fl. fr. 3784.
Pr. cerasus, L. sp. var. α. β. γ.).

Arbre de moyenne taille ; feuilles étalées, ovales-
lancéolées, glabres ; fleurs blanches, en petites ombelles latérales ; fruits acides, rouges ou noirs, ou même
blancs, arrondis. ♄. Cultivé. Offre un très grand nombre de variétés.

5. Cerisier guignier (*C. juliana*, DC. fl. fr. *Pr. cerasus*, L. sp. var. ε.).

Arbre plus grand que les précédens, ayant un port
différent ; feuilles souvent pendantes, ovales–lancéolées, dentées et glabres; fruit sucré, non acide, un peu
en forme de cœur. ♄. Cultivé.

6. Cerisier-merisier (*C. avium*, Moench. meth. 672.
Pr. avium, L. sp. 680).

Arbre de la taille du précédent; feuilles lancéolées-

ovales, dentées, pubescentes en dessous; fleurs blanches, en ombelle, presque sessiles; fruit petit, globuleux, rouge ou noir, très peu charnu, sucré et un
peu amer. ♄. Commun dans les bois.

7..CERISIER-BIGARREAUTIER (*C. duracina*, DC. fl. fr.
Pr. avium, L. sp. var. β. γ.).

Arbre de la taille du précédent; feuilles dentées,
pendantes; fleurs blanches, en ombelle, presque sessiles; fruit charnu, dur, sucré, un peu cordiforme.
♄. Cultivé.

Nota. Les cerisiers présentent, en outre, une très
grande quantité de variétés décrites par Duhamel.
Nous n'affirmons pas que, dans le principe, les cinq
dernières espèces n'auraient pas eu la même origine, il
est presque impossible de s'en assurer; car, excepté le
merisier, les autres ne se trouvent pas à l'état sauvage : toutes ces espèces se multiplient par greffe sur
le merisier.

Genre PRUNIER (*Prunus*, TOURN. LIN.).

Drupe charnu, glabre, sillonné sur un de ses
côtés, et couvert d'une poussière très fine, de couleur
glauque; noyau oval - oblong, comprimé, un peu
rude, pointu au sommet.

Espèce 1. PRUNIER ÉPINEUX (*Prunus spinosa*,
L. sp. 681).

Arbrisseau à écorce noirâtre; rameaux nombreux;
feuilles elliptiques - lancéolées, pubescentes en dessous; fleurs blanches, nombreuses, naissant avant les
feuilles; fruits petits, sphériques, d'un noir bleuâtre,
d'une saveur très astringente. ♃. Commun dans les
haies et au bord des bois.

2. PRUNIER DE BRIANÇON (*P. Brigantiaca*, VILL.
dauph. 1. p. 299).

Arbrisseau à écorce brune, à rameaux nombreux;
feuilles ovales, mucronées, glabres, doublement dentées; fleurs blanches, petites, presque sessiles, réunies 3-4 ensemble; fruits d'un blanc jaunâtre ou rous-

sâtre. ♄. Commun dans les Alpes depuis le Lautaret jusqu'à Briançon. La *célèbre huile* de marmotte s'extrait des amandes de cet arbrisseau.

3. PRUNIER DOMESTIQUE (*P. domestica*, L. sp. 680).

Arbre de petite taille, à écorce d'un brun grisâtre, à rameaux étalés; feuilles ovales-lancéolées, un peu velues en dessous, dentées; fleurs blanches, nombreuses; fruit très variable, toujours couvert d'une poussière glauque. ♄. Le prunier présente une foule de variétés obtenues par la culture.

Genre ABRICOTIER (*Armeniaca*, TOURN. JUSS. *Prunus*, L).

Drupe arrondi, offrant un sillon profond sur une de ses faces, et muni d'un duvet court; noyau arrondi, comprimé, sillonné des deux côtés.

Espèce. ABRICOTIER COMMUN (*Armeniaca vulgaris*, LAM. D. 1. p. 2. *Pr. armeniaca*, L.).

Arbre de petite taille, à rameaux ramassés en tête; feuilles glabres, ovales, dentées, un peu cordiformes; fleurs blanches, se développant avant les feuilles. ♄. Cultivé partout pour l'excellence de son fruit; offre beaucoup de variétés. ♄. Originaire d'Arménie.

Genre AMANDIER (*Amygdalus*, L. JUSS.).

Drupe oblong, un peu charnu, recouvert d'un duvet court; noyau oblong, lisse, se terminant en pointe et criblé de trous enfoncés.

Espèce. AMANDIER COMMUN (*Amygdalus communis*, L. sp. 677).

Arbre de petite taille, à rameaux étalés; feuilles allongées, étroites, pointus, dentées; fleurs roses, géminées. ♄. Provinces méridionales. Le péricarpe de ce fruit ne se mange pas, mais ses amandes sont excellentes.

Genre PÊCHER (*Persica*, Tourn. *Amygdalus*, Lin.).

Drupe gros, arrondi, très charnu, glabre ou couvert de duvet ; noyau oblong, marqué de crevasses
profondes, irrégulières.

Espèce 1. PÊCHER VULGAIRE (*Persica vulgaris*,
Mill. D. n. 1. *Am. persica*, L.).

Arbre très petit, à rameaux étalés ; feuilles étroites,
lancéolées, pointues ; fleurs roses ; fruit tomenteux.
ℏ. Cultivé. Originaire de Perse.

2. PÊCHER BRUGNONIER (*P. lævis*, DC. fl. fr. 3795).

Distinct du précédent par son fruit arrondi, lisse,
glabre ; péricarpe très adhérent au noyau. ℏ. Cultivé
dans les vignes.

TROISIÈME TRIBU. SPIRÉACÉES (*Spireaceæ*, Lois.).

Plusieurs ovaires libres, non soudés, quelquefois
seulement réunis à leur base, presque toujours au
nombre de cinq, devenant autant de capsules polyspermes, s'ouvrant en deux valves ; tiges herbacées
ou frutescentes.

Genre SPIRÉE (*Spiræa*, Linné).

Calice ouvert, à 5 divisions ; corolle de 5 pétales ;
une vingtaine d'étamines icosandres ; 3-12 ovaires surmontés par le style, devenant autant de capsules uniloculaires. (Voyez *Atl.*, pl. 110, fig. 3.)

Espèce 1. SPIRÉE A FEUILLES DE SAULE (*Spiræa salicifolia*, L. sp. 700).

Arbrisseau de 3-4 pieds, à rameaux faibles ; feuilles
glabres, oblongues, dentées, éparses ; fleurs petites,
couleur de chair, réunies en grappe au sommet des
branches ; une bractée pubescente sous chaque fleur.
ℏ. Montagnes de l'Auvergne.

2. SPIRÉE CRÉNELÉE (*S. crenata*. L. sp. 700).

Arbrisseau de 4-6 pieds, à rameaux faibles, rou-

geâtres ; feuilles glabres , obovales - aiguës , petites ,
alternes , la plupart crénelées au sommet ; fleurs blanches , petites , nombreuses , disposées en espèce d'ombelle au sommet des rameaux. ♄. Croît dans les
Cévennes.

3. Spirée filipendule (*S. filipendula*, L. sp. 702).

Racine à petits tubercules, donnant naissance à
une tige droite simple, haute de 8-18 pouces ; feuilles
ailées, à folioles uniformes, pinnatifides ou bipinnatifides ; fleurs blanches ou un peu rougeâtres, en panicule corymbiforme. ♃. Croît dans les bois et les prés
secs et ombragés d'une grande partie de la France.

4. Spirée pubescente (*S. pubescens*, DC. sup. 3778ª).

Cette plante n'est probablement qu'une variété de
la précédente ; elle s'en distingue en ce que ses feuilles
sont couvertes de poils courts et grisâtres. ♃. Croît sur
les collines de la Provence.

5. Spirée ulmaire (*S. ulmaria*, L. sp. 702).

Tige droite, rameuse, haute de 2-3 pieds ; feuilles
ailées, stipulées à la base , à folioles pubescentes ; doublement dentées, entremêlées d'autres folioles beaucoup plus petites et ayant l'impaire trilobée ; fleurs
blanches, en panicules rameux, terminaux. ♃. Commune dans les prairies humides. Cette plante, appelée
vulgairement *ulmaire* ou *reine des prés* , répand, lorsqu'on la froisse, une odeur forte, résineuse.

6. Spirée barbe de bouc (*S. aruncus*, L. sp. 702).

Tige dressée, rameuse, feuillée, haute de 2-4 pieds ;
feuilles alternes, trois fois ailées, à folioles pointues,
dentelées en scie ; fleurs blanches, très petites, en
panicules terminaux. ♃. Assez commune dans les
bois des montagnes.

Cinquième tribu. DRYADÉES (*Dryadeæ*, DC.)

Nous n'avons pas de plantes de la quatrième. Calices
à plusieurs divisions, quelquefois caliculés ; corolle de
5 pétales ; étamines nombreuses ; pistils groupés au

centre de la fleur, sur un gynophore qui devient souvent charnu ; les fruits sont des akènes ou petits drupes monospermes accolés en tête : tiges herbacées ou frutescentes ; feuilles composées.

Genre TORMENTILLE (*tormentilla*, Lin.).

Calice à 8 divisions, dont 4 plus petites, alternant avec les plus grandes ; fleurs jaunes. Ce genre est peu distinct du suivant.

Espèce 1. Tormentille droite (*Tormentilla erecta*, L. sp. 716. *Potentilla tormentilla*, Nestler, monogr.).

Tige grêle, menue, filiforme, couchée, diffuse, dichotome, longue de 8-12 pouces ; feuilles sessiles, à 3-5 folioles ovales, dentées dans leur moitié supérieure, un peu cunéiformes ; fleurs jaunes, petites. ♃. Commune sur les bruyères et dans les bois secs. La racine de tormentille est employée en médecine comme astringente.

2. Tormentille rampante (*T. reptans*, L. sp. 716).

Tige grêle, ayant à peu près le même port que la précédente, mais plus couchée ; feuilles pétiolées, à 3 folioles cunéiformes, dentées au sommet ; stipules entières ; fleurs jaunes, petites, naissant entre la bifurcation des rameaux. ♃. Cette plante, qu'on ne connaissait que dans la forêt de Cressy, près Abbeville, se retrouve dans beaucoup de localités, dans l'ouest et le centre de la France. N'est peut-être qu'une variété de la précédente.

Genre POTENTILLE (*Potentilla*, Lin. Juss.).

Calice à 10 divisions, dont 5 plus grandes, alternant avec 5 autres plus petites ; corolle de 5 pétales ; gynophore petit, jamais charnu, le plus souvent velu, persistant.

* *Feuilles digitées*.

Espèce 1. Potentille droite (*Potentilla recta*, L. sp. 711).

Tige dressée, velue, feuillée, haute de 1-2 pieds ;

feuilles velues, pétiolées, rudes au 'toucher, à 7 digitations doublement dentées; les supérieures quinées; presque sessiles; stipules profondément découpées sur leur bord extérieur; fleurs terminales, d'un jaune soufre. ♃. Provence, Dauphiné, Bourgogne, Languedoc, etc.

2. POTENTILLE A FEUILLES ÉTROITES (*P. angustifolia*, DC. suppl. 3755ᵃ).

Tige dressée, hérissée, rougeâtre; longue de 6-8 pouces; feuilles couvertes de poils longs, à 7 digitations étroites, linéaires, un peu cunéiformes, les supérieures quinées; fleurs jaunes, assez grandes. ♃. Pyrénées, environs de Prades.

3. POTENTILLE HÉRISSÉE (*P. hirta*, L. sp. 712).

Tige droite, rougeâtre, hérissée, haute de 10-18 pouces; feuilles à 5, rarement à 7 digitations, cunéiformes, incisées, velues, supérieures presque sessiles, ternées; stipules entières; fleurs jaunes, grandes. ♃. Croît dans les lieux pierreux du Midi, du Dauphiné et de l'Alsace.

4. POTENTILLE POILUE (*P. pilosa*, WILLD. sp. 2. p. 1100).

N'est peut-être qu'une variété de la précédente; elle s'en distingue en ce que ses pétales sont moins longs que les calices, tandis que c'est le contraire dans la précédente. ♃. Environs de Draguignan?

5. POTENTILLE BLANCHATRE (*P. canescens*, BESSER, fl. gallici. aust. 1. p. 330).

Tige droite, rougeâtre, pubescente, haute de 10-12 pouces; feuilles couvertes d'un duvet serré, blanchâtre, à 5 digitations dentées en scie; stipules entières; fleurs jaunes, assez grandes; calices très velus. ♃. Environs de Strasbourg.

6. POTENTILLE INTERMÉDIAIRE (*P. intermedia*, L. mant. 76).

Tige ascendante, pubescente, dichotome, longue

de 12-18 pouces; feuilles inférieures longuement pétiolées, à 7 folioles digitées, celles du milieu quinées, et celles du haut ternées; fleurs d'un jaune vif, à pétales obcordés. ♃. Croît dans les Alpes du Dauphiné : rare.

7. POTENTILLE DIVERGENTE (*P. divaricata*, DC. cat. h. monsp. 135).

Tige velue, un peu rameuse, à branches divergentes, haute de 1-2 pieds; feuilles à 5-7 digitations, presque glabres, doublement dentées; stipules pinnatifides; fleurs jaunes, à pétales obtus un peu échancrés et de la longueur du calice. ♃. Croît sur les montagnes en Corse.

8. POTENTILLE DE SAVOIE (*P. Sabauda*, VILL. ined. ex. herb. DESF).

Tiges dressées, un peu velues, presque nues, longues de 6-10 pouces; feuilles radicales à 4 digitations, légèrement velues en dessous, ovales - cunéiformes, ayant 5-7 dents profondes au sommet, supérieures ternées; fleurs jaunes, peu nombreuses, longuement pédicellées; pétales échancrés, plus longs que le calice. ♃. Alpes du Dauphiné, Vosges.

9. POTENTILLE DES PYRÉNÉES (*P. Pyrenaica*, DC. fl. fr. 3739).

Tige dressée, haute de 6-10 pouces; feuilles couvertes de poils hérissés, les radicales à 5 digitations oblongues-cunéiformes, nullement bordées de poils blancs, les caulinaires ternées; fleurs jaunes; calice à divisions presque égales, plus courtes que la corolle. ♃. Commune dans les prairies aux environs de Barèges.

10. POTENTILLE DORÉE (*P. aurea*, L. sp. 712).

Elle a beaucoup de rapport avec la précédente, mais on la distingue aisément à ses folioles bordées par un liseré de poils blancs, et à ses pétales obcordés, plus longs que le calice. ♃. Assez commune dans les prairies des montagnes.

11. Potentille du printemps (*P. verna*, L. sp. 712).

Tiges rameuses, couchées, longues de 4-8 pouces, velues; feuilles à 4-7 digitations ovales - cunéiformes, incisées, dentées, les deux extérieures plus petites; les caulinaires lobées, pinnatifides; fleurs jaunes, à pétales obcordés. ♃. Commune dans les lieux sablonneux, au bord des chemins. On trouve dans les montagnes une variété rabougrie très hérissée, et une autre tout-à-fait acaule et presque glabre.

12. Potentille filiforme (*P. filiformis*, Vill. dauph. 3. p. 564).

Se distingue de la *verna* par sa tige grêle, filiforme, pauciflore, et surtout par ses feuilles radicales à 5 digitations obtuses, incisées, dentées, et par ses feuilles caulinaires ternées. ♃. Croît aux environs de Grenoble, dans les Vosges et le Jura.

13. Potentille opaque (*P. opaca*, L. sp. 713).

Se distingue de la *verna* par ses tiges longues, filiformes, hérissées de poils longs, par ses feuilles qui ont presque toujours 7 digitations assez étroites, dentées, enfin par ses pétales rétus, de la longueur du calice. ♃. Habite au bord des chemins en Provence.

14. Potentille cendrée (*P. cinerea*, Chaix, ex Schl. exs. nº 58).

Diffère de la *verna* parce qu'elle n'est point hérissée de poils, mais couverte d'un duvet soyeux, qui lui donne un aspect d'un blanc cendré, par sa fleur plus grande, privée de tache orangée à la base des pétales, et enfin par son calice à divisions obtuses. ♃. Croît dans les Alpes du Dauphiné, aux environs de Gap.

15. Potentitle rampante (*P. reptans*, L. sp. 714).

Tiges glabres, rampantes, longues de 1-2 pieds; feuilles à 5 digitations ovales - cunéiformes, pubescentes en dessous; fleurs jaunes, solitaires, sur de longs pédoncules. ♃. Commune au bord des chemins et des fossés. Cette plante, connue sous le nom de *quinte-feuille*, est employée comme astringente.

16. POTENTILLE ARGENTÉE (*P. argentea*, L. sp. 712).

Tige droite, étalée, blanchâtre, velue, haute de 6-10 pouces ; feuilles à 5 digitations, cunéiformes, semi-pinnatifides, velues, très blanches en dessous ; fleurs jaunes, petites, en corymbe terminal. ♃. Habite les lieux secs et sablonneux.

17. POTENTILLE INCLINÉE (*P. inclinata*, VILL. dauph. 3. p. 567. t. 43).

Se distingue de la précédente, 1°. parce que ses tiges et le dessus de ses feuilles ne sont ni blanches ni cotonneuses, mais poilues et d'un aspect grisâtre ; 2°. par ses fleurs, qui sont à peine de la grandeur de la *verna*, par ses pétales tronqués à peine aussi longs que le calice ; 3°. parce que ses folioles sont lancéolées et à dents obtuses. ♃. Alpes du Dauphiné.

18. POTENTILLE BLANCHIE (*P. nivea*, L. sp. 715).

Tige ascendante, longue de 3-5 pouces ; feuilles ternées, radicales, incisées, tomenteuses en dessous ; feuilles caulinaires, presque nulles ; fleurs jaunes, petites. ♄. Habite les Landes voisines de Nantes.

19. POTENTILLE DES GLACIERS (*P. frigida*, VILL. dauph. 3. p. 563).

Tiges très courtes, presque nulles, dressées, atteignant à peine 2 pouces ; feuilles ternées, velues, à folioles ovales, dentées ; stipules grandes, lancéolées ; fleurs jaunes, solitaires, à pétales à peine plus longs que le calice. ♃. On en trouve une variété extrêmement velue, et une autre presque glabre. Habite près des glaciers éternels des Alpes et des Pyrénées : je l'ai recueillie sur le Galibier : rare. La *Pot. minima*, SER., est une variété à divisions calicinales obtuses.

20. POTENTILLE DE BRAUN (*P. Brauniana*, HOPPE. NEST. monog.).

Tige couchée, souvent uniflore ; feuilles ternées,

poilues en dessous, à folioles arrondies, cunéiformes, dentées ; fleurs jaunes, à pétales obcordés, plus longs que le calice. ♃. Corse.

21. POTENTILLE SUBACAULE (*P. subacaulis*, L. sp. 715).

Tige presque nulle, couverte d'un duvet court très serré, ainsi que toute la plante ; feuilles ternées, à folioles ovales-oblongues, obtuses, dentées dans toute leur longueur ; fleurs jaunes, assez grandes. ♃. Habite les Alpes de Provence et du Dauphiné.

22. POTENTILLE A GRANDE FLEUR (*P. grandiflora*, L. sp. 715).

Tiges dressées, un peu velues, hautes de 4-12 pouces ; feuilles un peu velues, ternées, à folioles ovales, profondément dentées en scie ; fleurs très grandes, jaunes ; pétales doubles du calice. ♃. Habite les prairies du Dauphiné et des Alpes de Provence.

23. POTENTILLE ASCÉNDANTE (*P. caulescens*, L. sp. 713).

Tiges assez nombreuses, naissant d'une souche commune, presque simples, ascendantes, longues de 4-10 pouces ; feuilles à 5 digitations oblongues ; serrées au sommet, pubescentes en dessous ; fleurs blanches, réunies 15-20, en corymbe ; stipules lancéolées, aiguës, falquées. ♃. Habite les fissures des rochers, des montagnes. Commune à la Grande-Chartreuse, sur le chemin du Désert.

24. POTENTILLE DES NEIGES (*P. nivalis*, DC. fl. fr. *P. lupinoides*, WILLD.).

Tige dressée, hérissée de poils mous, haute de 4-10 pouces ; feuilles velues, soyeuses sur les deux faces ; les radicales à 7 digitations obovales, dentées au sommet, les caulinaires ternées ; fleurs blanches, réunies 8-10, en corymbe ; pétales un peu plus courts que le calice. ♃. Cette belle plante habite les Alpes du Dauphiné et les Pyrénées. Elle est très voisine de la précédente.

25. POTENTILLE ALCHIMILLE (*P. alchimilloides*, LA-
PEYR. act. toul. 1. p. 212. t. 17).

Tige dressée, pubescente, haute de 6-8 pouces;
feuilles quinées (ressemblant à celles de l'*alchemilla
alpina*), à folioles lancéolées, d'un blanc soyeux en
dessous; fleurs blanches, réunies 5-6, en corymbe;
pétales échancrés, de la longueur du calice. ♃. Habite les rochers des Hautes-Pyrénées. Je l'ai reçue de
Bagnères.

26. POTENTILLE BLANCHE (*P. alba*, L. sp. 713).

Tiges courtes, filiformes, couchées; feuilles quinées, à folioles lancéolées, denticulées au sommet,
d'un blanc soyeux en dessous; fleurs blanches, peu
nombreuses, terminales; pétales obcordés, de la longueur du calice. ♃. Habite les montagnes herbeuses de
la Provence.

27. POTENTILLE BRILLANTE (*P. splendens*, RAM. ined.
P. vaillantii, MÉRAT, fl. p.).

Tiges couchées, longues de 4-8 pouces, velues;
feuilles quinées, mais le plus souvent ternées, à folioles ovales-oblongues, dentées au sommet, garnies
de poils soyeux ou laineux; pétioles très hérissés;
fleurs grandes, blanches, peu nombreuses, portées
sur de longs pédicelles. ♃. Habite les Pyrénées, le Li-
mousin, le Poitou, l'Orléanais, la forêt de Fontainebleau, et le bois de Boulogne près Paris.

28. POTENTILLE LUISANTE (*P. nitida*, L. sp. 714).

Plante à tige très courte, disposée par gazons mam-
melonnés; feuilles ternées ou quinées, à folioles soyeuses, conniventes, tridentées; fleurs fort grandes, peu
nombreuses, d'un blanc rougeâtre, ressemblant un
peu à celle du pêcher. ♃. Cette jolie plante croît dans
les fissures des rochers, en Dauphiné. Je l'ai trouvée
à la Grande - Chartreuse, au mont Boviñant, au
Grand-Son, etc.

29. POTENTILLE FRAISIER (*P. fragaria*, POIR. D. 2. p. 599. *Fragaria sterilis*, L. sp. 709).

Cette espèce, par son feuillage, ressemble tellement à un fraisier, que la plupart des auteurs l'ont mise dans ce genre. Tiges filiformes, couchées, velues ; feuilles ternées, à folioles ovales-obtuses, crénelées, velues en dessous ; fleurs blanches, petites ; pétales de la longueur du calice. ♃. Commune au printemps dans les bois et les lieux stériles, et au bord des haies.

30. POTENTILLE A PETITE FLEUR (*P. micrantha*, RAM. pyr. ined.).

Se distingue de la précédente par sa tige plus courte, par ses pétales plus courts que le calice et presque toujours entiers. ♃. Habite les rochers des Pyrénées.

, *Feuilles ailées.*

31. POTENTILLE DES ROCHERS (*P. rupestris*, L. sp. 711).

Tige dressée, haute de 8-15 pouces, rameuse ; feuilles ailées et composées de 5-7 folioles glabres, ovales-arrondies, dentées ; fleurs blanches, terminales ; pétales plus longs que le calice. ♃. Habite les montagnes au-dessus de la zône des Rhododendrons.

32. POTENTILLE ANSERINE (*P. anserina*, L. sp. 710).

Tiges grêles, menues, traçantes, longues de 8-15 pouces ; feuilles ailées, à 15-17 folioles, ovales-oblongues, dentées, blanches en dessous ; fleurs jaunes, assez grandes, solitaires, axillaires. ♃. Commune au bord des chemins et dans les lieux un peu humides.

33. POTENTILLE COUCHÉE (*P. supina*, L. sp. 711).

Tige couchée, dichotome, à peine vélue, longue de 4-6 pouces ; feuilles ailées, un peu velues, à folioles incisées, pinnatifides ; fleurs jaunes, petites, axillaires ; pétales à peine aussi longs que le calice. ☉. Habite la Lorraine, l'Alsace, la Bourgogne et les environs de Fontainebleau.

34. Potentille multifide (*P. multifida*, L. sp. 7ł0).

Tige ascendante, très peu velue, longue de 6-10 pouces; feuilles à lobes pinnatifides, blanchâtres en dessous; fleurs jaunes, disposées en corymbe. ♃. Alpes voisines du Piémont?

Genre FRAISIER (*Fragaria*, Linné).

Calice ouvert, à 10 divisions, dont 5 plus petites alternant avec 5 plus grandes; corolle de 5 pétales; gynophore grand, spongieux, succulent, persistant.

Espèce 1. Fraisier commun (*Fragaria vesca*, L. sp. 708).

Tiges grêles, velues, presque nues, hautes de 6-8 pouces; feuilles ternées, longuement pédonculées, garnies de poils soyeux en dessous, fortement dentées en scie; fleurs blanches; gynophore pulpeux. ♃. Croît partout dans les bois. Tout le monde connaît cette plante et le goût agréable de son fruit; elle offre un très grand nombre de variétés. On fait usage en médecine de la racine de fraisier comme diurétique. Le *F. calycina*, Lois., est une variété à grandes fleurs qui croît aux environs de Paris.

2. Fraisier des collines (*F. collina*, Ehr. beit. 7. p. 26).

Se distingue du précédent par ses feuilles soyeuses, ses pétioles très hérissés, par son calice dressé et par son fruit plus gros et d'une saveur différente. ♃. Croît en Alsace et dans les Alpes de Provence : rare.

Genre COMARET (*Comarum*, Lin. Juss.).

Calice à 10 divisions, dont 5 plus petites alternant avec 5 plus grandes; corolle de 5 pétales; gynophore spongieux, persistant, grand et ovale. Très voisin des *Potentilles*.

Espèce 1. Comaret des marais (*Comarum palustre*, L. sp. 718).

Tige ferme, couchée, redressée; feuilles ailées, à

5-7 folioles ovales-oblongues, blanchâtres en dessous; calice coloré; fleurs d'un pourpre noir. ♃. Habite les marais d'une grande partie du centre et du nord de la France.

Genre BENOITE (*Geum* ; L. Juss.).

Calice à 10 divisions, dont 5 plus petites alternant avec 5 plus grandes; 5 pétales; réceptacle oblong, pointu; graines barbues, plumeuses ou onciuées.

Espèce 1. BENOITE COMMUNE (*Geum urbanum*, L. sp. 716).

Tige droite, un peu velue, haute de 12-18 pouces; feuilles radicales, ailées, à impaire grande; caulinaires ternées, à folioles incisées; fleurs jaunes, terminales; graines ayant la barbe rouge et tortillée au milieu. ♃. Commune dans les haies et les bois. Sa racine était connue sous le nom de *caryophyllata*, parce qu'elle sent le gérofle.

2. BENOITE DES RUISSEAUX (*G. rivale*, L. sp. 717).

Tiges dressées, velues, hautes de 1-2 pieds; feuilles radicales longues, ailées, à folioles latérales petites, et les impaires très grandes; caulinaires ternées, presque sessiles; fleurs d'un jaune rougeâtre; pétales aussi longs que le calice; barbes des graines tortillées au milieu et plumeuses. ♃. Habite les lieux humides des montagnes.

3. BENOITE DES PYRÉNÉES (*G. Pyrenaicum*, WILLD. sp. 2. p. 1115. *G. Tournefortii*, LAP.).

Se distingue de la précédente par ses fleurs d'un beau jaune, à pétales un peu plus longs que le calice, et par ses graines dont les barbes sont glabres au sommet. ♃. Commune dans les Pyrénées.

4. BENOITE DES MONTAGNES (*G. montanum*, L. sp. 717).

Tige uniflore, presque nue, haute de 6-12 pouces; feuilles velues, ailées, à foliole impaire très grande, ovale-arrondie; feuilles caulinaires sessiles, très petites ; fleurs grandes, d'un beau jaune ; graines à barbe droite, plumeuse. ♃. Croît sur la sommité des montagnes.

5. BENOITE DES FORÊTS (*G. sylvaticum*, POURR. act. Acad. Toul.).

Se distingue de la précédente par sa foliole impaire, qui est arrondie et échancrée en cœur, et par ses fruits velus, terminés par des barbes tortillées à peine velues. ♃. Environs de Montpellier et de Narbonne. Le *G. thomasianum*, qui croît dans les Pyrénées, paraît s'en rapprocher beaucoup.

6. BENOITE RAMPANTE (*G. reptans*, L. sp. 717).

Tiges uniflores, courtes, émettant des jets rampans ; feuilles velues, ailées, longues, à folioles découpées ; fleurs jaunes, grandes. ♃. Habite les hautes sommités des Alpes. Je l'ai trouvée à Saint-Christophe et au Lautaret.

Genre DRYADE (*Dryas*, LINNÉ).

Calice à 8 divisions égales ; corolle de 8 pétales ; réceptacle velu, conique ; graines à barbes plumeuses.

Espèce. DRYADE A HUIT PÉTALES (*Dryas octopetala*, L. sp. 717).

Tiges courtes, couchées, diffuses ; feuilles simples, crénelées, ovales, blanches en dessous ; fleurs solitaires, blanches. ♃. Cette jolie plante n'est pas rare dans les Alpes et les Pyrénées.

Genre RONCE (*Rubus*, LINNÉ).

Calice ouvert, à 5 divisions ; corolle de 5 pétales ; réceptacle conique ; gynophore pulpeux.

Espèce 1. RONCE DES ROCHERS (*Rubus saxatilis*, L. sp. 708).

Tiges couchées, longues de 1-3 pieds, sous-herbacées, glabres ; aiguillons petits, peu nombreux ; feuilles à 3 folioles grandes, à dents inégales ; fleurs blanches, axillaires ; fruits composés de 4-5 graines rouges agglomérées. ♃. Commune dans les bois des montagnes.

2. RONCE BLEUATRE (*R. cæsius*, L. sp. 706).

Tiges ligneuses, cylindriques, couchées, très aiguillonnées; feuilles pétiolées, à 3 folioles, velues en dessous, et dont les deux latérales sont bilobées; fleurs blanches; fruits couverts d'une poussière bleuâtre. ♃. Au bord des murs, des chemins, etc.

3. RONCE GLANDULEUSE (*R. glandulosus*, BELL. act. tur. 3. p. 230).

Tiges sarmenteuses, couchées, aiguillonnées; feuilles ternées, velues des deux côtés; fleurs blanches, en grappe; pétales très étroits; calice et pétioles velus, glanduleux et aiguillonnés. ♄. Forêts des hautes montagnes.

4. RONCE A FEUILLES DE NOISETIER (*R. corylifolius*, SMITH. fl. brit. 542).

Tiges longues, un peu anguleuses, à aiguillons droits; feuilles quinées ou ternées, glabres en dessus, un peu velues en dessous; fleurs blanches; calices velus; fruit rougeâtre. ♄. Croît dans une grande partie de la France.

5. RONCE FRUTESCENTE (*R. fruticosus*, L. sp. 707).

Tiges longues, anguleuses, à aiguillons très forts et crochus; feuilles quinées ou ternées, blanchâtres et un peu cotonneuses en dessous; les folioles latérales pétiolées; fleurs blanches ou rosées, réunies en bouquets; fruits gros, noirâtres. ♄. Commune partout. Ses fruits, appelés vulgairement *mûres sauvages*, sont d'un goût agréable.

6. RONCE DES COLLINES (*R. collinus*, DC. cat. h. monsp. 139).

Se distingue de la précédente par ses feuilles velues en dessous, dont les deux folioles latérales sont à peine pétiolées, et par ses fleurs blanches, odorantes, portées sur un axe hérissé de poils mous. ♄. Environs de Montpellier.

7. RONCE COTONNEUSE (*R. tomentosus* , WILLD. sp. 2.
p. 1083).

Se distingue du *fruticosus* par ses tiges à aiguillons
petits, par ses feuilles couvertes de poils mous en
dessus, blanches et cotonneuses en dessous, et par
ses fleurs blanches très petites. ♄. Environs de Montpellier, de Fontainebleau, etc.

8. RONCE-FRAMBOISIER (*R. idæus*, L. sp. 706).

Tiges droites, faibles, blanchâtres, à aiguillons
très petits; feuilles inférieures grandes, quinées,
blanchâtres en dessous; supérieures ternées; fleurs
blanches; fruits rouges. ♄. Croît dans les bois pierreux et élevés. Les framboises sont connues de tout
le monde par leur odeur suave et leur goût agréable.

Genre SIBBALDIE (*Sibbaldia*, LINNÉ).

Calice ouvert, à 10 divisions, dont une alternativement plus petite; 5 pétales; 5 étamines; 5 ovaires; 5
styles; graines recouvertes par le calice.

Espèce. SIBBALDIE COUCHÉE (*Sibbaldia procumbens* ,
L. sp. 406).

Tiges faibles, un peu velues, longues de 4-5 pouces,
feuillées, rameuses; feuilles ternées, à folioles cunéiformes, tridentées; fleurs verdâtres, petites; pétales
lancéolés - aigus, de la longueur du calice. ♃. Près
des glaciers des Alpes et des Pyrénées. Je l'ai trouvée
sur le Lautaret, les Alpes de Villars-Eymont, etc.

Genre AIGREMOINE (*Agrimonia*, LIN.).

Calice à 5 divisions, entouré d'un petit involucre bilobé; corolle de 5 pétales; 12-20 étamines; 2 ovaires;
2 graines renfermées dans un calice en forme de capsule.
(Voyez *Atl.*, pl. 110, f. 1.)

Espèce 1. AIGREMOINE EUPATOIRE (*Agrimonia eupa-
toria*, L. sp. 643.

Tiges droites, simples, velues, hautes de 1-2 pieds;
feuilles alternes, ailées, à 7-9 folioles ovales-oblon-

gues; fleurs jaunes, petites, presque sessiles, en épi terminal; calice hérissé de poils roides. ♃. Commun dans les lieux secs, passe pour vulnéraire et astringente.

2. AIGREMOINE ODORANTE, (*A. odorata*, THUIL. fl. par. II. 1. p. 232).

N'est probablement qu'une variété plus grande, à folioles oblongues-lancéolées, dentées profondément, et à fleurs odorantes. ♃. A Montmorenci, près Paris, etc.

SIXIÈME TRIBU. SANGUISORBÉES (*Sanguisorbeæ*, DC.).

Fleurs quelquefois apétales ou unisexuelles; ovaires peu nombreux, parfois solitaires par avortement, portant chacun un style latéral terminé par un stigmate barbu ou pénicellé, et renfermé dans le calice, qui prend de l'accroissement avec eux; tiges herbacées; feuilles pinnées ou digitées.

Genre PIMPRENELLE (*Poterium*, LINNÉ).

Fleurs dioïques apétales; calice coloré, à 4 divisions, muni extérieurement de 3 écailles; 3o étamines dans les fleurs mâles; 2 ovaires, 2 stigmates pénicellés dans les fleurs femelles; 2 graines renfermées dans un calice en forme de capsule.

Espèce. PIMPRENELLE SANGUISORBE (*Poterium sanguisorba*, L. sp. 1411).

Tiges dressées, anguleuses, un peu rameuses, légèrement velues; feuilles ailées à 11-15 folioles ovales, profondément dentelées; fleurs en tête. ♃. La *pimprenelle* est commune dans toutes les prairies sèches : le *poterium hybridum*, LIN., s'en distingue par sa tige plus velue, ses étamines très courtes et ses folioles ovales-oblongues; il n'est pas certain qu'il se trouve en France.

Genre SANGUISORBE (*Sanguisorba*, LINNÉ).

Fleurs hermaphrodites, apétales; calice coloré, à

4 divisions, ayant 2 écailles à sa base ; 4 étamines ;
2 ovaires ; stigmates simples ; 2 graines renfermées
dans un calice en forme de capsule. Port des pim-
prenelles.

Espèce. SANGUISORBE OFFICINALE (*Sanguisorba officinalis*, L. sp. 169).

Tiges dressées, peu rameuses, anguleuses, hautes
de 2-4 pieds ; feuilles ailées, à 11-13 folioles cordiformes, obtuses ; fleurs noirâtres, en tête ovale. ♃.
Dans les prairies sèches du centre et du midi de la
France.

Genre ALCHEMILLE (*Alchemilla*, LINNÉ).

Calice à 8 divisions, dont 4 plus petites, alternant
avec 4 plus grandes ; corolle nulle ; 4 étamines très
courtes ; ovaire unique ; graine recouverte par le
calice.

Espèce 1. ALCHEMILLE VULGAIRE (*Alchemilla vulgaris*, L. sp. 178).

Tiges rameuses, grêles, un peu velues, hautes de
18 pouces ; feuilles réniformes, pétiolées, à 9 lobes,
un peu velues sur les bords et les nervures ; fleurs petites, verdâtres, disposées par bouquets terminaux
et axillaires. L'*alch. hybrida*, L., est une variété
plus petite et couverte en dessous de poils soyeux. ♃.
Commune dans les prairies des montagnes, passe
pour vulnéraire : on l'appelle vulgairement *pied de
lion.*

2. ALCHEMILLE DES ALPES (*A. Alpina*, L. sp. 178).

Tige rameuse, blanchâtre, haute de 6-12 pouces ;
feuilles à 5-7 digitations, dentées au sommet, d'un
blanc soyeux et argenté en dessous ; fleurs verdâtres,
petites, disposées par bouquets. ♃. Commune dans
les prairies alpines.

3. ALCHEMILLE A CINQ FEUILLES (*A. pentaphylla*,
L. sp. 179).

Tiges rameuses, feuillées, couchées, longues de
6-12 pouces ; feuilles petites, quinées ou ternées,

multifides; fleurs très petites, verdâtres, disposées 7-9 en ombellule entourée de deux feuilles sessiles. ♃. Habite près des glaciers dans le Valgaudemar l'Oysans. Je l'ai trouvée à Saint-Christophe et Villars-Eymont.

Genre APHANE (*Aphanes*, Lin. *Alchemilla*, Willd.).

Calice tubuleux, à 8 divisions, dont une alternativement plus petite; 4 étamines; 2 styles; 2 ovaires; 2 fruits monospermes.

Espèce. Aphane des champs (*Aphanes arvensis*, L. sp. 179. *Alch. aphanes*, Willd.).

Tige très petite, étalée, très rameuse, velue; feuilles trilobées, à lobes bifides et trifides; fleurs très petites, agglomérées, axillaires, verdâtres. ☉. Très commune dans les moissons.

SEPTIÈME TRIBU. ROSÉES (*Roseæ*, DC.).

Tube du calice resserré au sommet; ovaires nombreux placés autour du calice, qui devient charnu et les enferme; styles tantôt libres, tantôt soudés en un faisceau; les fruits sont des petits akènes osseux; feuilles imparipinnées, munies de stipules adnées au pétiole; tiges aiguillonnées, frutescentes.

Genre ROSE (*Rosa*, Linné).

Calice urcéolé, à col rétréci, à 5 divisions, dont 2 portent des appendices foliacés; 5 pétales; semences osseuses renfermées dans un calice qui devient pulpeux. (Voy. *Atl.*, pl. 109, fig. 2.)

* *Fruits globuleux.*

Espèce 1. Rosier-églantier (*Rosa eglanteria*, L. sp. 703).

Aiguillons droits; folioles obovales, glabres, glanduleuses, doublement dentées; fleurs jaunes; calice globuleux. ♄. La *rosa bicolor*, Jacq., est une variété dont les pétales sont rouges intérieurement. Croît sur les collines en Provence, aux environs de Soissons, etc. La *rosa sulphurea*, Aiton, est exotique.

2. ROSIER EN OMBELLE (*R. umbellata*, LEERS, fl. herb. 117).

Aiguillons un peu crochus, dilatés à leur base, géminés ; feuilles glanduleuses, à 5-7 folioles glabres ; fleurs d'un rose tendre, réunies de 3-8 en ombellule ; pédoncules entourés de bractées glanduleuses. ♄. Environs de Paris et du Mans.

3. ROSIER DE MONTAGNE (*R. montana*, VILL. dauph. 1. p. 346; 3. p. 547).

Aiguillons épars, grêles, droits; feuilles à pétioles velus, glanduleux, à 7-8 folioles biserrées ; fleurs roses, inodores, en petit corymbe de 2-3 ; lobes du calice glanduleux ; pédoncules hérissés. ♄. Alpes du Dauphiné, Jura.

4. ROSIER DES CAMPAGNES (*R. arvensis*, L. mant. 245).

Aiguillons épars, crochus ; tige presque rampante ; feuilles à 5-7 folioles, à dents mucronées ; fleurs blanches, odorantes, réunies 1-5 sur des pédicelles glanduleux ; calice sphérique ; styles soudés en un disque charnu et surmonté par une petite colonne glabre. ♄. Commun dans les buissons.

5. ROSIER TOUJOURS VERT (*R. sempervirens*, L. sp. 704).

Aiguillons crochus, épars ; feuilles persistantes, à pétioles aiguillonnés ; fleurs blanches, odorantes, à pédicelles hérissés de poils glanduleux ; styles soudés en une colonne cylindrique, hérissée de poils ; tige tantôt grimpante, tantôt rampante. ♄. Départemens méridionaux.

6. ROSIER A FEUILLES DE PIMPRENELLE (*R. pimpinellifolia*, L. sp. 705).

Aiguillons droits ; feuilles à folioles elliptiques, dentées ; fleurs blanches, jaunâtres à la base ; calice globuleux ; pétioles et pédoncules glabres ; tiges dressées. La *rosa spinosissima*, L., est une variété à pé-

tiole et pédoncule hispides. ♄. Fontainebleau et collines pierreuses du Midi.

7. ROSIER A MILLE ÉPINES (*R. myriacantha*, DC. fl.
fr. *spinosissima*, var. L. ?).

Se distingue du précédent 1°. par ses aiguillons beaucoup plus longs et plus nombreux ; 2°. par ses feuilles
beaucoup plus petites ; 3°. par ses pédicelles hérissés
d'aiguillons et de poils glanduleux. ♄. Environs de
Lyon, de Grenoble, etc.

8. ROSIER CANNELLE (*R. cinnamomea*, L. sp. 703).

Aiguillons axillaires, géminés ; feuilles à 5-7 folioles
dentées, pubescentes en dessous ; fleurs rouges, odorantes ; pétioles presque glabres ; calice glabre, globuleux. ♄. Alpes, Vosges, Auvergne.

9. ROSIER VELU (*R. villosa*, L. sp. 704).

Aiguillons courbes ; feuilles ailées, cotonnéuses, à
folioles pinnatifides inférieurement, spatulées au sommet ; fleurs roses ; fruit globuleux, hérissé. La *rosa
mollissima*, WILLD., est une variété à fruit lisse. La
rosa tomentosa, de SMITH, est une autre variété à
fruit presque ovoïde, glabre et plus petit. ♄. Habite
les collines sèches. Rare.

*** Fruits oblongs.*

10. ROSIER FÉTIDE (*Rosa fœtida*, BAST.. supp. 29).

Peut-être une variété du précédent, mais il s'en
distingue par son fruit ovoïde, hérissé, répandant une
odeur fétide, et par ses feuilles glabres, glanduleuses
en dessous. ♄. Croît sur les coteaux de la Loire.
(BAST.)

11. ROSIER DE CHAMPAGNE (*R. Remensis*, DESF.
cat. 175).

Aiguillons peu nombreux, presque droits ; arbrisseau
touffu ; feuilles ailées, à folioles à dents glanduleuses ;
fleurs d'un rouge pourpre ; pédoncules légèrement

glanduleux ; calice presque glabre. ♄. Coteaux de
Dijon ; cultivé à fleurs doubles dans les jardins. Les
rosa pomponia, Desf.; *muscosa*, Ait ; *centifolia*, L. ;
semperflorens, Desf. , sont cultivés à fleurs doubles ,
dans tous les jardins ; mais elles ne paraissent pas indigènes de France.

12. Rosier de Provins (*R. Gallica*, L. sp. 704).

Aiguillons nombreux et presque caducs sur les jeunes
rameaux ; feuilles ailées, à folioles ovales-arrondies,
à dents glanduleuses, glauques en dessous ; fleurs
grandes, rouges ou panachées de blanc ; pédoncules
et pétioles hispides ; calice ovoïde, presque glabre. ♄.
Auvergne, Orléanais, Touraine, etc. Cultivé à fleurs
doubles.

13. Rosier rouillé (*R. rubiginosa*, L. mant. p. 564).

Aiguillons courbes ; folioles ovales - arrondies, biserrées, glanduleuses, pubescentes, rouillées en dessous, exhalant une odeur de pomme de reinette lorsqu'on les froisse ; fleurs roses. ♄. Collines et terrains
pierreux.

14. Rosier a feuilles rougeatres (*R. rubrifolia*,
Vill. dauph. 3. p. 549).

Aiguillons blancs, courbés, peu nombreux, dilatés
à leur base ; feuilles rougeâtres, à 7 folioles oblongues,
glabres, à dents aiguës ; fleurs rouges, en corymbe ;
pétioles aiguillonnés ; pédoncules glabres, glauques. ♄.
Prairies humides des montagnes.

15. Rosier nivellé (*R. fastigiata*, Bast. suppl. 30).

Aiguillons crochus , dilatés à leur base : folioles
glabres, lancéolées-ovales, pubescentes en dessous ;
fleurs d'un beau rouge , disposées en corymbe ; pédoncules hérissés de poils glanduleux. ♄. Croît dans les
terrains humides, en Anjou, et se retrouve dans les
Alpes du Dauphiné.

16. **Rosier des Alpes** (*R. Alpina* , L. sp. 703).

Tige sans aiguillons ; feuilles à 7-9 folioles, glabres, ovoïdes, dentées ; fleurs rouges, à onglet blanc ; fruit gros, ovoïde, pendant. ♄. Croît dans les lieux pierreux des montagnes. La *rosa pyrenaica*, Gouan., est une variété à calice hérissé de poils roides.

17. **Rosier a long style** (*R. stylosa*, Desv. journ. bot. tom. 4. pl. 14).

Aiguillons crochus ; folioles dentelées, velues en dessous ; fleurs roses ; styles accolés en une colonne velue ; calice ovoïde, à 3 divisions pinnatifides. ♄. Croît en Poitou, en Normandie et aux environs de Paris.

18. **Rosier a style court** (*R. brevistyla*, DC. suppl. 3714 b).

Aiguillons rares, crochus ; feuilles à 5-7 folioles ovales - aiguës, dentelées ; fleurs blanches, jaunâtres ou rougeâtres ; pédicelles glabres ou hérissés ; styles soudés en une colonne courte, glabre. ♄. Croît en Anjou et en Poitou, etc.

19. **Rosier musqué** (*R. moschata*, Desf. atl. 1. p. 400).

Aiguillons crochus, peu nombreux ; folioles glabres, oblongues-acuminées : fleurs blanches, très odorantes, réunies en corymbe ; pédoncules velus. ♄. Croît à Prades, en Roussillon. Cultivé à fleurs doubles dans les jardins.

20. **Rosier de chien** (*R. canina*, L. sp. 704).

Aiguillons crochus, dilatés à leur base ; folioles glabres, ou un peu velues en dessous, à dents entières ; fleurs d'un blanc rosé ; styles courts, velus ; calice à divisions pinnatifides. ♄. Varie beaucoup. La *rosa collina*, DC., est une variété à folioles pubescentes, à fruit ovoïde et à pétiole un peu aiguillonné. La *Rosa leucantha*, Lois., est une autre variété à folioles courtes, obtuses, à fleurs nombreuses, blanchâtres, et à calice oblong. La *rosa glauca*, Desv., est encore une autre variété à folioles glabres, glauques en dessous et à calice glabre, globuleux. ♄. Commun dans les haies, les buissons.

21. Rosier a deux bractées (*R. bibracteata*, DC. suppl. 3715ᵃ).

Aiguillons épars, un peu crochus, dilatés à leur base; folioles glabres, ovoïdes, serrées-aiguës; fleurs couleur de chair, disposées en corymbe; pédicelles glanduleux, portant deux bractées opposées. ♄. Croît en Anjou et dans la Lozère. Rare.

22. Rosier des haies (*R. sepium*, Thuil. fl. par. 252)..

Aiguillons courbés; folioles ovales-lancéolées, biserrées, glanduleuses; fleurs roses; styles distincts; ovaires glabres; calice à divisions pinnatifides. Varie beaucoup. ♄. Très commun dans les haies.

23. Rosier glanduleux (*R. glandulosa*, Bell. act. acad. tur. 1790).

Aiguillons rares, courbes; folioles de 5-7, ovales, glabres, petites, à deux rangs de dents glanduleuses; pétioles hérissés d'aiguillons et de poils glanduleux; fleurs roses; ovaires hérissés de longs poils glanduleux. ♄. Commun aux environs de Briançon, sur la route du Monestier.

24. Rosier d'Anjou (*R. Andegavensis*, Bast. suppl. 29).

Aiguillons rares, droits; folioles ovales, glabres; fleurs couleur de chair, solitaires; styles courts, distincts; ovaires hérissés de poils glanduleux; fruits oblongs; lobes du calice pinnatifides. ♄. Anjou, Poitou, Orléanais, etc.

25. Rosier a petites fleurs (*R. micrantha*, DC. suppl. 3717ᶜ).

Aiguillons épars, crochus; folioles petites, glabres,

ovales, biserrées, glanduleuses sur les bords et les pétioles ; fleurs petites, d'un rose tendre ; ovaires glabres ; divisions calicinales pinnatifides, réfléchies. ♄. Environs de Montpellier.

26. ROSIER BLANC (*R. alba*, L. sp. 705).

Aiguillons petits ; feuilles à 7 folioles glabres, dentées, à pétioles aiguillonnés, pubescens ; fleurs blanches, très odorantes ; divisions calicinales pinnatifides ; calice glabre, ovoïde. ♄. Habite dans les haies et sur les collines du Midi. Cultivé à fleurs doubles dans les jardins. (1)

HUITIÈME TRIBU. POMACÉES (*Pomaceæ*, DC.).

Pistils de 2-5, soudés ensemble, et avec le tube du calice qui paraît infère ; chaque pistil se compose d'un ovaire à une seule loge, contenant un petit nombre d'ovules ; le fruit est une melonide couronnée par le limbe du calice, et offre 2, 3 ou 5 loges cartilagineuses ou osseuses. Tiges frutescentes avec ou sans épines ; feuilles simples, stipulées.

Genre POMMIER (*Malus*, DESFONT. *Pyrus*, LINNÉ).

5 styles velus, soudés à leur base ; fruit glabre, sphéroïde, ombiliqué à la base et au sommet, renfermant 5 loges à 2 graines.

Espèce. POMMIER COMMUN (*Malus communis*, LAM. ill. t. 435. *Pyr. malus*, L.).

Arbre de moyenne taille, à rameaux étalés ; feuilles

______

(1) Le genre *Rosa* présente un si grand nombre de variétés, qu'il est très difficile de reconnaître les espèces ; chacun sait d'ailleurs quelle innombrable quantité de variétés de roses les fleuristes ont obtenues par la culture depuis quelques années, circonstance qui me porte à croire qu'il n'y a peut-être qu'un très petit nombre d'espèces primitives : le calice oblong ou globuleux est un mauvais caractère.

ovales-lancéolées, glabres en dessus, légèrement dentées ; fleurs blanches ou roses. ♄. Bois et haies. Tout
le monde connaît le fruit de cet arbre et la quantité
infinie de variétés qu'il présente. Le *malus acerba*,
MÉRAT, fl. par. 187, n'est peut-être qu'une variété à
feuilles entièrement glabres et ovales-lancéolées.

Genre POIRIER (*Pyrus*, LINNÉ).

5 styles libres à leur base ; fruit en toupie ou en fu-
seau, seulement ombiliqué au sommet. (Voyez *Atl.*,
pl. 109, fig. 1.)

Espèce 1. POIRIER COMMUN (*Pyrus communis*, L. sp. 686).

Plus élevé et à rameaux moins étalés que le pommier; feuilles ovales-lancéolées, lisses en dessus, coriaces ; fleurs blanches, ramassées 4-5 ensemble, et
paraissant avant les feuilles ; dans l'état *sauvageon* il
est épineux. ♄. Bois et haies. Le poirier fournit presque autant de variétés que le pommier.

2. POIRIER DE BOLLWYLLER (*P. Bollwylleriana*, J. BAUH. hist. 1. p. 59).

Très distinct par ses feuilles velues en dessous et
fortement dentées. ♄. Environs de Bollwyller, en
Alsace.

3. POIRIER AMANDIER (*P. amygdaliformis*, VILL. cat. str. 322).

Feuilles oblongues, entières, grisâtres et pubescentes en dessus, tomenteuses en dessous. ♄. Croît
dans les lieux stériles de la Provence et du Languedoc.
C'est peut-être à cette espèce que doit être rapporté le
P. salicifolia de Pallas, que quelques auteurs croient
avoir observé en France. Le *Pyr. salvifolia*, DC.,
prod., a les feuilles velues en dessous et glabres en
dessus.

4. POIRIER COIGNASSIER (*P. cydonia*, L. sp. 687).

Arbre de petite taille, tortueux ; feuilles molles,

ovales, très entières, cotonneuses en dessous ; fleurs grandes, d'un blanc rosé, solitaires ; fruits jaunâtres, odorans, cotonneux. ♄. Provinces méridionales. Présente plusieurs variétés.

Genre ALISIER (*Cratægus*, DC. *Mespilus* et *Cratægus*, L.).

Styles de 1-5. Le fruit est une melonide arrondie, à graines cartilagineuses.

Espèce 1. ALISIER TORMINAL (*Cratægus torminalis*, L. sp. 681).

Arbrisseau de grande taille, à écorce rougeâtre ; feuilles ovales-cordiformes, laciniées, lobées, dentées, ayant les deux lobes inférieurs divergens, aigus ; fleurs blanches, en corymbe. ♄. Habite les forêts.

2. ALISIER A LARGES FEUILLES (*C. latifolia*, LAM. D. 1. p. 83).

Arbre à rameaux nombreux ; feuilles ovales un peu arrondies, sinuées, dentées, anguleuses à leur base, cotonneuses en dessous ; fleurs blanches, en corymbe ; fruits d'un jaune rouge. ♄. Forêt de Fontainebleau.

3. ALISIER ALOUCHIER (*C. aria*, L. sp. 681).

Arbrisseau assez élevé ; feuilles ovales-dentées, vertes en dessus, blanches et tomenteuses en dessous ; fleurs blanches, en corymbe ; fruits rouges d'un goût agréable. ♄. Assez commun dans les bois.

4. ALISIER PETIT NÉFLIER (*C. chamæmespilus*, JACQ. aust. t. 231. *M. chamæmesp.* L.).

Arbrisseau tortueux, branchu ; feuilles ovales, dentées en scie, glabres sur les deux faces ; fleurs rougeâtres, à 2 styles ; fruits d'un jaune rouge. ♄. Alpes, Pyrénées.

5. ALISIER AMÉLANCHIER (*C. amelanchier*, L. sp. 685).

Arbrisseau rameux, à écorce brune ; feuilles ovales, dentées, presque glabres ; fleurs blanches, en grappe ;

pétales longs, lancéolés ; fruits d'un bleu noir , bons à manger. ♄. Croît dans les lieux pierreux des montagnes ; se retrouve à Fontainebleau et à Saint-Adrien , près Rouen.

Genre NÉFLIER (*Mespilus*, Juss. , *Cratæg.* et *Mespilus*, L.).

Styles de 1-5 : le fruit est une melonide à graines osseuses.

Espèce 1. NÉFLIER AUBÉPINE (*Mespilus oxyacantha*, Lam. D. 4. p. 437. *Crat. oxyacanth.* L.).

Arbrisseau très épineux , à rameaux nombreux ; feuilles alternes , glabres , découpées , profondément incisées , à lobes pointus , divergens ; fleurs blanches , disposées par bouquets, d'une odeur agréable. Le *cratægus oxyacanthoïdes*, Thu. , est une variété à trois lobes confluens. ♄. Cette plante, appelée *épine blanche*, est commune dans les bois et les haies. On en cultive une variété double et une autre à fleurs roses.

2. NÉFLIER AZÉROLIER (*M. azarolus*, Lam. D. 4. p. 438).

Se distingue du précédent par une taille plus élevée, par ses épines plus rares, par ses feuilles pubescentes, et enfin par ses fruits gros , d'un jaune rougeâtre. ♄. Environs de Montpellier. On le cultive pour ses fruits qui servent d'aliment.

3. NÉFLIER BUISSON ARDENT (*M. pyracantha*, L. sp. 685).

Arbrisseau très branchu, à épines très fortes ; feuilles ovales-lancéolées, un peu crénelées ; fleurs rougeâtres, en corymbe ; fruits petits, très nombreux et d'un rouge écarlate. ♄. Provinces méridionales.

4. NÉFLIER COMMUN (*M. germanica*, L. sp. 684).

Grand arbrisseau tortueux, épineux à l'état sauvage ; feuilles-ovales lancéolées, légèrement dentées, un peu cotonneuses en dessous ; fleurs blanches , grandes, so-

litaires ; fruits à dents calicinales, longues. ♄. Dans
les haies et les bois. Les néfles ne sont bonnes à manger que lorsqu'elles sont molles.

5. Néflier cotonnier (*M. cotoneaster*, L. sp. 686).

Grand arbrisseau tortueux, branchu, à écorce rougeâtre ; feuilles ovales, très entières, un peu aiguës et cotonneuses en dessous ; fleurs petites, d'un jaune verdâtre, par bouquets axillaires ; fruits rouges. ♄. Alpes, Pyrénées.

6. Néflier a fruit cotonneux (*M. eriocarpa*, DC. synop. n. 3691 *).

Se distingue du précédent par ses feuilles moitié plus grandes, moins cotonneuses en dessous, et enfin par ses ovaires cotonneux, même à la maturité. ♄. Croît dans le Jura.

Genre SORBIER (*Sorbus*, Linné, Juss.).

3 styles ; fruit globuleux ou turbiné, mou, pulpeux ; 3 graines cartilagineuses.

Espèce 1. Sorbier des oiseleurs (*Sorbus aucuparia*, L. sp. 683).

Arbre droit ; de petite taille ; feuilles ailées, glabres sur les deux faces ; fleurs blanches, en corymbe ; fruits d'un rouge vif. ♄. Croît dans les bois.

2. Sorbier cormier (*S. domestica*, L. sp. 684).

Arbre de moyenne taille ; feuilles ailées, velues en dessous ; fleurs blanches, en corymbe ; fruits jaunâtres, ressemblant à de petites poires. ♄. Croît en Alsace, en Provence, etc. Cultivé. Les *cormes* ont une saveur très astringente : elles ne mûrissent qu'en hiver.

Famille 32. MYRTINÉES (*Myrtineæ*, DC.).

Calice monosépale, persistant, partagé en plusieurs lobes ; pétales insérés sur le haut du calice, alternant avec les lobes du calice ; étamines indéfinies, insérées

au-dessous des pétales ; ovaire infère ou rarement sé-
minifère, surmonté par un style à stigmate simple
(rarement divisé); fruit capsulaire ou charnu, à une
ou plusieurs loges, uni ou polysperme ; embryon droit
ou en spirale ; fleurs axillaires ou terminales ; tiges
frutescentes, à feuilles opposées ou alternes, souvent
glanduleuses.

Genre SERINGAT (*Philadelphus*, L. Juss.).

Calice turbiné, à 4-5 divisions ; corolle de 4-5 pétales ; stigmate à 4-5 divisions ; capsule adhérente au
calice, 4-loculaire, 4-valve, polysperme ; graines
munies d'un arille frangé.

Espèce. SERINGAT COMMUN (*Philadelphus coronarius,*
L. sp. 671).

Arbrisseau rameux, haut de 4-5 pieds ; feuilles opposées, ovales, pointues, légèrement dentées ; fleurs
blanches, très odorantes. ♄. Croît dans les haies, en
Dauphiné ; cultivé dans les bosquets.

Genre MYRTE (*Myrtus*, LINNÉ).

Calice à 5 divisions ; corolle de 5 pétales ; stigmate
obtus ; fruit bacciforme, ovale, sphérique, couronné
par les lobes du calice.

Espèce. MYRTE COMMUN (*Myrtus communis*, L. sp.
673).

Petit arbrisseau élégant, très rameux ; feuilles petites, nombreuses, coriaces, luisantes, lancéolées-
aiguës, odorantes ; fleurs blanches. ♄. Croît dans les
bois, en Provence ; varie beaucoup pour la grandeur
et la forme des feuilles.

Genre GRENADIER (*Punica*, LIN., TOURNEF.).

Calice coloré, à 5-6 divisions, 5-6 pétales ; fruit
sphérique, couronné par le calice, recouvert d'une
écorce épaisse, coupée en deux transversalement ;
graines nombreuses. (Voyez *Atl.*, pl. 106.)

Espèce. GRENADIER COMMUN (*Punica granatum*, L. sp. 676).

Grand arbrisseau très branchu, haut de 4-12 pieds; feuilles persistantes, lancéolées, opposées; fleurs rouges, très belles, presque sessiles, rarement blanches. ♄. Croît dans les provinces méridionales. Les grenades sont rafraîchissantes et bonnes à manger : les fleurs de grenadier ou *balaustes* sont très astringentes ; on emploie avec un grand succès l'écorce de racine de grenadier contre le tænia, depuis quelques années.

FAMILLE 33. CUCURBITACÉES (*Cucurbitaceæ*, JUSS.).

Fleurs monoïques ou dioïques, rarement hermaphrodites ; *dans les mâles*, étamines de 3-5, insérées au fond de la fleur; calice 5-fide; corolle adhérente au calice; dans les *fleurs femelles*, ovaire infère, surmonté par un style simple ou trifurqué au sommet, qui se termine par 3 stigmates épais. Le fruit est une péponide à écorce ferme, charnue, à une ou plusieurs loges polyspermes; graines cartilagineuses, nichées dans la pulpe ; périsperme nul ; embryon à radicule tournée vers le hile ; plantes herbacées, sarmenteuses, rampantes, grimpantes, hérissées de poils roides, munies de vrilles axillaires; feuilles simples, alternes.

Genre BRYONE (*Bryonia*, LINNÉ).

Fleurs monoïques ou dioïques ; corolle à 5 divisions obtuses ; *les mâles* ayant trois étamines, dont deux soudées à leur base ; *les femelles* avec un style trifide; fruit petit, globuleux, bacciforme. (V. *Atl.*, pl. 115, f. 3.)

Espèce 1. BRYONE DIOÏQUE (*Bryonia dioica*, JACQ. aust. t. 199).

Tige grimpante, faible, vrillée; feuilles palmées ; hispides, quinquclobées, échancrées en cœur ; fleurs d'un blanc verdâtre, dioïques, en grappe ; fruits rouges à la maturité; racine grosse, tubéreuse, d'une odeur désagréable. ♃. Commune dans les haies. On lui donne les noms vulgaires de *couleuvrée*, de *navet sauvage*, etc. Cette racine est drastique : on en extrait de la fécule.

2. BRYONE BLANCHE (*Bryonia alba*, L. sp. 1480).

Se distingue de la précédente par ses feuilles moins divisées, et surtout par ses fleurs monoïques et ses fruits noirs. ♃. Croît dans les Pyrénées, le Languedoc, la Lorraine, etc.

Genre MOMORDIQUE (*Momordica*, LINNÉ).

Fleurs monoïques; corolle plissée, à 5 divisions; *fleurs mâles* ayant 3 étamines, dont 2 sont soudées à leur base; anthères connées; *fleurs femelles* avec 3 filamens stériles; 1 style à 3 stigmates; fruit oblong s'ouvrant avec élasticité, uniloculaire; graines munies d'un arille.

Espèce. MOMORDIQUE ÉLASTIQUE (*Momordica elaterium*, L. sp. 1434).

Tiges couchées, rampantes, très rameuses, très rudes au toucher, n'ayant point de vrilles; feuilles épaisses, pétiolées, cordiformes, auriculées, très hérissées; fleurs petites, jaunâtres; fruits petits, oblongs et très velus, lançant au loin leurs graines. ♃. Départemens les plus méridionaux. Le suc des fruits de cette plante, appelés vulgairement *concombres sauvages*, est très purgatif. Les genres *cucumis* et *cucurbita* ne sont point indigènes : on cultive pour leurs fruits, le *melon*, le *concombre*, la *courge*, etc.

FAMILLE 34. ONAGRAIRES (*Onagrariæ*, JUSS.).

Calice monosépale, adhérent à l'ovaire; corolle de 2 ou de 4 pétales, insérés au haut du calice, quelquefois nulle; 4-20 étamines, ayant la même insertion que les pétales; ovaire infère; style à stigmate, bi ou quadrifide; capsule à 1-4 loges monospermes ou polyspermes; périsperme nul; embryon droit. Plantes herbacées, à feuilles simples, souvent opposées.

Genre ISNARDIE (*Isnardia*, Linné).

Calice tubuleux, à 4 divisions; corolle nulle; 4 étamines; style simple; stygmate conique; capsule quadriloculaire, polysperme.

Espèce. Isnardie des marais (*Isnardia palustris*, L. sp. 175).

Tige grêle, rampante ou nageante; feuilles ovales, glabres, opposées, un peu épaisses; fleurs petites, verdâtres, axillaires; fruits obconiques, couronnés par le calice. ♃. Croît dans les marais et les lieux inondés des provinces de l'ouest, du centre et d'une partie du nord.

Genre CALLITRICHE (*Callitriche*, Linné).

Fleurs monoïques ou hermaphrodites; point de calice; corolle dipétale; fleurs mâles, à une étamine saillante; fleurs femelles, portant un ovaire à 2 styles; fruit 4-loculaire, monosperme, indéhiscent.

Espèce. Callitriche aquatique (*Callitriche aquatica*, Smith. fl. br. s. p. 8. *C. verna et autumnalis*, L. sp. 6. *C. pedunculata et sessilis*, DC. fl. fr.).

Plante flottant sur l'eau pendant la floraison, ou croissant même au bord des eaux ou dans les endroits inondés; tige très faible, plus ou moins longue, très grêle; feuilles opposées, glabres, entières, variant depuis la forme ronde jusqu'à la linéaire, nombreuses à l'extrémité; fleurs petites, d'un blanc sale; fruits petits, sessiles ou pédonculés. ☉. Commune dans les eaux stagnantes.

Genre CORNIFLE (*Ceratophyllum*, Linné).

Fleurs monoïques; calice à plusieurs divisions; les mâles à 14-20 étamines; femelles à ovaire comprimé, à stygmate oblique; fruit monosperme, ovale-aigu.

Espèce 1. Cornifle nageant (*Ceratophyllum demersum*, L. sp. 1409).

Tiges longues, flottantes, très rameuses; feuilles

verticillées, par paquets serrés, à lobes linéaires, denticulés; fruit à 3 cornes divergentes. ♃. Commun dans les rivières, etc.

2. CORNIFLE SUBMERGÉ (*C. submersum*, L. sp. 1409).

Se distingue par ses feuilles plus découpées, non denticulées, par ses divisions calicinales, dentées, et surtout par son fruit ovale et non cornu. ♃. Habite les mêmes lieux.

Genre MYRIOPHYLLE (*Myriophyllum*, LINNÉ).

Fleurs monoïques; calice à 4 divisions profondes; fleurs mâles apétales ou 4-pétales; 8 étamines; fleurs femelles, ayant 4 ovaires; 4 fruits globuleux, monospermes.

Espèce 1. MYRIOPHYLLE EN ÉPI (*Myriophyllum spicatum*, L. sp. 1409).

Tiges flottantes, longues, grêles, rameuses; feuilles verticillées et découpées en lanières fines; fleurs en long épi, les mâles au sommet. ♃. Habite les eaux dormantes.

2. MYRIOPHYLLE VERTICILLÉ (*M. verticillatum*, L. sp. 1410).

Se distingue du précédent par ses fleurs axillaires, ou plutôt en épi, entremêlé de feuilles. ♃. Croît dans les mêmes lieux. Les *M. pectinatum*, *alterniflorum* et *limosum*, DC., ne me paraissent pas devoir constituer des espèces.

Genre CIRCÉE (*Circæa*, LIN. JUSS.).

Calice caduc, court, bipartite; corolle de 2 pétales; 2 étamines; capsule pyriforme, hérissée, biloculaire, disperme, indéhiscente.

Espèce 1. CIRCÉE DES PARISIENS (*Circæa Lutetiana*, L. sp. 12).

Tige velue, dressée, haute de 12-15 pouces, rameuse; feuilles ovales, un peu dentées, pointues;

pubescentes; fleurs purpurines ou blanches, petites,
en longues grappes terminales; fruits sphériques,
hérissés. ♃. Croît dans les lieux frais et ombragés, au
bord des haies et dans les bois.

2. Circée des Alpes (*C. Alpina*, L. sp. 12).

Tige un peu couchée, ascendante, glabre; feuilles
glabres, échancrées en cœur; fleurs *idem*; fruits hérissés seulement au sommet. ♃. Croît dans les lieux
ombragés des montagnes.

Genre MACRE (*Trapa*, Lin. Juss.).

Calice persistant, à 4 divisions profondes; 4 pétales,
4 étamines; ovaire à 2 loges, dont 1 avortée; fruit dur,
coriace, cornu; graine grosse, farineuse.

Espèce. Macre nageante (*Trapa natans*, L. sp. 175).

Tiges longues, rampantes dans les eaux, émettant
des feuilles capillaires; feuilles qui sont sur l'eau, disposées en rosette, glabres, dentées, rhomboïdales ou
triangulaires, longuement pétiolées; fleurs petites,
verdâtres, axillaires; fruits noirs, ayant 4 cornes divergentes. ♃. Croît dans les étangs et les fossés pleins
d'eau, dans un grand nombre de localités. On mange
ses fruits, qui sont connus sous les noms de *châtaigne
d'eau*, *cornuelle*, *saligot*, etc. Dans la Bourgogne, on
les vend sur les marchés.

Genre ONAGRE (*OEnothera*, Linné).

Calice caduc, allongé, à 4 divisions profondes; 4
pétales; 8 étamines; capsule allongée, à 4 angles,
polysperme, 4-loculaire, 4-valve.

Espèce. Onagre bisannuelle (*OEnothera biennis*, L.
sp. 492).

Tige rameuse, feuillée, velue, haute de 3-5 pieds;
feuilles planes, ovales - lancéolées; fleurs jaunes, odorantes, très grandes, terminales. ♂. Croît dans les
marais et les lieux humides sablonneux.

Genre EPILOBE (*Epilobium*, Lin. Juss.).

Calice allongé, caduc, à 4 divisions profondes ; corolle de 4 pétales ; 8 étamines ; capsule allongée, à 4 angles obtus, 4-loculaire, 4-valve, polysperme ; graines munies d'aigrettes. (Voy. *Atl.*, pl. 105.)

* *Fleurs irrégulières ; étamines inclinées.*

Espèce 1. Épilobe en épi (*Epilobium spicatum*, Lam. *E. angustifolium ß*, L.).

Tige rameuse, droite, haute de 4-5 pieds ; feuilles sessiles, éparses, linéaires-lancéolées, entières ; fleurs grandes, d'un rose vif, en épi lâche et terminal, pédonculées et munies d'une bractée. ♃. Croît dans les bois élevés.

2. Épilobe a feuilles de romarin (*E. rosmarinifolium*, Haenk. Jacq. coll. 2. p. 50. *E. angustifolium*, L. sp. 493).

Tiges presque simples, glabres ; feuilles éparses, linéaires, très étroites, à peine denticulées ; fleurs roses, assez grandes, pédicellées, et munies d'une bractée. ♃. Habite les lieux marécageux. L'*epilobium dodonæi*, de Villars, est une variété à tige demi-couchée, tortueuse, et dont les bractées naissent à la base du pédicelle, au lieu de naître à moitié de sa longueur. Il est commun dans les graviers des Alpes.

**. *Fleurs régulières ; étamines dressées.*

3. Épilobe velu (*E. hirsutum a*, Lin. sp. 494).

Tige droite, rameuse, velue, haute de 1-3 pieds ; feuilles opposées, un peu embrassantes, ovales-lancéolées, dentées, pubescentes en dessus et en dessous ; fleurs roses, grandes, terminales. ♃. Croît dans les lieux humides.

4. Épilobe intermédiaire (*E. intermedium*, Mérat, fl. par. t. 2. p. 290).

Se distingue par ses feuilles presque toutes alternes,

non décurrentes, par ses fleurs beaucoup plus petites et par ses fruits un peu velus. ♃. Habite, *idem.*

5. Épilobe mollet (*E. molle*, Lam. D. 2. p. 475. *E. hirsutum* β, L. sp.).

Tige dressée, simple, haute de 1-3 pieds, velue; feuilles opposées ou alternes, presque sessiles, lancéolées, denticulées, molles, pubescentes sur les deux faces; fleurs petites, d'un rose pâle; capsules pubescentes. ♃. Lieux marécageux.

6. Épilobe rose (*E. roseum*, Schr. sp. 147).

Tige simple, droite, un peu pubescente, carrée dans le bas; feuilles inférieures opposées ou ternées, presque sessiles, ovales, glabres, à dents irrégulières; fleurs roses, terminales, axillaires; capsules glabres. ♃. Alpes, Pyrénées et plusieurs localités de l'ouest.

7. Épilobe de montagne (*E. montanum*, L. sp. 494).

Distinct du précédent par ses tiges rondes et ses pétales très échancrés. ♃. Croît dans les bois secs et montueux.

8. Épilobe des marais (*E. palustre*, L. sp. 495).

Tige grêle, droite, glabre, haute de 6-12 pouces; feuilles courtes, opposées, linéaires, entières, légèrement denticulées, glabres, un peu roulées sur les bords; fleurs roses, petites; stygmate entier. ♃. Marais tourbeux.

9. Épilobe tétragone (*E. tetragonum*, L. sp. 495).

Tige droite, rameuse, pubescente, carrée dans le bas, haute de 1-2 pieds; feuilles inférieures opposées, glabres, lancéolées, denticulées; fleurs roses, petites, terminales; stygmate entier. ♃. Habite les lieux couverts et humides.

10. Épilobe à feuilles d'origan (*E. origanifolium*, Lam. D. 2. p. 376).

Tige redressée, rampante à sa base, longue de 4-8

pouces; feuilles ovales-pointues, opposées, légèrement
dentées, glabres; fleurs petites, roses. ♃. Croît dans
le voisinage des glaciers.

·11. Épilobe des Alpes (*E. Alpinum*, L. sp. 495).

Tige redressée, rampante à sa base, glabre, longue
de 4-8 pouces; feuilles luisantes, opposées, très entières, ovales-oblongues, obtuses; fleurs roses, petites,
presque sessiles; stigmate entier. ♃. Habite les lieux
humides des hautes montagnes.

famille 35. SALICARIÉES (*Salicarieœ*, Juss.).

Calice monosépale, persistant; corolle quelquefois
nulle, ordinairement formée de pétales, en nombre
égal aux divisions calicinales, et insérés au sommet
du calice; étamines attachées au milieu du calice, en
nombre double ou égal aux pétales; ovaire simple;
1 style; capsule recouverte par le calice, uni ou multiloculaire; graines nombreuses; périsperme nul; embryon droit; fleurs axillaires ou terminales; tiges
herbacées, cylindriques ou tétragones; feuilles simples, alternes ou opposées.

Genre SALICAIRE (*Lythrum*, Linné).

Calice cylindrique, strié, à 6-12 dents; corolle de
4-6 pétalés; étamines de 6-12; capsule oblongue, biloculaire, bivalve. (Voy. *Atl.*, pl. 108.)

Espèce 1. Salicaire commune (*Lythrum salicaria*,
L. sp. 640).

Tige droite, presque simple, tétragone, haute de
3-4 pieds; feuilles opposées, cordiformes - lancéolées;
fleurs rouges, en beaux épis terminaux. ♃. Commune
au bord des ruisseaux et dans les marais.

2. Salicaire a feuilles d'hyssope (*L. hyssopifolium*,
L. sp. 642).

Tiges rameuses, droites, hautes de 4-12 poucés;
feuilles petites, alternes, très entières, lancéolées;

fleurs petites, axillaires, solitaires, rougeâtres, de 6 pétales. ⊙. Lieux sablonneux et humides du Midi. Se retrouve à Fontainebleau, Rouen, Falaise, etc.

3. SALICAIRE A FEUILLES DE THYM (*L. thymifolium*, L. sp. 642).

Distincte de la précédente par sa tige plus grêle, moins haute, par ses feuilles opposées inférieurement, et par ses fleurs à 4 pétales. ⊙. Habite les lieux humides du Midi.

4. SALICAIRE A FEUILLES DE NUMMULAIRE (*L. num-mularifolium*, Lois. not. 74).

Tige rameuse, couchée, glabre; feuilles opposées, ovales-arrondies, les supérieures alternes; fleurs petites, apétales, axillaires; calice tubuleux, campanulé. ⊙. Croît en Corse.

Genre GLAUX (*Glaux*, LINNÉ).

Calice coloré, campanulé, à 5 divisions roulées en dehors; corolle nulle; 5 étamines; capsules globuleuses, entourées par le calice, uniloculaires, à 5 valves et à 5 graines.

Espèce. GLAUX MARITIME (*Glaux maritima*, L. sp. 301).

Tiges étalées, rameuses; feuilles petites, glauques, elliptiques, charnues; fleurs petites, axillaires, d'un blanc rosé. ♃. Commune sur tous les sables, au bord de l'Océan.

Genre PÉPLIDE (*Peplis*, LINNÉ).

Calice en cloche, à 12 dents, dont 6 plus courtes; corolle de 6 pétales, quelquefois avortés; 6 étamines; capsule biloculaire indéhiscente.

Espèce. PÉPLIDE POURPIER (*Peplis portula*, L. sp. 474).

Petite plante étalée, rameuse, à tige rougeâtre; feuilles un peu charnues, entières, un peu spatulées; fleurs très petites, axillaires, sessiles, d'un blanc rosé. ⊙. Commune dans les lieux inondés pendant l'hiver.

FAMILLE 36. TAMARISCINÉES (*Tamarisci-neæ* , DC.).

Calice persistant, à 5 divisions; 5 pétales périgynes; 5-10 étamines quelquefois monadelphes; ovaire simple, terminé par trois styles ou 3 stigmates; capsule trivalve, uniloculaire; graines aigrettées; périsperme nul; embryon droit; fleurs en épi terminal ou en panicule; tiges ligneuses.

Genre TAMARIX (*Tamarix* , L. Juss.).

Calice à 5 divisions ; corolle de 5 pétales ou monopétale (rarement nulle); 5-10 étamines souvent libres; graines aigrettées. (Voy. *Atl.*, pl. 103, fig. 1.)

Espèce 1. TAMARIX DE FRANCE (*Tamarix gallica*, L. sp. 386).

Arbrisseau très branchu, haut de 4-12 pieds, à rameaux flexibles ; feuilles très petites, lancéolées, imbriquées, amplexicaules, semblables à celles des cyprès; fleurs blanches ou couleur de chair, très petites, disposées en épis terminaux; 5 étamines. ♄. Bords de la Méditerranée et de l'Océan.

2. TAMARIX D'AFRIQUE (*T. Africana*, DESF. atl. 1. p. 269).

Distingué du précédent par ses feuilles plus vertes et plus aiguës, par ses fleurs beaucoup plus grandes, et plus particulièrement par ses épis, gros et peu allongés. ♄. Croît dans les sables maritimes du Languedoc.

3. TAMARIX D'ALLEMAGNE (*T. Germanica*, L. sp. 387).

Arbrisseau très rameux, haut de 4-8 pieds, à rameaux flexibles; feuilles sessiles, linéaires, lancéolées, glauques; fleurs purpurines, en épis terminaux; 10 étamines. ♄. Croît au bord des torrens, dans le Lyonnais, l'Alsace, etc. Cette espèce étant monadelphe, M. Desvaux en a fait le genre *Myricaria*.

FAMILLE 37. PORTULACÉES (*Portulaçeæ*, Juss.).

Calice monosépale, à 2-5 divisions ; corolle nulle ou de 5 pétales insérés à sa base ou au milieu du calice ; 3-12 étamines ayant la même insertion ; ovaire supère, simple, surmonté par un style à plusieurs stigmates ou 2 styles à stigmate unique ; fruit capsulaire (pyxide), à une ou plusieurs loges mono ou polyspermes, à placenta central ; périsperme farineux ; embryon courbé. Plantes herbacées, charnues.

Genre POURPIER (*Portulaca*, LINNÉ).

Calice persistant, comprimé, bivalve ; corolle de 5 pétales ; 6-12 étamines ; ovaire adhérent à la base du calice ; 1 style à 4-5 stigmates. (V. *Atl.*, pl. 103, fig. 2.)

Espèce. POURPIER COMMUN (*Portulaca oleracea*, L. sp. 638).

Tige succulente, rameuse, étalée ; feuilles glabres, épaisses, alternes, ovales-cunéiformes ; fleurs jaunâtres, très petites, sessiles, rapprochées. ⊙. Lieux cultivés. J'en ai trouvé une variété dans les sables, au bord des mares de Fronchart, à Fontainebleau.

Genre MONTIA (*Montia*, LINNÉ, JUSS.).

Calice persistant, bi ou trivalve ; corolle monopétale, à 5 divisions, dont 3 plus petites, alternes ; 3-5 étamines ; 3 styles ; capsule trisperme, trivalve, recouverte par le calice.

Espèce. MONTIA DES FONTAINES (*Montia fontana*, L. sp. 129).

Petite plante haute de 1-3 pouces, rameuse, diffuse ; feuilles petites, opposées, embrassantes, obtuses, spatulées ; fleurs blanches, petites, terminales, assez nombreuses. ⊙. Croît dans les marais fangeux.

FAMILLE 38. PARONYCHIÉES (*Paronychieæ*, SAINT-HILAIRE).

Fleurs très petites ; calice à 5 divisions ou à 5 folioles ; corolle de 5 pétales squamiformes, linéaires ; 5 étamines insérées sur le calice ; ovaire supère , surmonté par 2 ou par 1 style bifide ; fruit capsulaire, indéhiscent , monosperme, recouvert par les divisions calicinales ; fleurs axillaires ou terminales, en paquets fasciculés ; tiges herbacées ; feuilles simples , munies de stipules.

Genre PARONYQUE (*Paronychia*, TOURNEF. *Illecebrum* et *Paronychia*, L.).

Calice de 5 folioles subulées, coriaces ; corolle de 5 petits pétales filiformes ; 5 étamines ; 2 styles ; capsule monosperme, quinquevalve. (Voy. *Atl.*, pl. 50, fig. 4.)

Espèce 1. PARONYQUE EN CIME (*Paronychia cymosa* , LAM. D. 5. p. 26. *Ill. cymosum*, L.).

Tige dressée , rameuse , à branches divergentes, pubescentes ; feuilles glabres , aristées , presque cylindriques ; fleurs blanches, en petites têtes terminales. ⊙. Croît dans les Cévennes et autres montagnes du Languedoc.

2. PARONYQUE HÉRISSÉE (*P. echinata*, DC. fl. fr. 2285).

Tiges couchées, un peu faibles, pubescentes , articulées ; feuilles scabres, obovales, acuminées, paraissant souvent quaternées ; fleurs blanches, par paquets axillaires ; divisions calicinales aristées. ⊙. Croît dans les lieux maritimes de la Provence et de la Corse.

3. PARONYQUE VERTICILLÉE (*P. verticillata*, LAM. *Ill. verticillatum*, L. sp. 298).

Tiges grêles, nombreuses, rameuses, longues de 2-4 pouces, couchées ; feuilles glabres , petites, arrondies ; fleurs petites, blanches, verticillées ; folioles calicinales terminées par une petite arête. ♃. Croît dans les sables humides aux environs de Paris, de Montpellier, etc.

4. **Paronyque a feuilles de renouée** (*P. poly-gonifolia*, DC. fl. fr. 2287. *Ill. polygonifolium*, Villars).

Tiges couchées, étalées; feuilles glabres, ovales-lancéolées, bractées, argentées, aiguës; fleurs petites, blanches, latérales et terminales. ♃. Alpes du Dauphiné.

5. **Paronyque pubescente** (*P. pubescens*, DC. fl. fr. 2288. *Ill. maritimum et Lugdunense*, Vill. journ. schr. 1801. p. 412).

Tiges hérissées de poils courts, ainsi que toute la plante, rameuses, étalées; feuilles ovales-oblongues; fleurs petites, d'un blanc sale, axillaires. ♃. Pyrénées; environs de Lyon et d'Aix.

6. **Paronyque serpollet** (*P. serpillifolia*, Lam. D.5. p. 24. *Ill. serpillifolium*, Vill.).

Tiges grêles, articulées, couchées, rameuses; feuilles obovales-lancéolées, un peu charnues, ciliées sur les bords; fleurs petites, blanches, terminales, cachées par les bractées. ♃. Alpes du Dauphiné, au bord des torrens; Pyrénées.

7. **Paronyque argentée** (*P. argentea*, DC. fl. fr. 2290. *Illeceb. paronychia*, L. sp. 299).

Tiges noueuses, un peu velues; branchues, étalées; feuilles ovales-oblongues, presque glabres, mucronées; fleurs petites, terminales, cachées par des bractées luisantes, d'un blanc argenté. ♃. Habite les lieux secs du Midi.

8. **Paronyque en tête** (*P. capitata*, DC. fl. fr. 2291. *Ill. capitatum*, L. sp. 299).

Tiges nombreuses, rameuses, presque droites, ligneuses; feuilles linéaires, carénées, ciliées, velues en dessus; stipules linéaires aussi longues que les feuilles; fleurs petites, réunies en tête et cachées sous des bractées argentées. ☉. Croît sur les montagnes d'Auvergne et les Alpes du Dauphiné.

9. PARONYQUE CÉPHALOTE (*P. cephalotes*, *Illecebrum cephalotes*, BIEB. fl. taur.*).

Tiges rameuses, couchées, presque rampantes; feuilles lancéolées-aiguës, ciliées; stipules lancéolées, un peu plus longues que les feuilles; bractées d'un blanc argenté, très grandes, tronquées, ovales-arrondies, cachant entièrement les fleurs. ♃. Croît sur le mont Ventoux.

Genre HERNIAIRE (*Herniaria*, LINNÉ, JUSS.).

Calice à 5 divisions profondes; corolle de 5 pétales filiformes; 5 étamines; 2 styles; 2 sigmates; capsule monosperme, indéhiscente.

Espèce 1. HERNIAIRE GLABRE (*Herniaria glabra*, L. sp. 317).

Tiges filiformes, rameuses, diffuses, étalées, à peine pubescentes; feuilles glabres, petites, ovales-arrondies, obtuses, sessiles; fleurs verdâtres, nombreuses, axillaires, agglomérées. ⊙. Croît dans les lieux très sablonneux.

2. HERNIAIRE VELUE (*H. hirsuta*, L. sp. 317).

Se distingue de la précédente par sa tige un peu ligneuse, et parce qu'elle est velue, grisâtre dans toutes ses parties. ⊙. Habite, *idem.*

3. HERNIAIRE CENDRÉE (*H. cinerea*, DC. suppl. 2293ᵃ).

Ressemble beaucoup à l'*hirsuta*, mais elle s'en distingue par sa tige plus ligneuse, moins couchée, par ses feuilles plus rapprochées et chargées de poils blanchâtres, longs et étalés. ⊙. Environs de Montpellier.

4. HERNIAIRE BLANCHATRE (*H. incana*, LAM. D. 3. p. 124).

Tiges couchées, rameuses, blanchâtres; feuilles petites, ovales-arrondies, blanchâtres; fleurs un peu pédicellées, moins nombreuses que dans les précédentes; calice blanchâtre, très velu. ♃. Alpes. Je

l'ai recueillie dans les montagnes du Bourg-d'Oysans.

5. HERNIAIRE DES ALPES (*H. Alpina*, VILL. dauph.
2..p. 556).

Tiges étalées, sous-ligneuses, pubescentes ; feuilles
petites, obtuses, arrondies, hérissées de poils blancs ;
fleurs ramassées, deux, trois ensemble ; calices velus.
♃. Alpes. Je l'ai recueillie dans l'Oysans.

6. HERNIAIRE FAUSSE RENOUÉE (*H. polygonoides*, CAV.
ic. 2. t. 137. *Illecebr. suffruticosum*, L.).

Tiges grêles, ligneuses, redressées, articulées, pubescentes ; feuilles opposées, ovales, terminées par
une petite pointe ; fleurs herbacées, sessiles, terminales, agglomérées. ♄. Provence ?

Genre TÉLÈPHE (*Telephium*, LINNÉ).

Calice à 5 divisions, persistant ; corolle de 5 pétales de la longueur du calice ; 5 étamines plus courtes
que la corolle ; 3 styles ; capsule triangulaire, trivalve, polysperme.

Espèce. TÉLÈPHE D'IMPÉRATI (*Telephium imperati*,
L. sp. 388).

Tiges étalées, simples, glabres, feuillées ; feuilles
alternes, ovales, glauques ; fleurs petites, blanchâtres,
en bouquets terminaux. ♃. Environs de Briançon,
de Saint-Sévère : rare.

Genre CORRIGIOLE (*Corrigiola*, LINNÉ).

Calice persistant, à 5 divisions profondes, membraneuses, blanchâtres sur les bords ; 5 pétales de
la longueur du calice ; 5 étamines plus courtes que la
corolle ; 3 styles ; fruit indéhiscent, monosperme,
recouvert par le calice.

Espèce 1. CORRIGIOLE DES RIVAGES (*Corrigiola littoralis*, L. sp. 388).

Tige couchée, étalée, rameuse, longue de 3-5 pouces ; feuilles glauques, alternes, très entières, petites,
linéaires, stipulacées ; fleurs blanches, très petites,

agglomérées. ⊙. Croît dans les sables humides du midi, du centre et des environs de Paris.

2. CORRIGIOLE A FEUILLES DE TÉLÈPHE (*C. telephii-folia*, POURR. act. toul. 3. p. 316).

Tiges couchées, nombreuses, dépourvues de feuilles dans la portion où naissent les fleurs; feuilles inférieures longues, linéaires; caulinaires *oblongues, glauques; fleurs *id.* ♃. Environs de Prades.

Genre SCLÉRANTHE (*Scleranthus*, LINNÉ).

Calice tubuleux, adhérent à l'ovaire, rétréci au sommet, à 5 divisions; corolle nulle; 5-10 étamines insérées sur le calice; 2 styles; capsule monosperme.

Espèce 1. SCLÉRANTHE VIVACE (*S. perennis*, L. sp. 580).

Tige rameuse, étalée redressée, longue de 2-4 pouces; feuilles glauques, opposées, courtes, légèrement ciliées; fleurs verdâtres, en grappes courtes, axillaires, terminales. ♃. Habite les champs sablonneux du centre et du midi, des environs de Fontainebleau, etc.

2. SCLÉRANTHE ANNUEL (*S. annuus*, L. sp. 580).

Tiges articulées, rameuses, diffuses, longues de 4-12 pouces; feuilles opposées, déliées, longues; fleurs verdâtres, en grappes courtes; calice à divisions aiguës et ouvertes à la maturité. ⊙. Commun dans les champs. Ces trois derniers genres n'appartiennent qu'imparfaitement aux *paronychiées* : ils devront peut-être former un jour une nouvelle famille.

FAMILLE 39. FICOIDES (*Ficoïdeæ*, JUSS.).

Calice monosépale, à plusieurs divisions, libre ou adhérent à l'ovaire; corolle polypétale, insérée au sommet du calice; pétales souvent soudés entre eux par leur base, ou soudés avec le calice; étamines indéfinies, insérées au haut du calice; styles nombreux; fruit bacciforme ou capsulaire, multiloculaire; graines attachées à l'angle intérieur des loges ; périsperme central, farineux ; embryon courbé ; plantes à feuilles charnues, épaisses.

Genre FICOIDE (*Mesembryanthemum*, LINNÉ).

Calice adhérent à l'ovaire, persistant, à 5 divisions ; pétales nombreux, linéaires, soudés à leur base ; 4-10 styles ; fruit charnu, ombiliqué, capsulaire. (*Voy. Atl.*, pl. 104.)

Espèce. FICOÏDE NODIFLORE (*Mesembryanth. nodiflorum*, L. sp. 687).

Plante grasse, à tiges nombreuses, étalées, chargées de points cristallins brillans ; feuilles épaisses, cylindriques, obtuses, un peu ciliées à leur base ; fleurs axillaires, très petites, blanches. ⊙. Commune dans les sables maritimes d'Ajaccio.

FAMILLE 40. GROSSULARIÉES (*Grossularieœ*, Juss.).

Calice adhérent à l'ovaire, à 4-5 divisions ; corolle de 4-5 pétales ; 5 étamines insérées sur le calice ; 1 style bifide, à 2 stigmates ; le fruit est une baie ; embryon petit, courbé ; périsperme corné. Arbrisseaux à feuilles alternes.

Genre GROSEILLER (*Ribes*, LINNÉ, JUSS.).

Mêmes caractères que ceux de la famille. (Voyez *Atl.*, pl. 102.)

Espèce 1. GROSEILLER ROUGE (*Ribes rubrum*, L. sp. 290).

Arbrisseau sans épines, rameux, haut de 3-4 pieds ; feuilles à 3-5 lobes obtus, dentées, échancrées, en cœur ; fleurs en grappe, d'un jaune verdâtre ; fruits rouges ou d'un blanc jaune. ♃. Dans les bois et les haies. Les groseilles sont connues de tout le monde.

2. **Groseiller des rocailles** (*R. petræum*, Jacq. ic. rar. 1. t. 49).

Arbrisseau rameux, sans épines, haut de 2-3 pieds ; feuilles non échancrées, à 3-5 lobes obtus, dentées, en cœur ; fleurs en grappes droites, d'un rouge brun ; fruit rouge, d'une saveur austère. ♄. Lieux couverts des montagnes.

3. **Groseiller des Alpes** (*R. alpinum*, L. sp. 291).

Arbrisseau sans épines, rameux, à écorce grise ; feuilles petites, pétiolées, glabres, trilobées, incisées, dentées ; fleurs petites, verdâtres ; fruits d'un blanc rougeâtre et d'une saveur fade. ♄. Habite les haies des montagnes.

4. **Groseiller cassis** (*R. nigrum*, L. sp. 291).

Arbrisseau sans épines, rameux, haut de 3-4 pieds ; feuilles à 3-5 lobes très aigus, dentées, glabres, odorantes ; fleurs d'un blanc sale, en grappe ; fruits noirs, d'une odeur et d'une saveur bien connues. ♄. Croît dans les haies des pays de montagnes.

5. **Groseiller épineux** (*R. uva crispa*, L. sp. 292).

Arbrisseau rameux, aiguillonné, haut de 3-4 pieds ; feuilles petites, arrondies, lobées-incisées, légèrement pubescentes en dessous ; fleurs solitaires, verdâtres ; fruits gros, d'une saveur agréable, glabres à la maturité. Le *ribes grossularia*, L., ou *grosseiller à maquereaux*, n'en est qu'une variété à feuilles glabres et à fruits plus gros.

FAMILLE 41. CRASSULACÉES (*Crassulaceæ*, Juss.).

Calice libre, à 3-5 divisions ; corolle polypétale (rarement monopétale), alternant avec les divisions caliciznales, et insérée à la base du calice ; étamines égales ou doubles en nombre des divisions de la corolle ; ovaires distincts, terminés par un style simple ; stigmate ac-

colé à la face interne du style; fruits capsulaires, uniloculaires, polyspermes, à 2 valves séminifères; périsperme petit. charnu; embryon droit. Plantes
herbacées, grasses, succulentes, à feuilles charnues,
simples, alternes; fleurs terminales.

Genre OMBILIC (*Umbilicus*, DC. *Cotyledon*, Lin.).

Calice quinquéfide; corolle monopétale, à 5 divisions, droites, aiguës; 10 étamines; 5 ovaires; fleurs
en épi.

Espèce 1. Ombilic pendant (*Umbilicus pendulinus*,
DC. pl. grass. t. 156. *Cotyledon umbilicus*, L. β.).

Tige droite, faible, simple, haute de 4-8 pouces;
feuilles radicales, nombreuses, tendres, succulentes,
peltées, crénelées; fleurs jaunâtres, pendantes, en
épi fourni. ♃. Cette plante, appelée *nombril de Vénus*, croît parmi les débris de roches et sur les murs,
en Provence, Auvergne, Languedoc, Bretagne,
Basse-Normandie, etc.

2. Ombilic droit (*U. erectus*, DC. *C. umbilicus*,
L. α.).

Tige droite, simple, haute de 1-2 pieds; feuilles
radicales, nombreuses, tendres, succulentes, peltées,
crénelées; fleurs jaunes, droites, nombreuses, en
épi. ♃. France méridionale? Corse?

Genre COTYLÉDON (*Cotyledon*, Linné, DC.).

Calice à 5 divisions profondes; corolle monopétale à
5 dents ouvertes; 10 étamines; 5 ovaires.

Espèce 1. Cotylédon faux sedum (*Cotyledon sedoides*, DC. rapp. 2. p. 79).

Très petite plante, presque simple, haute de 1-2
pouces, glabre, rougeâtre; feuilles rougeâtres, imbriquées, obtuses, oblongues; fleurs blanches ou purpurines, sessiles; corolle double du calice. ☉. Hautes
sommités des Pyrénées. Je l'ai reçue des Pyrénées
orientales.

2. COTYLÉDON PARVIFLORE (*C. parviflora*, DESF. coroll. p. 75).

Tige droite, presque simple ; feuilles charnues, presque entières, les inférieures arrondies, pétiolées, les supérieures ovales, sessiles ; fleurs disposées en un épi très long, terminal et rameux ; corolle en cloche, à divisions ovales-aiguës. ♃. Croît aux environs de Bonifaccio, en Corse.

Genre TILLÉE (*Tillæa*, LINNÉ).

Calice à 3 divisions profondes ; corolle de 3 pétales ; 3 étamines ; 3 ovaires ; 3 capsules uniloculaires, étranglées.

Espèce. TILLÉE DES MOUSSES (*Tillæa muscosa*, L. sp. 186).

Très petite plante, un peu rameuse, rougeâtre, haute de 1 pouce, glabre ; feuilles perfoliées, épaisses ; fleurs sessiles, axillaires, extrêmement petites. ☉. Croît dans les lieux inondés en hiver.

Genre BULLIARDE (*Bulliarda*, DC. *Tillæa*, LIN.).

Calice à 4 divisions ; 4 pétales ; 4 étamines ; 4 ovaires ; 4 écailles nectarifères de la longueur du calice ; capsules uniloculaires, polyspermes.

Espèce. BULLIARDE DE VAILLANT (*Bulliarda Vaillantii*, DC. pl. gr. t. 74).

Très petite plante grasse, droite, presque simple, rougeâtre, haute de 1 pouce ; feuilles épaisses, opposées, linéaires ; fleurs solitaires, petites, globuleuses, axillaires. ☉. Croît à Fontainebleau, au bord des mares.

Genre CRASSULE (*Crassula*, LINNÉ).

Calice à 5-7 divisions ; corolle de 5-7 pétales ; 5-7 étamines ; 5-7 ovaires ; 5-7 écailles nectarifères. Ce genre est assez peu distinct des *Sedum*.

Espèce 1. CRASSULE ROUGEATRE (*Crassula rubens* ,
L. syst. 253).

Tige glabre, rameuse, rougeâtre, haute de 2-3
pouces ; feuilles alternes, charnues, fusiformes, glabres, déprimées, le plus souvent rougeâtres ; fleurs
blanches, axillaires, sessiles, nombreuses. ⊙. Croît
dans les vignes, sur les murs, etc.

2. CRASSULE DE MAGNOL (*C. Magnolii*, DC. rapp. 2.
p. 79. *C. verticillaris*, L. mant. 261).

Tige droite, peu rameuse, de 1-2 pouces ; feuilles
éparses, ovales-obtuses, caduques, épaisses, dressées,
glabres ; fleurs d'un blanc rougeâtre, axillaires, sessiles ; pétales aigus. ⊙. Environs de Montpellier et
d'Antibes. (Rare.)

3. CRASSULE D'ANGERS (*C. Andegaviensis*, DC. suppl.
3604b. *Sed. atratum*, BAST. essai. p. 167).

Cette petite plante, d'un vert noirâtre, se distingue
de la précédente par ses fruits, qui, à la maturité, sont
droits au lieu d'être divergens, et par ses pétales à
peine pointus. ⊙. Environs d'Angers. (BAST.)

Genre SEDUM (*Sedum*, LINNÉ).

Calice à 4-7 divisions, mais le plus souvent à 5 ;
pétales et ovaires en même nombre ; étamines doubles
en nombre des pétales ; écailles nectifères à la base
des ovaires. (Voyez *Atl.*, pl. 99.)

* *Feuilles planes ; fleurs rouges, blanches ou jaunes.*

Espèce 1. SEDUM RHODIOLE (*Sedum rhodiola*, DC.
pl. grass. t. 143. *Rhodiola rosea*, L. sp. 1465.).

Racine charnue, d'une odeur de rose ; tiges simples,
feuillées, hautes de 4-8 pouces ; feuilles éparses, nombreuses, petites, élargies au sommet ; fleurs d'un
jaune rougeâtre, nombreuses, terminales, en ombelle. ♃. Lieux pierreux des montagnes méridionales.

2. SEDUM ORPIN (*S. telephium*, L. sp. 616).

Tige droite, simple, tendre, feuillée, haute de 1-2 pieds ; feuilles éparses, sessiles, ovales, planes, épaisses, succulentes, glauques ; fleurs purpurines ou blanchâtres, en corymbe serré. ♃. Commune dans les lieux pierreux des bois, des vignes, etc. Le *S. latifolium*, L., est une variété à feuilles très larges et souvent opposées.

3. SEDUM ANACAMPSEROS (*S. anacampseros*, L. sp. 616).

Tiges simples, un peu couchées inférieurement, feuillées, hautes de 4-8 pouces, feuilles arrondies, charnues, très glauques, très rapprochées dans le haut de la tige ; fleurs rougeâtres, terminales, en corymbe serré. ♃. Alpes. Je l'ai recueillie à Villars-Eymont.

4. SEDUM ÉTOILÉ (*S. stellatum*, L. sp. 617).

Tige grêle, rameuse ; feuilles épaisses, dentées, ovales, larges ; fleurs blanches ou rougeâtres, disposées au sommet des rameaux ; fruit formant à la maturité des étoiles à 5 rayons par leur divergence. ⊙. Croît en Auvergne. (Rare).

5. SEDUM A FEUILLES DE MORGELINE (*S. alsinæfolium*, ALL. ped. n. 1740. t. 22).

Tige grêle, pubescente, haute de 4-8 pouces ; feuilles éparses, ovales-arrondies inférieurement, elliptiques, sessiles supérieurement ; fleurs blanches, paniculées et longuement pédonculées ; pétales aigus. ♂. Alpes voisines du Piémont.

6. SEDUM FAUX OIGNON (*S. cæpea*, L. sp. 617).

Tiges grêles, rameuses, pubescentes, longues de 4-10 pouces ; feuilles planes, petites, obtuses-lanceolées ; fleurs blanches, en longues panicules. ⊙. Habite au bord des fossés, des bois, et sur les murs dans une grande partie de la France.

7. SEDUM FAUX CALIET (*S. galioides*, ALL. ped. n. 1742. t. 65).

Tige grêle, simple, glabre, haute de 6-12 pouces ;

feuilles planes, verticillées 4 à 4, spatulées, entières, glabres; fleurs d'un blanc rougeâtre, en panicule, munies de petites bractées; pétales aigus mais non aristés comme dans le précédent. ♂. Habite la Corse, la Bresse et le Lyonnais. Diffère bien peu du *cœpea*.

*** Feuilles cylindriques; fleurs blanches, rougeâtres ou bleues.*

8. Sedum blanc (*S. album*, L. sp. 619).

Tige rameuse, redressée, haute de 4-6 pouces; feuilles oblongues, obtuses, sessiles, ouvertes; fleurs blanches, nombreuses, à anthères rougeâtres, disposées en corymbe. ♃. Cette plante, appelée *trique-madame*, est commune sur les murs et dans les lieux pierreux. Le *sedum micranthum*, BAST, en est une variété qui en diffère par ses fleurs plus petites et ses feuilles non étalées. Le *sedum turgidum*, RAMOND, est une autre variété pyrénéenne, à feuilles épaisses, aplaties, ovoïdes. Le *S. cruciatum*, DESF., a été trouvé en Corse par M. Thomas.

9. Sedum noiratre (*S. atratum*, L. sp. 1673).

Petite plante de 1-2 pouces, rougeâtre, rameuse; feuilles éparses, cylindriques, très obtuses, dressées; fleurs d'un blanc rougeâtre, en cime serrée entremêlée de feuilles. Divisions calicinales lancéolées-obtuses, ainsi que les pétales. ⊙. Alpes, Pyrénées.

10. Sedum a feuilles épaisses (*S. dasyphyllum*, L. sp. 618).

Tiges gazonnantes, pubescentes; feuilles ovales, courtes, obtuses, glauques, très épaisses; fleurs blanches, rougeâtres avant la floraison, à 6 pétales, en bouquet lâche. ♃. Croît dans plusieurs départemens, sur les vieux murs. Il est commun en Dauphiné.

11. Sedum d'Angleterre (*S. Anglicum*, SMITH. fl. brit. 486).

Très distincte du *dasyphyllum* par ses tiges grêles, glabres, par ses feuilles alternes, moins raccourcies;

par ses fleurs à 5 pétales très aigus et à 10 étamines. ⊙·
Pyrénées, Anjou, Bretagne. Commun aux environs
de Falaise.

12. Sedum a feuilles courtes (*S. brevifolium*, DC.
rapp. 2. p. 79).

Tiges grêles, ligneuses, tortueuses; glabres; feuilles serrées, opposées sur les jeunes pousses, éparses
sur les autres, ovoïdes, courtes, charnues, glauques,
obtuses, souvent rougeâtres; fleurs blanches, avec
une ligne rouge en dehors, peu nombreuses; pétales
ovales-obtus. ♃. Mont-Louis, pic d'Ereslids, Gavarnie, et autres lieux des Pyrénées.

13. Sedum hérissé (*S. hirsutum*, All. ped. n. 1754.
t. 65. f. 5).

Feuilles étalées, en rosette, hérissées, obtuses-
oblongues, épaisses, donnant naissance à une tige de
2-3 pouces, presque nue; fleurs peu nombreuses, terminales, blanches; pétales aristés. ♃. Dans les rochers du Midi et à Fontainebleau.

14. Sedum velu (*S. villosum*, L. sp. 620).

Tiges dressées, hautes de 3-5 pouces, velues, rougeâtres, presque simples; feuilles éparses, oblongues,
planes en dessus, rougeâtres; fleurs rougeâtres. ⊙.
Au bord des mares à Fontainebleau, dans l'Alsace,
les Pyrénées, etc.

15. Sedum a sept pétales (*S. heptapetalum*, Poir.
voy. barb. 2. p. 169).

Tige grêle, rameuse, haute de 1-2 pouces; feuilles
éparses, caduques, ovales-oblongues, planiuscules;
fleurs paniculées, d'un beau bleu céleste. ♃. Je l'ai
reçue de Corse par M. Thomas.

*** *Feuilles cylindriques; fleurs jaunes.*

16. Sedum acre (*S. acre*, L. sp. 619).

Tiges flexueuses, succulentes, hautes de 2-4 pouces, garnies de feuilles courtes, imbriquées, presque

ovales, alternes, un peu aplaties; fleurs jaunes, dans les bifurcations de la tige. ♃. Très commun sur les murs et dans les lieux arides.

17. Sedum des glaciers (*S. glaciale*, Clarion. inéd.).

Se distingue du précédent par sa souche ligneuse, par ses fleurs plus grandes, et particulièrement par les nombreuses radicules qui naissent entre ses feuilles. ♃. Alpes de Scyne. (Clarion.)

18. Sedum a six angles (*S. sexangulare*, L. sp. 620).

Tiges flexueuses, rameuses; feuilles verticillées 3 à 3., et paraissant à 6 angles sur les jeunes pousses; elles sont d'ailleurs cylindriques, linéaires, étalées; fleurs jaunes, disposées 8-10 sur les 2-3 bifurcations de la tige. ♃. Croît dans les lieux arides des Alpes, du Jura, etc. Je l'ai trouvé aux environs de Rouen.

19. Sedum du bois de Boulogne (*S. Boloniense*, Lois. not. 71).

Ressemble au précédent. Feuilles cylindriques, obtuses, prolongées à leur base, dressées, imbriquées, mais ne formant pas 6 angles sur les jeunes pousses; fleurs jaunes, petites, disposées 6-10 sur les 2-3 bifurcations de la tige. ♃. Commun au bois de Boulogne, près Paris.

20. Sedum des rochers (*S. saxatile*, L. sp. 619).

Tige branchue, glabre, droite, rougeâtre; feuilles éparses, jamais imbriquées, glabres, cylindriques, oblongues, obtuses, déprimées; fleurs jaunes, sessiles le long des rameaux; pétales très aigus. ☉. Habite les rochers des montagnes exposés au soleil. (Rare. Varie beaucoup pour le port.)

21. Sedum rampant (*S. repens*, Schleih. *S. guettardi*, Vill. dauph.).

Très voisin du précédent. Tiges ascendantes, rampantes, couchées, longues de 1-2 pouces, entremê-

lées ; feuilles éparses, dressées, cylindriques, peu
serrées.; fleurs d'un jaune pâle, disposées en petite
tête. ♃. Hautes sommités des Alpes et des Pyrénées. Je l'ai recueilli à Saint-Christophe, au Lautaret, etc.

22. SEDUM RÉFLÉCHI (*S. reflexum*, L. sp. 618).

Tige droite, très simple, glabre, haute d'un pied ;
feuilles cylindriques,, éparses, tortillées, caduques,
longues ; fleurs jaunes, nombreuses, disposées en ombelle ; toutes les fleurs penchées avant la floraison. ♃.
Commun dans les lieux secs.

23. SEDUM AMPLEXICAULE (*S. amplexicaule*, DC. rapp.
2. p. 80. *S. rostratum*, TENORE).

Tiges dressées, feuillées, longues de 4-6 pouces ;
feuilles imbriquées sur les jeunes branches, menues,
glabres, subuliformes, dilatées à leur base en une
large membrane qui embrasse la tige ; fleurs jaunes,
réunies 5-7 en cime. ♃. Cette espèce extraordinaire
habite les Cévennes et le mont Ventoux. (Rare.)

24. SEDUM A PÉTALES DROITS (*S. anopetalum*, DC.
rapp. 2. p. 80. *S. Hispanicum*, fl. fr. 3626. *S. ru-
pestre*, VILL. dauph.).

Se distingue du *reflexum* par sa taille plus petite,
par ses feuilles aiguës et un peu prolongées à leur
base, et surtout par ses fleurs, d'un jaune très pâle,
à 6 ou 7 pétales linéaires, dressées. ♃. Croît sur les
rochers des départemens méridionaux. Je l'ai observé
au.pont de Claix, près Grenoble.

25. SEDUM TRÈS ÉLEVÉ (*S. altissimum*, LAM. D. 4. p.
634. *S. ochroleucum*, VILL. dauph.).

Tige un peu ligneuse, rameuse, presque nue sur
les rameaux fertiles, haute de 10-12 pouces ; feuilles
éparses, aiguës, glauques, les supérieures planiuscules ;
fleurs d'un jaune pâle, en corymbe dense ; 6-8 pétales
ouverts. ♃. Commun à Montpellier, Gap, Collioure,
Prades, Barèges.

Genre JOUBARBE (*Sempervivum*, LINNÉ).

Calice à 6-12 divisions; pétales et ovaires en nombre correspondant; étamines en nombre double des pétales; écailles nectarifères, larges, ovales, échancrées ou lacérées; feuilles très épaisses, succulentes. (Voyez *Atl.*, pl. 100.)

Espèce 1. JOUBARBE DES TOITS (*Sempervivum tectorum*, L. sp. 664).

Feuilles en rosette, ovales, succulentes, glabres, ciliées, donnant naissance à une tige droite, simple, rameuse au sommet, velue, munie de feuilles éparses; fleurs purpurines, réunies 10-15, en cime; écailles nectarifères, cunéiformes. ♃. Commune sur les toits de chaume. Je l'ai aussi trouvée sur les rochers des montagnes.

2. JOUBARBE DES MONTAGNES (*S. montanum*, L. sp. 665).

Feuilles en rosette, pubescentes, à peine ciliées; tige haute de 6-10 pouces, rameuse au sommet; fleurs purpurines, sessiles; pétales de 10-12, 4 fois plus longs que le calice, hérissés en dehors; écailles nectarifères, très petites, arrondies. ♃. Commune dans les rochers des Alpes et des Pyrénées.

3. JOUBARBE NID D'ARAIGNÉE (*S. arachnoideum*, L. sp. 665).

Cette espèce est très distincte par ses rosettes, chargées d'une toile cotonneuse, ressemblant à un nid d'araignée : elle a le port de la précédente; ses fleurs sont purpurines, d'une couleur vive. Croît dans les Alpes de Provence et les Pyrénées. Je l'ai cueillie abondamment sur la route de Vizille au Bourg-d'Oysans.

4. JOUBARBE A GLOBULES (*S. globiferum*, L. sp. 665).

Feuilles en petites masses, globuleuses, très serrées dans le jeune âge, ciliées; tige de 6-8 pouces,

simple, dressée, feuillée ; fleurs jaunâtres, en cime. ♃.
Alpes, Alsace, etc.

5. JOUBARBE HÉRISSÉE (*S. hirtum*, L. sp. 665).

Diffère de la précédente, à laquelle elle ressemble
beaucoup, par ses feuilles de moitié plus courtes, par
ses corolles tubuleuses de 6 pétales, et non de 12, et
par ses pétales beaucoup plus courts. ♃. Alpes voisines
du Piémont ?

FAMILLE 42. SAXIFRAGÉES (*Saxifrageæ*,
Juss.).

Calice monosépale, à 4-5 divisions, libre ou adhérent ; corolle (quelquefois nulle) de 4-5 pétales, insérés
au haut du tube, et alternant avec les divisions calicinales ; étamines de 4-10, ayant la même insertion que
les pétales ; ovaire (rarement infère) supère, surmonté
de 2 styles à 2 stygmates ; fruit capsulaire, uni ou biloculaire, s'ouvrant par le sommet des valves ; graines
nombreuses ; périsperme charnu, embryon droit ;
fleurs solitaires, en grappe ou en corymbe. Plantes
herbacées, à feuilles étalées à la base, en forme de
rosette.

† Corolle nulle ; ovaire infère.

Genre ADOXE (*Adoxa*, LINNÉ).

Calice à 4-5 divisions, muni extérieurement de 2-4
écailles ; point de corolle ; 8-10 étamines ; 4-5 styles ;
fruit bacciforme, adhérent au calice, à une loge
polysperme.

Espèce. ADOXE MOSCATELLINE (*Adoxa moschatellina*,
L. sp. 527).

Petite plante à tige simple, haute de 3-5 pouces,
glabre ; feuilles radicales, biternées, à découpures,
lobées, ovales ; 2 feuilles caulinaires, une seule fois
ternées ; fleurs en petite tête, réunies 4-5, de couleur
verte. ♃. Croît au premier printemps, dans les lieux
couverts.

Genre DORINE (*Chrysosplenium*, Lin. Juss.).

Calice à 4-5 divisions ; un peu coloré ; point de co-rolle ; 8-10 étamines ; 2 styles ; capsule à 2 valves, à 1 loge polysperme.

Espèce 1. Dorine a feuilles alternes (*Chrysosple-nium alternifolium*, L. sp. 973).

Tige faible, glabre, peu rameuse, longue de 4-5 pouces ; feuilles alternes, pétiolées, crénelées, réni-formes ; fleurs jaunes, réunies 3-4 dans les dernières feuilles. ♃. Au printemps, dans les lieux ombragés et humides.

2. Dorine a feuilles opposées (*C. oppositifolium*, L. sp. 569).

Diffère de la précédente par ses feuilles opposées, par sa taille plus petite et par ses fleurs plus nom-breuses, n'ayant souvent que 8 étamines. ♃. Habite les mêmes lieux. Plus commune.

†† Corolle à plusieurs pétales ; ovaire semi-infère.

Genre SAXIFRAGE (*Saxifraga*, Linné).

Calice à 5 divisions ; corolle de 5 pétales ; 10 éta-mines ; 2 styles ; capsule semi-infère, à 2 valves et à 2 loges polyspermes. (Voyez *Atl.* ; pl. 100.)

* *Ovaire libre; calice réfléchi après la floraison* (Hydatica et Arabidia, Tausch.).

Espèce 1. Saxifrage de Lécluse (*Saxifraga Clusii*, Gouan. ill. p. 28).

Feuilles radicales, oblongues, pétiolées, dentées ; hampe rameuse, striée, velue ; fleurs blanches, à pé-tales inégaux, dont les trois plus grands sont marqués d'une tache orangée. ♃. Lieux couverts des Pyré-nées, des Cévennes. M. Duponchel l'a recueillie dans la Lozère.

2. Saxifrage étoilée (*S. stellaris*, L. sp. 572).

Cette espèce varie beaucoup ; feuilles radicales, en-

tières ou dentées, oblongues-cunéiformes; hampe de
2-8 pouces, rameuse, glabre ou velue; fleurs petites,
blanches, à pétales rétrécis aux deux extrémités, égaux
entre eux, et marqués de deux taches rougeâtres.
♃. Habite les lieux humides des hautes montagnes.

3. Saxifrage Benoite (*S. Geum*, L. sp. 574).

Feuilles radicales, réniformes, dentées, velues sur
les deux faces, à pétioles velus, moitié plus longs que
les feuilles; tige ou hampe nue, grêle; fleurs petites,
blanches, à pétales entièrement blancs. ♃. Habite les
lieux couverts des Pyrénées.

4. Saxifrage velue (*S. hirsuta*, L. sp. 574).

Feuilles radicales, cordiformes-ovales, rétuses, cartilagineuses, crénelées, presque glabres, à pétioles
moitié plus longs que le limbe; hampe nue, haute
de 6-10 pouces; fleurs petites, paniculées, à pétales
blancs, tachetés de rouge. ♃. Habite les rochers humides et ombragés des Pyrénées. Elle devra être réunie à la précédente.

5. Saxifrage ombracée (*S. umbrosa*, L. sp. 574).

Feuilles radicales, obovales, un peu rétuses, cartilagineuses, crénelées; pétioles hérissés de poils roux
et de la longueur du limbe; hampe nue, haute de
8-15 pouces; fleurs petites, blanches, paniculées, à
pétales tachetés de jaune et de rouge. ♃. Habite les
bois humides des Pyrénées.

6. Saxifrage a feuilles en coin (*S. cuneifolia*, L. sp. 574).

Feuilles radicales, cunéiformes, très obtuses, glabres, coriaces, crénelées irrégulièrement; hampe
nue, légèrement pubescente; fleurs blanches, petites,
paniculées, tachetées de jaune à leur base. ♃. Croît
parmi les mousses, dans les Alpes et les Pyrénées.
Je l'ai recueillie à Saint-Barthélemi en Oysans. Ces
quatre dernières espèces se cultivent aisément dans
les jardins.

I. 29

7. SAXIFRAGE A FEUILLES RONDES (*S. rotundifolia*, L. sp. 576).

Feuilles radicales, pétiolées, arrondies-réniformes, à dents très larges; pétioles longs, velus; tige garnie de quelques feuilles, chargée de poils blanchâtres, haute de 10-18 pouces; fleurs blanches, paniculées, tachetées de rouge. ♃. Habite les lieux ombragés des Alpes, du Jura, des monts d'Or et des Pyrénées. Elle est commune à la Grande-Chartreuse.

8. SAXIFRAGE OEIL DE BOUC (*S. hirculus*, L. sp. 576).

Tige dressée, simple, garnie de feuilles, légèrement velue au sommet, haute de 10-18 pouces; feuilles alternes, éparses, lancéolées; fleur grande, terminale, d'un jaune vif. ♃. Rare. Lieux tourbeux du Jura; à Pontarlier, dans le département du Doubs.

** *Feuilles lobées.*

9. SAXIFRAGE HYPNOÏDE (*S. hypnoides*, L. sp. 579).

Tiges stériles, couchées, gazonnantes, entrelacées, portant dans les aisselles des espèces de bourgeons; feuilles petites, linéaires, bifides, aiguës; tiges florifères, dressées, grêles, presque nues; fleurs assez grandes, de 2-4, blanches, marquées de 3 lignes verdâtres. Croît çà et là dans les Alpes du Dauphiné et de la Provence; dans les montagnes d'Auvergne et les Pyrénées.

10. SAXIFRAGE MUSQUÉE (*S. moschata*, JACQ. miscel. 2. t. 21. f. 1).

Distincte de la suivante par ses feuilles et ses hampes pubescentes et couvertes d'un liquide visqueux, d'une odeur musquée, par ses tiges plus longues, et enfin par ses feuilles cunéiformes, tantôt entières, tantôt trilobées. ♃. Commune sur les rochers des Alpes et des Pyrénées.

11. **Saxifrage muscoïde** (*S. muscoides*, Jacq. *S. cæspitosa*, Scopol. carn. t. 14).

Extrêmement variable ; plante en petits gazons serrés, touffus ; hampe faible, pauciflore ; feuilles à 3 lobes obtus, glabres ; fleurs jaunâtres ou rougeâtres, à pétales oblongs, étroits. ♃. Commune sur les rochers des Alpes et des Pyrénées.

12. **Saxifrage du Groenland** (*S. Groenlandica*, L. sp. 578).

Tiges plus ou moins longues, garnies de feuilles nombreuses, serrées ; feuilles pubescentes, visqueuses, à 3-5 lobes arrondis, parallèles ; hampe visqueuse, pubescente ; fleurs blanches, peu nombreuses, réunies en tête. ♃. Habite le pic du Midi, et la Brèche de Rolland, dans les Pyrénées.

13. **Saxifrage pubescente** (*S. pubescens*, DC. fl. fr. 3586. *S. mixta*, Lapeyr. fl. pyr.).

Tige courte, très garnie de feuilles étalées en rosette, pubescentes, un peu visqueuses, rétrécies en pétiole, divisées en 3 - 5 lobes au sommet ; hampe presque nue ; fleurs blanches, paniculées ; pétales trinervés, doubles du calice ; filets des étamines persistans et devenant purpurins. ♃. Habite les rochers des Pyrénées, du Dauphiné et des Alpes de Provence.

14. **Saxifrage sillonnée** (*S. exarata*, Vill. dauph. 4. p. 674. t. 45).

Feuilles en rosette, glabres, cunéiformes, linéaires à la base, s'élargissant et se divisant au sommet en 4-5 lobes linéaires, marqués de nervures saillantes ; hampe presque nue, visqueuse et pubescente ; fleurs blanchâtres, longuement pédicellées ; pétales oblongs, doubles du calice. ♃. Alpes. (Rare.) Je l'ai observée à la Tête-Noire.

15. **Saxifrage nerveuse** (*S. nervosa*, Lapeyr. abr. 235).

Feuilles cunéiformes, à nervures très saillantes, se

divisant au sommet en 4-5 lobes linéaires ; hampe nue, à rameaux divergens ; fleurs d'un beau blanc, assez grandes. ♃. Habite les rochers, aux environs de Bagnères-de-Luchon.

16. SAXIFRAGE EMBROUILLÉE (*S. intricata*, DC. fl. fr. 3584).

Plus petite que la précédente ; feuilles cunéiformes, à nervures parallèles, divisées en 4-5 lobes linéaires ; hampe nue, à pédicelles grêles, divergens et non redressés ; fleurs blanches, à pétales larges, obtus. ♃. Habite les Hautes-Pyrénées.

17. SAXIFRAGE A CINQ DOIGTS (*S. pentadactylis*, LAPEYR. fl. pyr. p. 64).

Feuilles rigides, très glabres, à 5 lobes linéaires, entiers, obtus, divergens ; hampe nue ; fleurs blanches, paniculées ; pédicelles longs ; pétales ovales - obtus, doubles du calice. ♃. Croît dans les Pyrénées, à Cambre d'Ases, à la Dent-d'Orlu, etc.

18. SAXIFRAGE LADANIFÈRE (*S. ladanifera*, LAPEYR. fl. pyr. p. 65. t. 42).

Feuilles à 5 lobes entiers, couvertes par des petits tubercules rougeâtres, d'une gomme-résine odorante ; les caulinaires trifides, les supérieures linéaires ; tige presque nue, droite, haute de 6-15 pouces, pubescente au sommet ; fleurs un peu paniculées, blanches. ♃. Habite les mêmes lieux que la précédente.

19. SAXIFRAGE PALMÉE (*S. palmata*, SMITH. fl. br. p. 436).

Tige droite, velue, peu feuillée au sommet ; feuilles velues, quinquéfides ou trifides ; fleurs blanches, en panicule peu fourni ; pétales arrondis ; divisions calicinales ovales - lancéolées. ♃. Croît dans les montagnes du Jura.

20. SAXIFRAGE GERANIUM (*S. geranioides*, L. sp. 578).

Feuilles radicales, réniformes, longuement pétiolées, quinquélobées, multifides; tige presque nue, dressée, pubescente, haute de 10-18 pouces; fleurs blanches, grandes, pédicellées, disposées en tête; calice pubescent, turbiné; pétales doubles du calice, rétrécis en onglet. ♃. Habite les hautes montagnes des Pyrénées, au Canigou.

21. Saxifrage de Bellardi (*S. Bellardi*, All. ped. n. 1356).

Feuilles formant une petite rosette arrondie, cunéiformes, tridentées, légèrement velues; hampe nulle; fleurs blanches, très petites, sortant du centre de la rosette. ♃. Alpes voisines du Piémont. (Très rare.)

22. Saxifrage a feuilles de bugle (*S. ajugæfolia*, L. sp. 578).

Tiges couchées, longues de 3-5 pouces, branchues; feuilles presque glabres, les radicales palmées, tri ou quinquépartites, les caulinaires entières, linéaires; hampes nudiuscules, pubescentes, portant 3 fleurs blanches; pétales elliptiques, doubles du calice. ♃. Croît près des neiges fondantes, dans les Pyrénées.

23. Saxifrage ascendante (*S. ascendens*, L. sp. 579. *S. aquatica*, Lapeyr.).

Tige ascendante, haute de 1-2 pieds, dressée, pubescente; feuilles charnues, un peu visqueuses, glabres; les inférieures pétiolées, à 5-7 lobes; les supérieures à 3-5 lobes; fleurs blanches, grandes, nombreuses, en panicule allongé. ♃. Au bord des ruisseaux, dans les Pyrénées et dans les montagnes de Corse.

24. Saxifrage des pierres (*S. petræa*, L. sp. 578).

Très variable, tige grêle, haute de 3 pouces, rameuse, un peu velue; feuilles plus nombreuses que dans la suivante, quelquefois entières, le plus souvent tri ou quinquédentées; fleurs blanches, assez grandes. ☉. Rochers des Hautes-Alpes et des Pyrénées.

25. SAXIFRAGE A TROIS DOIGTS (*S. tridactylites*, L. sp. 578). -

Tige droite, grêle, rameuse, rougeâtre, piloso-glanduleuse; feuilles radicales, étalées, ovales, entières, caulinaires, à 3-5 dents très profondes; fleurs petites, blanches, terminales. ⊙. Très commune au printemps, sur les murs et dans les lieux secs.

*** *Feuilles herbacées, entières, ou simplement dentées.*

26. SAXIFRAGE BULBIFÈRE (*S. bulbifera*, L. sp. 577).

Racine portant de petits tubercules arrondis; tige droite, simple, hérissée de poils glanduleux; feuilles radicales pétiolées, arrondies, très crénelées; caulinaires sessiles; supérieures linéaires; fleurs blanches, ouvertes, portées sur des pédoncules qui produisent de petites bulbilles dans leur aisselle. ♃. Lieux chauds des Alpes voisines du Piémont.

27. SAXIFRAGE GRENUE (*S. granulata*, L. sp. 576).

Racine portant une quantité de petits tubercules grenus; tige presque simple, haute de 8-12 pouces, velue, presque nue; feuilles radicales, subréniformes, fortement crénelées; fleurs blanches, grandes, en grappes axillaires, dressées. ♃. Croît presque par toute la France, dans les bois secs.

28. SAXIFRAGE A FLEURS PENDANTES (*S. penduliflora*, BAST. journ. bot. 1814. p. 17).

Ne me paraît qu'une variété très remarquable de la précédente; tige dressée, simple, velue, portant des bulbilles axillaires; feuilles longuement pétiolées, réniformes, échancrées en cœur, à 5-7 lobes larges, arrondis; fleurs blanches, réunies au sommet en un bouquet de 4-5 fleurs pendantes; pétales cunéiformes, 2-3 fois longs comme le calice. ♃. Habite le Mont-d'Or. (BAST.)

29. SAXIFRAGE DES NEIGES (*S. nivalis*, L. sp. 573).

Tige nue, dressée, velue au sommet, haute de 4-6

pouces; feuilles droites, ovales, crénelées irrégulièrement, obtuses, glabres, charnues, velues sur le pétiole; fleurs blanches, réunies 5-6 en tête et munies
de bractées. ♃. Habite sur les hautes montagnes d'Auvergne. (DELARB. LIN.).

3o. SAXIFRAGE ANDROSACE (*S. androsacea*, L. sp. 57i).

Ressemble à une androsace; feuilles radicales, étalées en petites rosettes, étroites-lancéolées, velues,
entières; quelquefois elles offrent 3 dents profondes;
tige grêle, portant quelquefois 1 ou 2 feuilles, simple,
haute de 1-4 pouces, terminée par 1-2 fleurs pédicellées, blanches. ♃. Croît près des neiges fondantes,
dans les Alpes et les Pyrénées.

31. SAXIFRAGE FAUX SEDUM (*S. sedoides*, JACQ. misc.
aust. 2. p. 134. t. 21).

Feuilles linéaires, un peu spatulées, velues à la
base, longues de 5 lignes; tiges florifères, feuillées,
hautes de 2-3 pouces; fleurs petites, jaunes, terminales, de 1-5; pétales de la longueur du calice. ♃.
Alpes voisines du Piémont; Pyrénées? (LAPEYR.)

32. SAXIFRAGE A FEUILLES PLANES (*S. planifolia*,
LAPEYR. fl. pyr. p. 31).

Tiges courtes, couvertes de vieilles feuilles imbriquées; feuilles de l'année, molles, luisantes, pubescentes, linéaires, oblongues, obtuses; hampe, grêle,
pubescente, visqueuse, haute de 1-2 pouces; fleurs
petites, droites, d'un jaune pâle, terminales; pétales
2 fois plus longs que le calice, ovales, un peu échancrés. ♃. Alpes, Pyrénées.

33. SAXIFRAGE FAUX AIZOON (*S. aizooides*, SMITH:
fl. br. 452).

Variable; tiges simples, couchées, inférieurement
feuillées; feuilles linéaires-lancéolées, ciliées sur les
bords; fleurs jaunes, à taches safranées, réunies 4-6
au sommet de chaque tige; quelquefois les fleurs sont
très nombreuses, et quelquefois solitaires. ♃. Com-

mune dans les lieux humides, pierreux et ombragés des Alpes et des Pyrénées.

****** *Feuilles entières, coriaces et opposées.***

34. SAXIFRAGE A FEUILLES OPPOSÉES (*S. oppositifolia*, L. sp. 575).

Tiges ligneuses, couchées, rameuses, longues de 4-6 pouces, feuillées; feuilles très serrées, disposées sur 4 rangs, opposées, petites, sessiles, ovales, glabres, bordées de cils roides; fleurs terminales, rouges, violettes ou blanches, sessiles, solitaires. ♃. Croît près des glaciers.

35. SAXIFRAGE BIFLORE (*S. biflora*, ALL. ped. n. 1530. t. 21).

Ressemble beaucoup à la précédente; tiges ligneuses, couchées, rameuses, longues de 4-6 pouces; feuilles opposées, un peu écartées, obovales, ciliées à leur base; fleurs réunies deux ensemble au sommet, de la même couleur que dans la précédente; pétales linéaires, doubles du calice et de la longueur des étamines. ♃. Habite les hautes sommités des Alpes et des Pyrénées. Je l'ai recueillie sur le Lautaret.

36. SAXIFRAGE RÉTUSE (*S. retusa*, GOUAN. illust. 28. t. 18. fig. 1).

Voisine des deux précédentes ; tiges ligneuses, rameuses, couchées; feuilles opposées, triangulaires, comme écrasées, ciliées à la base; fleurs pédonculées, solitaires, rouges; pétales plus courts que les étamines. ♃. Habite près des glaciers des Alpes et des Pyrénées. Je l'ai observée au Lautaret, dans le Queyras, etc.

******* *Feuilles coriaces, entières et alternes.***

37. SAXIFRAGE RUDE (*S. aspera*, L. sp. 572. Var. *Saxif. bryoïdes*, L. sp. 572).

Très variable; feuilles sèches, d'un vert jaunâtre, rudes, petites, lancéolées, linéaires, mucronées, munies de cils rudes; tige tantôt presque nulle, tantôt de 4-8 pouces, droite ou couchée, simple ou rameuse, plus ou moins dépourvue de feuilles; fleurs d'un blanc un peu jaunâtre, peu nombreuses, assez grandes, terminales; pétales oblongs, doubles du calice, qui a les divisions obtuses. ♃. Croît dans les rochers des Alpes, des Pyrénées et de l'Auvergne. La variété *bryoides*, L., a les feuilles réunies en une rosette serrée.

38. SAXIFRAGE BLEUATRE (*S. cæsia*, L. sp. 571).

Très petite; feuilles en petites rosettes serrées, oblongues, pointues, linéaires, ciliées à leur base, ponctuées en dessous, coriaces, glauques; hampe presque nue, portant 4-5 fleurs blanches, assez petites. ♃. Croît dans les Alpes, aux environs de Briançon, dans les montagnes d'Auvergne et les Pyrénées. La *saxifraga valdensis*, DC. suppl., ne croît pas en France, de même que la *S. diapensioides*, BELLARDI.

39. SAXIFRAGE DE VANDELLIUS (*S. Vandellii*, STERNB. sax. 34. t. 10. *Saxif. burseriana*? LAPEYR).

Tiges un peu roides, poilues, glanduleuses; feuilles roides, triangulaires, ciliées, les radicales très serrées, glabres, un peu piquantes; fleurs blanches, en corymbe; divisions calicinales ovales-aiguës, plus courtes que les pétales. ♃. Pyrénées.

40. SAXIFRAGE FAUX ARETIA (*S. aretioides*, LAP. fl. pyr. p. 28. t. 13).

Très petite; feuilles serrées, imbriquées, en rosette, coriaces, petites, entières, oblongues, obtuses, glabres; tiges piloso-glanduleuses, garnies d'un petit nombre de feuilles et terminées par 2-6 fleurs jaunes; pétales obtus, doubles du calice. ♃. Croît dans les fentes de rochers, au pic du Midi, d'Éreslids et ailleurs, dans les Pyrénées

41. SAXIFRAGE JAUNE ET POURPRE (*S. luteo-purpurea*, LAP. fl. pyr. p. 29. t. 14).

Feuilles radicales, glabres, entières, étalées en rosettes; tiges florifères, munies de quelques feuilles

piloso-glanduleuses; fleurs terminales, réunies 2-6,
d'un jaune d'or, à calices purpurins; calice ventru,
glanduleux. ♃. Habite les rochers calcaires et les
grottes, dans les Pyrénées (Lapeyr.) (Rare.)

42. Saxifrage ambigue (*S. ambigua*, DC. suppl.
3561a).

Feuilles radicales, entières, étalées en rosette, linéaires, presque obtuses; hampes rougeâtres, garnies
d'un petit nombre de feuilles piloso-glanduleuses;
fleurs purpurines, réunies 2-8. ♃. Croît dans les Pyrénées, à Saint-Béat. (Rare.) Peut-être une variété de
la suivante.

43. Saxifrage calyciflore (*S. calyciflora*, Lap. fl.
pyr. p. 28. t. 12. *S. media*, Gou.).

Ressemble un peu à un *sempervivum;* feuilles nombreuses, disposées en rosette, oblongues, glabres,
très entières, un peu élargies au sommet, glauques,
glanduleuses sur les bords; tige longue de 3-8 pouces,
garnie de feuilles oblongues et de poils glanduleux;
fleurs roses, disposées 5-6, en grappe. ♃. Habite les
rochers des Pyrénées orientales.

44. Saxifrage changée (*S. mutata*, Jacq. ic. rar. 3.
t. 466).

Feuilles grandes, étalées en rosette, coriaces, oblon-
gues-obtuses, un peu cunéiformes, bordées de cils
membraneux; feuilles caulinaires velues; tige hérissée de poils glanduleux; fleurs d'un jaune orangé-
vif, paniculées; calice glanduleux. ♃. Croît au pic
d'Ereslids. (Lapeyr.)

45. Saxifrage aizoon (*S. aizoon*, Jacq. aust. t. 438.
S. cotyledon, L. sp. 570).

Feuilles coriaces, étalées en rosette, oblongues,
dentées en scie, couvertes de tubercules blanchâtres;
tige droite, haute de 2-8 pouces, munie de quelques
feuilles éparses un peu spatulées; fleurs blanches, paniculées. ♃. Commune sur les rochers des montagnes.
J'en ai quelquefois trouvé des individus acaules.

46. Saxifrage pyramidale (*S. pyramidalis*, Lap. fl. pyr. p. 33. *S. cotyledon*, var. Lin.).

Feuilles linguéformes, étalées en rosette, oblongues, dentées en scie; tige haute de 1-3 pieds, garnie de quelques feuilles; fleurs blanches, paniculées, grandes; feuilles caulinaires et calice piloso-glanduleux. ♃. Habite les rochers des Pyrénées.

47. Saxifrage en bandelette (*Saxifraga lingulata*, Bell. act. acad. tar. 5. p. 226).

Rosettes d'une cinquantaine de feuilles étalées, linéaires, lancéolées; hampe et feuilles caulinaires glabres, ainsi que les pédicelles et les calices; fleurs blanches, paniculées. ♃. Alpes de Provence, environs de Digne.

48. Saxifrage a feuilles longues (*S. longifolia*, Lap. fl. pyr. p. 26. t. 11).

Rosettes de 2 à 300 feuilles étalées, linéaires, coriaces, glabres, glauques, ciliées à la base, munies de points blanchâtres tuberculeux; tige haute de 2-4 pieds; fleurs blanches, nombreuses, paniculées; feuilles caulinaires et calice hérissés de poils glanduleux. ♃. Croît dans les hautes montagnes des Pyrénées.

FIN DU PREMIER VOLUME.